환경생태학 기초와 응용

저자 青山 芳之 | 역자 김소라 | 감역 장준영

BM 성안당

日本옴사 · 성안당 공동 출간

환경생태학 기초와 응용

Original Japanese edition
Kankyou Seitaigaku Nyumon
By Yoshiyuki Aoyama
Copyright © 2008 by Yoshiyuki Aoyama
Published by Ohmsha, Ltd.
This Korean language edition co-published by Ohmsha, Ltd.
and SEONG AN DANG Publishing Co.
Copyright © 2011

머리말

21세기의 최대 과제라 할 수 있는 지구온난화 문제와 같이, 최근 과학기술이 거대해지고 총합되어 지구에 영향을 미치고 있습니다. 이 때문에 기술자는 자기 전문분야 이외에도 과학기술이 환경에 미치는 영향을 지구 규모의 관점과 지역의 관점에서 검토해야 하는 시대가 되었습니다. 특히, 생물에게 미치는 영향을 이해하기 위해서는 생물과 환경의 상호관계를 논하는 학문인 생태학에 관한 지식을 반드시 알아두어야 합니다.

그래서, 이 책에서는 환경생태학을 환경문제와 생태학의 경계영역으로 지정했습니다.

① 생태계와 생물에 대한 기본적인 것을 깊이 파헤치고, ② 생태계의 에너지 흐름과 물질순환을 이해하며, ③ 인간 활동과 생태계의 관계를 이해하고, ④ 자연환경보전 및 이용과 활용 기술에 관한 지식과 견해를 넓힐 수 있도록 했습니다. 그래서 총합적·전체적(지구적) 관점에서 자연(지구 환경)을 이해하고, 지구 환경은 모두 연결되어 있다는 것을 재인식하도록 하는 것이 이 책의 목표입니다.

이 책의 구성을 보면, 전반 제1장부터 제6장까지는 환경생태학의 기초편으로서, 생태계 생태학에 관한 내용을 중심으로 쓰여 있고, 후반은 응용편으로서, 자연환경(생태계)과 관련된 환경보전 대책 등에 대해 쓰여 있습니다. 구체적으로 제1장에는 생태계와의 관계, 제2장에는 생물과 생물간의 관계, 제3장에는 에너지와의 관계, 제4장에는 물질에 대한 관계, 제5장에는 시간과의 관계, 제6장부터 제9장까지는 자연환경 보전과 이용에 대한 인간과 생물(자연)과의 관계, 제10장, 제11장에는 환경에 대한 인간과 인간간의 관계, 맺음말에는 지구 및 우주 공간을 통한 관계에 대해서 쓰여 있습니다.

이 책의 특징은 ① 생태계·생태학에 관련된 기초적인 지식을 이해하기 쉽게 기술한 것, ② 인간 활동이 생태계와 환경에 미치는 영향, 자연환경 보전과 이용 및 활용 기술에 대해 기술한 것, ③ 저자의 업무 경험 등을 기초로 한 자연환경 보전 업무와 마을 야산 보전활동 사례에 대해 기술한 것, ④ 본문 속에 칼럼과 마지막 부분에 Q&A, 연습문제, 각 장의 중요한 내용을 정리하여 독자가 깊이 이해할 수 있도록 한 것입니다.

그런데, 현재에는 과학과 과학기술이 세분화되어 있어, 전체상(全體像)을 보기 어렵습니다. 이 세상의 본질을 탐구하는 것이 학문의 목표라면, 세분화시키는 것도 하나의 방법이라고 생각하며, 세분화된 것을 총합하고 통합하는 것은 본질을 이해하는 데 매우 중요합니다. 이제까지 알고 있었던 지식과 견해를 총합하고, 그리고 나서 무엇을 말할 수 있는지가 앞으로 중요하다고 생각합니다. 즉, 횡적인 관계(연대화)가 중요해지기 때문에 21세기는 지(知)의 통합을 목표로 삼아야 합니다.

그래서, 이 책은 환경문제와 생태학을 바탕으로 이들의 관련성을 생각하면서 작성했습니다. 환경생태학으로 분명해지는 이 세상의 본질은 무엇일까요? 답은 관계입니다. 이 세상에 존재하는 것은 모두 연결되어 있다는 것입니다. 간단히 생각해봐도 바로 이해할 수 있을 것입니다. 공기(산소)가 없다면 10분 내로 사람은 죽습니다. 물이 없으면 몇 주 이내, 음식물이 없다면 수개월 이내에 사람은 죽습니다. 그렇다면 공기(산소), 물, 음식물은 어디에서 생기는 것일까요? 산소는 식물의 광합성으로 생깁니다. 물은 비(雨)가 가져다줍니다. 음식물은 식물(광합성)에게서 얻을 수 있습니다. 그래서 광합성과 비는 모두 태양 에너지가 그 원동력입니다. 조금 생각해본 것만으로도 인간과 공기(산소), 물, 식량과 태양은 관련되어 있다는 것을 알 수 있습니다. 인간은 관계 속에서 살 수 있는 것입니다. 이 책의 테마와는 조금 동떨어져 있지만 인간사회도 같습니다. 인간과 인간간의 관계가 있어야 사회생활이 가능하고, 살아갈 수 있습니다. 인간이 아무리 노력해도 이 관계를 끊을 수는 없습니다. 그래서 이 관계를 받아들이고 살아갈 필요가 있는 것입니다.

눈앞에 벌어진 것에만 관심을 가지는 현실에서 우리들은 더 넓은 세계로 눈을 돌려야 한다고 생각합니다. 환경문제를 해결하는 열쇠는, 미래와 먼 곳에 살고 있는 사람들을 배려하는 마음입니다.

이 책의 기획 단계부터 지도해주신 옴사 출판부 분들과, 많이 도와주신 공학원대학 공학부 환경화학공학과 학생 모두에게 진심으로 감사드립니다.

아오야마 요시유키(靑山芳之)

차례

서 장 ····· **환경생태학이란?**

[1] 환경생태학이란? _1
[2] 환경 및 환경문제란? _1
[3] 생태학(ecology)이란? _6

• Q&A _8 • 연습문제 _9 • 정리 _9

제Ⅰ부 **환경생태학 기초편**

제1장 ····· **생태계란?**

1.1 생물이란? _13
    1.1.1 생물 및 종(種)의 정의 _13
    1.1.2 생물의 분류 _14
1.2 생물권에 대해서 _17
1.3 생태계의 개념 _18
    1.3.1 생태계란? _18
    1.3.2 생태계를 이해하는 순서 _20
    1.3.3 생태계의 구분 _21
1.4 생태계의 구체적인 예 _22
    1.4.1 육역 생태계 _22
    1.4.2 수역 생태계 _24
    1.4.3 인공 생태계 _29

• Q&A _31 • 연습문제 _32 • 정리 _32

제2장 ····· **생물의 관계**

2.1 생물간 상호관계 _35
　　2.1.1 경쟁 _36
　　2.1.2 상리공생(공생)의 예 _37
　　2.1.3 편리공생의 예 _38
　　2.1.4 기생의 예 _39
2.2 포식관계 _40
　　2.2.1 포식관계란? _40
　　2.2.2 포식에 따른 개체수의 변화 _40
2.3 먹이사슬 _46
　　2.3.1 먹이사슬이란? _46
　　2.3.2 먹이사슬의 구체적인 예 _47
2.4 생물의 기능면에서 본 생태계 구조 _48
　　2.4.1 생물의 영양면으로 구분 _48
　　2.4.2 생태계 구조 _50

• Q&A _52　• 연습문제 _53　• 정리 _54

제3장 ····· **생태계의 에너지 흐름**

3.1 시스템으로서의 생태계 _55
3.2 에너지에 대해서 _57
　　3.2.1 에너지 법칙 _57
　　3.2.2 태양 에너지에 대해서 _58
3.3 생태계와 에너지 _60
　　3.3.1 생산(광합성)의 메커니즘 _60
　　3.3.2 생태계의 생산 _61
　　3.3.3 먹이사슬과 생산 _64
　　3.3.4 생태계에서의 에너지 흐름 _66

• Q&A _71　• 연습문제 _72　• 정리 _72

제4장 ····· **생태계에서의 물질 순환**

4.1 지구 및 생물을 구성하고 있는 원소 _75
  4.1.1 지구(지표 부근)를 구성하고 있는 원소 _75
  4.1.2 생물을 구성하고 있는 원소 _76
4.2 생태계에서의 물질(원소) 순환을 생각하는 관점 _76
4.3 물의 순환 _77
  4.3.1 생물의 관점 _77
  4.3.2 인간 활동의 관점 _78
  4.3.3 지구 전체에서의 관점 _79
4.4 탄소의 순환 _81
  4.4.1 생물의 관점 _81
  4.4.2 인간 활동이 미치는 영향은 무엇인가? _83
  4.4.3 지구 전체에서의 관점 _83
4.5 질소의 순환 _84
  4.5.1 생물의 관점 _84
  4.5.2 인간 활동이 미치는 영향은 무엇인가? _87
  4.5.3 지구 전체에서의 관점 _88
4.6 인의 순환 _89
  4.6.1 생물의 관점 _89
  4.6.2 인간 활동이 미치는 영향은 무엇인가? _91
  4.6.3 지구 전체에서의 관점 _91
4.7 황의 순환 _91
  4.7.1 생물의 관점 _91
  4.7.2 인간 활동이 미치는 영향은 무엇인가? _92
  4.7.3 지구 전체에서의 관점 _92

• Q&A _94   • 연습문제 _95   • 정리 _95

제5장 ····· **제한요인과 천이(遷移)**

5.1 생태계에서의 제한요인 _97
    5.1.1 생태계에서의 제한요인 _97
    5.1.2 육역 생태계에서의 제한요인의 예 _98
    5.1.3 수역 생태계에서의 주요 제한요인의 예 _101
5.2 생태계의 천이 _104
    5.2.1 육역 생태계의 천이와 극상 _104
    5.2.2 수역의 천이와 극상 _106
    5.2.3 마이크로코즘(microcosm)의 천이 _107

• Q&A _108 • 연습문제 _109 • 정리 _110

제6장 ····· **인간 활동이 생태계에 미치는 영향**

6.1 인간 활동이 관여하는 생태계 _111
    6.1.1 도시생태계 _111
    6.1.2 농지생태계 _112
6.2 인간 활동에 기인하는 환경문제 _112
    6.2.1 환경문제 발생의 메커니즘 _112
    6.2.2 환경문제 구분 _113
6.3 생태계에 깊게 관련된 환경문제 _115
    6.3.1 종의 멸종 _115
    6.3.2 생물다양성 _117
    6.3.3 외래종 _118
    6.3.4 화학물질이 생태계에 미치는 영향 _119

• Q&A _125 • 연습문제 _127 • 정리 _128

제Ⅱ부   환경생태학 응용편

제7장 ••••• 환경영향평가

7.1 환경영향평가의 개요 _131

    7.1.1 환경영향평가란? _131

    7.1.2 환경영향평가제도의 역사 _131

    7.1.3 환경영향평가법 _132

7.2 환경영향평가의 기술적 내용 _136

    7.2.1 지역의 개황 조사 _136

    7.2.2 환경영향요인 파악 _138

    7.2.3 변화하는 환경요소와 유형과의 관련성 파악 _140

    7.2.4 생태계에 미치는 영향 파악 _140

    7.2.5 주목종(注目種), 군집의 추출 _141

    7.2.6 예측 _142

    7.2.7 환경보전조치 _143

    7.2.8 평가방법 _145

7.3 환경영향평가를 이용한 업무 사례 _145

    7.3.1 업무의 개요 _145

    7.3.2 조사방법 _146

    7.3.3 조사결과 _148

    7.3.4 영향예측과 루트 평가 _149

    • Q&A _150   • 연습문제 _150   • 정리 _151

제8장 ••••• 자연환경 보전기술

8.1 자연환경보전이란? _153

    8.1.1 자연환경보전의 이념 _153

    8.1.2 자연환경 보전기술의 목적과 유의점 _154

    8.1.3 자연환경 보전기술의 구분 _155

8.2 복원과 창조 기술 _156
    8.2.1 지역의 소재와 종을 활용하는 기술 _156
    8.2.2 자연 복원과 창조 기술 _156
    8.2.3 수변(水邊) 복원과 창조 기술 _158
    8.2.4 다양성을 복원하고 창조하는 기술 _160
    8.2.5 실시 사례 _163
8.3 보존 기술 _167
    8.3.1 행동범위 배려 _167
    8.3.2 이동경로 확보 _168
    8.3.3 인간과의 거리 확보 _170
    8.3.4 보존할 공간의 형상 _171
    8.3.5 실시 사례 _172
8.4 자연환경보전에 관한 업무 사례 _172
    8.4.1 업무의 개요 _172
    8.4.2 업무 성과의 개요 _174

• Q&A _177 • 연습문제 _177 • 정리 _178

제9장 ····· 생태계와 신에너지

9.1 신에너지란? _179
    9.1.1 신에너지의 정의와 필요성 _179
    9.1.2 신에너지 분류 _179
    9.1.3 신에너지의 특성 _183
9.2 바이오매스 에너지 _184
    9.2.1 바이오매스 에너지란? _184
    9.2.2 바이오매스 활용 _186
9.3 삼림생태계와 목질 바이오매스의 활용 _188
    9.3.1 삼림의 효용 _188
    9.3.2 목질 바이오매스의 종류 _189
    9.3.3 목질 바이오매스 에너지의 특징 _189
    9.3.4 목질 바이오매스 에너지의 이용 방법 _191

9.4 목질 바이오매스 활용 계획 책정 사례 _194
　　9.4.1 목질 바이오매스 이용 가능량 조사 _194
　　9.4.2 간벌, 개벌 비용과 식림 비용 조사 _195
　　9.4.3 목질 바이오매스 연료화 조사 _195
　　9.4.4 조사 결과의 개요 _195

• Q&A _197　• 연습문제 _198　• 정리 _198

제10장 ····· **환경학습과 시민활동**

10.1 환경학습 _199
　　10.1.1 환경학습 내용 _199
　　10.1.2 학교 비오토프 _201
　　10.1.3 인터프리테이션 _204
　　10.1.4 이콜로지 투어 _205
10.2 환경생태학과 관련된 시민활동의 사례 _206
　　10.2.1 가와사키시의 "시민 건강의 숲" 사업 _206
　　10.2.2 나카하라구(中原區)의 사례 _206

• Q&A _216　• 연습문제 _216　• 정리 _217

제11장 ····· **환경 분야의 업무와 자격 및 환경윤리**

11.1 환경 분야의 일 _219
11.2 환경생태학과 관련된 자격 _220
　　11.2.1 환경생태학과 관련된 자격의 개요 _220
　　11.2.2 자격 분석 _225
11.3 기술자의 윤리 _229
　　11.3.1 기술자의 윤리 _229
　　11.3.2 기술자와 환경윤리 _230

• Q&A _233　• 연습문제 _235　• 정리 _235

맺음말 _236
• 모든 것은 연결되어 있고, 모든 것은 하나다. _236
  지구는 하나의 생명체(가이어 가설 : 짐 러브록)
  우주는 137억 년 전에 한 점에서부터 시작되었다!
• 환경문제 해결을 위한 나의 생각 _238
  환경문제의 근본 원인이란?
  환경문제를 해결하기 위해서

참고문헌 _241

참고 웹사이트 _247

찾아보기 _251

서장 환경생태학이란?

― 이 장의 목적 ―

이 장에서는 본서에서 다루는 환경생태학이란 무엇인지를 분명히 알아보고 환경, 환경문제, 생태학에 대해 설명합니다.

[1] 환경생태학이란?

여러분, 이 책은 환경생태학에 대해서 설명합니다. 우선, 환경생태학이란 무엇일까요? 여기저기 조사해봤지만 엄밀한 정의가 되어 있지는 않은 것 같습니다. 저는 이 책을 통해 환경생태학의 정의를 '환경문제+생태학'이라고 생각하게 되었으며, '생태학적 관점에서 인간의 생존환경을 이해하는 학문'이라 여기게 되었습니다. 즉, 생태학적 관점에서부터 인간 활동이 환경에 미치는 영향에 대해서 접근하는 학문으로, 말하자면 [그림 0.1]과 같이 환경문제와 생태학의 경계(인접) 영역이라 할 수 있습니다.

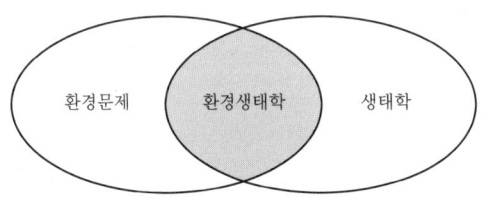

환경문제   환경생태학   생태학

[그림 0.1] 환경생태학의 위치

[2] 환경 및 환경문제란?

환경문제를 생각하기 전에 환경이란 무엇인지 생각해봅시다. 환경의 개념은 [그림 0.2]와 같습니다. 환경은 '주체에 영향을 주고, 주체가 인식하는 것'이라고 정의할 수 있습니다.

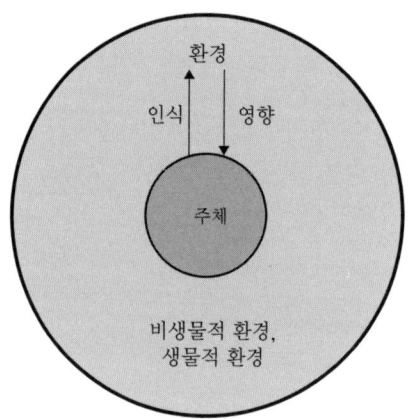

[그림 0.2] 환경의 개념

또, 주체의 주변에 있는 것을 모두 환경이라 정의하는 경우도 있습니다. 그렇다면 환경생태학에서 주체란 무엇일까요? 그것은 인간을 포함한 생물 개체 또는 생물집단이라고 할 수 있습니다. [표 0.1]과 같이 환경에는 비생물적 환경과 생물적 환경이 있습니다.

비생물적 환경이란 물, 대기, 토양 등 생물 이외의 환경요소를 가리킵니다. 즉 자기(주체) 주변의 지구 전체에 있는 대기, 매일 마시고 있는 물, 매일 통근과 통학을 하면서 이용한 자동차와 전철, 자신을 지탱해 주고 있는 대지 등입니다. 생물적 환경은 자기 이외의 생물이라고 할 수 있습니다. 구체적으로 말하자면, 가족과 애완동물, 정원에 있는 나무, 공원에 있는 나무와 식물, 도시 근교 마을 야산에 살고 있는 너구리나 족제비, 깊은 산 속에서 살고 있는 곰이나 사슴, 시야를 더 넓히면 남극에서 살고 있는 펭귄이나 북극곰도 생물적 환경요소라고 할 수 있습니다.

[표 0.1] 환경요소의 구체적 이미지

환경요소의 구분	구체적 이미지
비생물적 환경	물, 대기, 대지, 토양, 자동차, 전철, 빌딩 등
생물적 환경	가족, 애완동물, 정원에 있는 나무와 식물, 공원에 있는 나무와 식물, 마을 야산에서 살고 있는 너구리나 족제비, 깊은 산 속에 살고 있는 곰이나 사슴, 남극에 살고 있는 펭귄이나 북극곰 등

　　환경문제란 인간의 활동으로 인간의 생존환경에 악영향을 미치는 현상을 가리킵니다. 그렇다면 어떤 환경문제가 있는지 생각해봅시다. 환경문제는 크게 지구환경문제, 자연환경문제, 생활환경문제, 화학환경문제, 화학물질문제, 폐기물문제로 나눌 수 있습니다. 환경문제의 영향 범위와 영향을 미치는 시기를 정리한 결과를 [표 0.2]와 [그림 0.3]에 나타냅니다. 이 책에서 문제 삼고 있는 환경생태학은 모든 환경문제와 관련되어 있지만, 생물과 관련된 것을 중심으로 하기 때문에, 특히 지구환경문제, 자연환경문제와 깊이 관련되어 있습니다.

[표 0.2] 환경문제의 구분

구 분	구체적인 환경문제	영향 범위	영향 시기
지구환경문제	지구온난화, 오존층 파괴, 해양오염, 야생생물종 감소, 유해폐기물의 국경이동, 산성비, 사막화, 열대림 감소	지구 전체	먼 미래까지
자연환경문제	자연생태계 파괴, 생물다양성 감소, 종(種)의 멸종, 외래종 등	지역	현재부터 가까운 미래
생활환경문제	대기오염, 수질오탁, 토양오염, 소음, 진동, 지반침하 및 악취 등	생활공간	현재
화학물질문제	다이옥신, 석면, 환경 호르몬 등	생활공간부터 지구 전체에 미침	현재부터 먼 미래
폐기물문제	산업폐기물, 일반폐기물 등	생활공간부터 지역	현재부터 가까운 미래

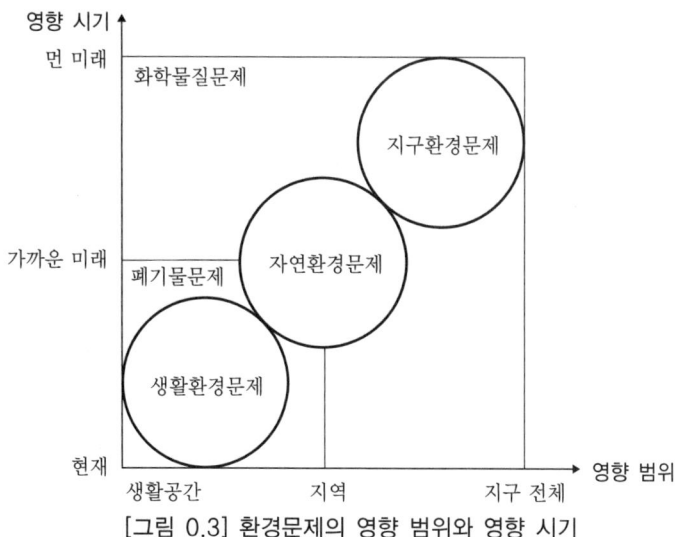

[그림 0.3] 환경문제의 영향 범위와 영향 시기

▶▶지구온난화 문제◀◀

골칫거리 등으로 현재 가장 주목받고 있는 지구온난화 문제에 대해 정리한 것은 [표 0.3]과 같습니다(이 경우에는 지구온난화 문제를 항목과 내용으로 정리하면, 체계적으로 이해할 수 있습니다).

[표 0.3] 지구온난화 문제란?

항 목	내 용
원인	지구온난화 문제란 산업혁명 이후, 인간 활동이 확대됨에 따라 이산화탄소와 메탄 등의 온실효과 가스가 인위적으로 대기 중에 대량 배출되는 것으로, 온실효과가 강해져 지구가 과도하게 온난화되는 것이다. 특히, 이산화탄소는 인위적인 배출량이 방대하기 때문에 온난화에 미치는 영향이 가장 크다[그림 0.4].
현상(現狀)	기후변동에 관한 정부간 패널(IPCC)의 2007년 제4차 보고서에 따르면, 지난 100년간 지구의 평균 지상기온은 0.74℃ 상승했다. 기후변동이 인위적인 온실효과 가스 배출로 인한 것임은 과학적으로 의심할 여지가 없다.
전망	화석연료에 계속 의존하면서 높은 경제성장을 목표로 한 회사가 늘어난다면, 21세기 말에는 평균기온의 상승이 4.0℃(2.4~6.4℃)에 달할 것이라고 예측하고 있다.
지구온난화의 영향	지구온난화로 미치는 영향은 아래와 같다. 영향의 관련성은 [그림 0.5]와 같다. 자세한 영향에 대해서는 IPCC 제4차 평가보고서, 제2작업 부회 보고서 개요(http://www.env.go.jp/earth/ipcc/4th/wg2_gaiyo.pdf) 등에 나와 있다. • 기온 상승 • 빙하 융해 • 해수면 상승(해수면의 수위는 1990년부터 2100년 사이에 9~88cm 상승할 것이라 예측된다.) • 대규모의 기후변화(갈수, 홍수의 다발) • 대규모의 물 부족 • 농업에 타격(중위도의 일부 지역에서 농작물을 생산하는 데 수 ℃ 이하의 온난화는 일반적으로 좋은 영향을 주지만, 그 이상으로 온난화가 일어나면 악영향을 미칠 것으로 예측할 수 있다.) → 식량 위기 • 감염증 증가(말라리아와 뎅기열(dengue fiber) 등 확대) • 자연재해의 격화 • 생태계에 미치는 영향 • 멸종하는 생물종이 증대 • 경제격차의 확대(선진국과 개발도상국 간 생활격차가 커져, 온난화가 진행될수록 그 격차는 더욱 커짐.)
교토의정서	1997년 12월에 일본 교토에서 기후변동 방안 조약의 제3회 조약국 회의(COP3)가 열려, 선진국의 온실효과 가스 배출량에 대해 법적 구속력이 있는 수량화로 약속함과 동시에 약속 달성을 위해 유연한 국제적 계획으로 교토 체제를 도입하는 것 등이 규정되었다. 일본은 1990년을 기준년으로 하여, 2008~2012에 6% 삭감할 것을 의무화했다.

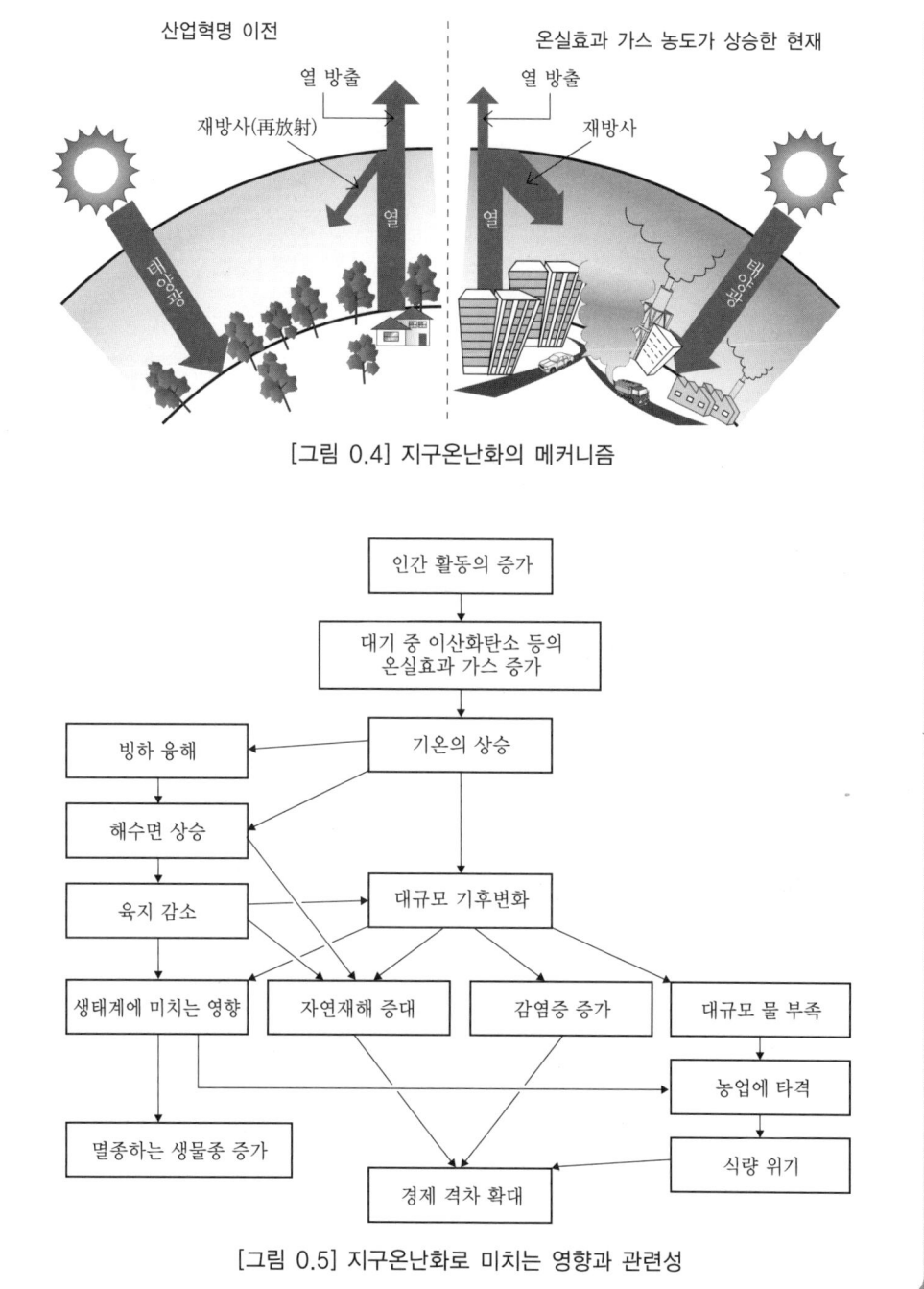

[그림 0.4] 지구온난화의 메커니즘

[그림 0.5] 지구온난화로 미치는 영향과 관련성

[3] 생태학(ecology)이란?

다음으로 생태학이란 무엇인지 생각해봅시다. 생태학 사전에 의하면 생태학의 정의는 다음과 같습니다.

- 개체 또는 그 이상의 레벨로 생명 현상(現象)에 주된 관심을 끄는 생물학
- 생물의 생활에 관한 과학
- 생물과 환경(물리적 환경, 다른 개체, 다른 생물)과의 관계를 다루는 과학
- 개체군과 생태계의 양과 분포의 과학

[표 0.4] 분야별 생태학의 종류

분 야	내 용
생태계 생태학 (ecosystem ecology)	생물뿐만 아니라 토양과 해류, 기상의 물리적인 환경을 포함한 시스템을 이해하려고 하는 분야
군집생태학	어느 지역에 사는 다수의 종(種)의 구성과 다양성 등을 생각하고, 복수의 종간의 상호작용과 공존 패턴, 장시간에 걸친 멸종을 이해하는 분야
개체군 생태학	동물과 식물의 집단에 대해 번식, 사망, 이동 분산 등 인구학적 분석을 하는 것으로, 그 생물 수의 변동, 존속, 멸종을 이해하는 분야
생리생태학, 행동생태학,	여러 가지 환경요인과 사회적 요인을 기초로 개체의 생리적 반응과 동물의 행동 등을 이해하는 분야

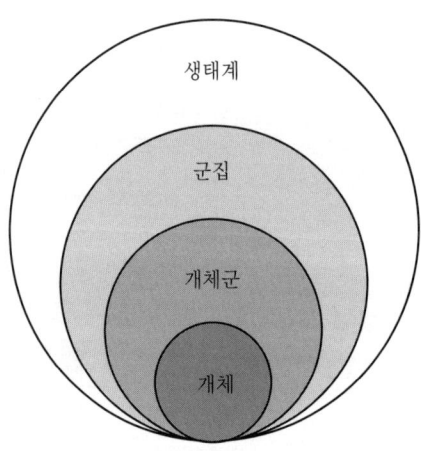

[그림 0.6] 분야별 생태학의 위치

분야별 생태학 종류는 [표 0.4], [그림 0.6]과 같이 생리생태학과 행동생태학은 개체 레벨, 개체군 생태학은 개체군 레벨, 군집생태학은 군집 레벨, 그리고 생태계 생태학은 생태계 레벨과 그 대상 분야에 따라 분류되어 있습니다. 대상이 개체, 개체군, 군집, 생 태계인 것에 따라 다루는 공간적 범위가 넓어집니다.

분야별이 아닌 구체적으로 다루는 내용에 따른 생태학 분류는 [표 0.5]와 같습니다. 이 분야에서는 예를 들면, 대상 지역에 따른 구분으로는 해양생태학과 임목생태학 등으 로 나눌 수 있습니다. 응용면으로는 보전생태, 농업생태학 등으로 나눌 수 있습니다.

이 책에서 다루는 생태학은 생태계 생태학이 중심이고, 환경문제의 관점에서는 보전생 태학이 대상이 됩니다.

[표 0.5] 구체적으로 다루는 내용에 따른 생태학 분류법

구분방법	예
대상이 생식지와 생태계로 나뉨.	삼림생태학, 해양생태학, 육수(陸水)생태학, 고산(高山)생 태학, 초원생태학 등
응용 목적을 명확하게 함.	보전생태학, 농업생태학 등
생물의 분류군으로 나눔.	식물생태학, 미생물생태학, 포유류생태학, 곤충생태학 등
특정 현상에 주목함.	번식생태학, 화생(花生)생태학 등
특정 연구법을 강조함.	공간생태학, 통계생태학, 분자생태학 등

▶▶ 생태학(生態學)과 이콜로지(ecology) ◀◀

생태학을 영어로 ecology라고 하는데, 한편, 이콜로지라고 쓸 때는 생물학으로서 의 생태학이 아닌 환경에 미치는 영향을 고려한 생활을 하려고 하는 사회 계발(啓發) 운동을 의미할 때가 있습니다.

예 이콜로지 운동

Q&A

Q.1 추천할 만한 환경문제에 관한 책은 어떤 것이 있습니까?

A.1 최근 환경문제에 관한 정보를 읽으려면 일본 환경성이 매년 발표하고 있는 「환경백서」나 「어린이 환경백서」를 참고하세요. 그 밖에도 이 책에서 소개하는 책들을 참고하시기 바랍니다. 「환경백서」는 일본 환경성의 웹사이트에서도 볼 수 있습니다.

Q.2 생태학과 관련된 책은 어떤 것이 있습니까?

A.2 E. P. 오담 저, 三島次郎 역 : 「기초생태학」, 培風館 (1991)

R. H. 호이타커 저, 寶月欣二 역 : 「호이타커 생태학개설」 제2판, 培風館 (1979)

嚴佐庸, 松本忠夫, 菊澤喜八郎, 일본 생태학회 편 : 「생태학사전」, 共立出版 (2003)

일본 생태학회 편 : 「생태학입문」, 東京化學同人 (2004)

그 밖에도 이 책에서 소개하는 책들을 참고하시기 바랍니다.

Q.3 인류가 배출하고 있는 에너지가 지구온난화와 관련이 있습니까?

A.3 지구온난화는 인간의 활동에 따른 열에너지가 원인이 아니라, 지구에서 방사되는 열에너지가 온실효과 가스 때문에 대기권으로 방사하는 데 지장을 받음으로써 일어납니다.

Q.4 환경에 관한 정보를 얻을 수 있는 웹사이트가 있습니까?

A.4 일본 환경성 : http://www.env.go.jp/

EIC 네트 : http://www.eic.or.jp/

생물다양성 센터 : http://www.biodic.go.jp/

그 밖의 관련 사이트는 이 책에서 소개하는 웹사이트를 참고하시기 바랍니다.

Q.5 지구가 주체라면, 환경은 무엇일까요?

A.5 지구를 주체로 보면, 환경은 우주가 됩니다.

Q.6 이 책의 목표는 무엇입니까?

A.6 생태계와 생물을 깊게 이해하는 것.

생태계에서 에너지 흐름과 물질순환을 이해하는 것.

인간 활동과 생태계의 관계를 이해하는 것.

자연환경 보전 및 이용과 활용 기술에 대해 이해하는 것.

연습문제

1. 환경생태학이란 무엇인지 설명해 보세요.
2. 당신이 살고 있는 환경에 대해서 설명해 보세요.
3. 환경문제를 시간축과 공간축을 사용하여 설명해 보세요.
4. 생태학이란 무엇인지 간단히 설명해 보세요.
5. 생태계 생태학에 대해서 설명해 보세요.
6. 보전생태학에 대해서 설명해 보세요.

정리

☑ 환경생태학이란 생태학적 관점에서 인간의 생존환경을 이해하는 학문입니다.

☑ 환경은 주체에 영향을 주고, 주체가 인식하는 것이라고 정의할 수 있습니다. 또, 주체 바깥쪽에 있는 모든 것을 환경이라고 정의하는 경우도 있습니다.

☑ 환경문제는 인간의 활동으로 생존환경에 좋지 않은 영향을 미치는 현상이고, 크게 지구환경 문제, 자연환경 문제, 생활환경 문제, 화학물질 문제, 폐기물 문제로 나눌 수 있습니다.

☑ 생태학은 여러 가지로 정의할 수 있지만, 이 책에서는 생물과 환경(물리적 환경, 다른 개체, 다른 생물)과의 관계를 다루는 과학으로, 생태계 생태학을 중심으로 다룹니다.

제 I 부

환경생태학 기초편

제1장 생태계란?

제2장 생물의 관계

제3장 생태계의 에너지 흐름

제4장 생태계에서의 물질 순환

제5장 제한요인과 천이(遷移)

제6장 인간 활동이 생태계에 미치는 영향

제1장부터 제6장까지는 환경생태학 기초편으로서 생태계를 중심으로 쓰여 있습니다. 우선 제1장에서는 생태계의 전체상에 대한 개요를 이해하기 위해 생태계 구성과 생태계를 생각하는 순서, 구체적으로 자연생태계를 예로 들어 설명합니다. 제2장에서는 생태계 속에서 생물에 주목하여 생물과 생물의 관계에 대해 설명하고, 그 중에서 중요한 포식관계, 특히 거시적으로 본 먹이사슬(식물망)에 주목하여 설명합니다. 제3, 4장에서는 생태계를 물리화학적 관점에서 파악합니다. 제3장에서는 먹이사슬로 인한 에너지 흐름에 대해 설명합니다. 제4장에서는 물질에 주목하고, 생태계의 물질순환에 대해 설명합니다. 제5장에서는 생태계의 상태를 결정하고 있는 요인과 생태계의 장기간의 시간적인 변화에 대해 설명합니다. 제6장에서는 인간 활동이 생태계에 미치는 영향에 대해 설명합니다.

제Ⅰ부의 전체 내용을 이해하기 위한 각 장의 관계는 [그림 Ⅰ.1]과 같습니다. 생물-물리·화학축을 횡축(橫軸), 인간에게 미치는 영향을 종축(縱軸)으로 하여 그 관계를 나타내고 있습니다.

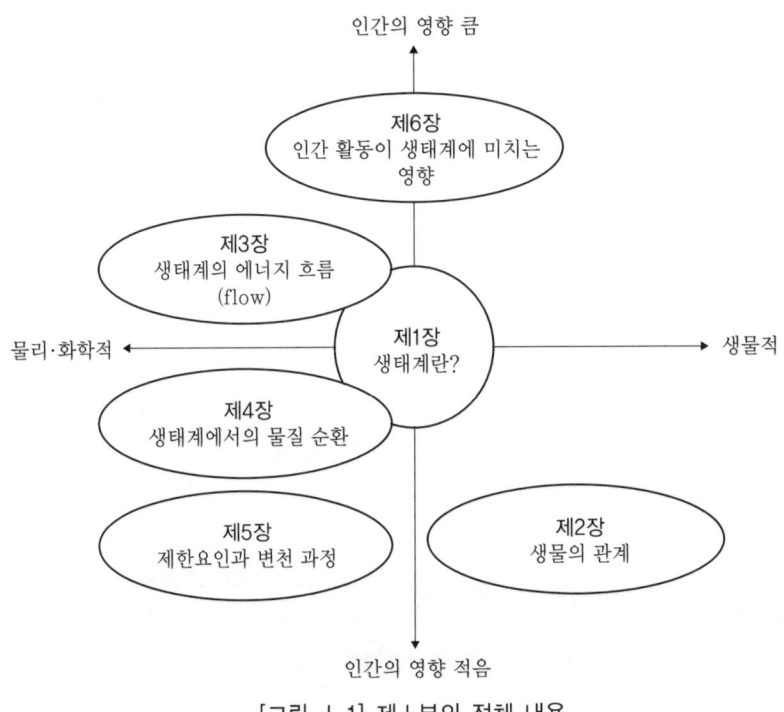

[그림 Ⅰ.1] 제Ⅰ부의 전체 내용

제1장 생태계란?

이 장의 목적

이 장에서는 생태계의 전체상을 이해합니다. 우선 생태계 구성요소의 중심이라고 할 수 있는 생물에 대해 설명하고, 생물이 살고 있는 지표면 부근의 지구에 대한 역할 자리매김함을 상세히 살핍니다. 말하자면, 우주선 지구호의 승무원과 우주선의 개요라고 할 수 있습니다. 다음으로 생태계를 어떻게 이해하면 좋을지 생태계를 이해하기 위한 사고방식의 순서에 대해 설명합니다. 또, 구체적으로 지구상에 분포하고 있는 대표적인 육역(陸域) 생태계와 수역(水域) 생태계 등에 대해 설명합니다. 말하자면, 우주선 지구호의 승무원이 생활하고 있는 방의 상황과 방 안을 간단히 설명한다고 할 수 있습니다.

1.1 생물이란?

1.1.1 생물 및 종(種)의 정의

이와나미(岩波) 「생물학 사전」에 의하면 생물이란 "생명현상을 영위하는 것이다. 오늘날에는 핵산을 취급하는 유전(遺傳)과 단백질을 취급하는 대사를 관여하는 증식이 생물의 가장 기본적인 속성이라는 견해가 유력하다"라고 쓰여 있습니다.

즉, "DNA→RNA→아미노산→단백질"의 과정을 갖는 시스템이라 할 수 있습니다. 생물의 특징은 다음과 같습니다.

- 자기 증식(자손을 늘림) 능력을 갖추고 있는 것
- 에너지 변환 능력(외부에서 에너지를 섭취하고, 자신의 처지에 맞도록 변환할 수 있음)이 있는 것
- 항상성(homeostasis : 생체 내부와 외부의 환경 인자가 변화해도 생체 상태를 일정하게 유지시키는 성질)을 가지고 있는 것

생물을 구분하는 단위로 종(種)이 있습니다. 일반적으로 가장 많이 알려진 종의 개념은
마이어(Mayer, Julius Robert von : 독일의 물리학자 ; 1814~1878)가 1942년에 제안
한 것으로, "동일한 지역에 분포하는 생물집단이 자연조건하에서 교배하고, 자손을 남길
수 있는 생물집단을 동일 종으로 간주한다"고 정의하고 있습니다.

1.1.2 생물의 분류

생물의 종을 어떻게 나눌 수 있는지, 다음에서 생물의 분류에 대해 알아봅시다.

[표 1.1]과 [그림 1.1]과 같이 생물의 분류는 크게 진핵생물(眞核生物)과 원핵생물(原核
生物)로 나눌 수 있습니다. 진핵생물은 막으로 싸인 핵을 가진 생물이고, 원핵생물은 막
으로 싸인 핵을 가지지 않는 생물입니다. 진핵생물에는 많은 세포로 이루어져 있는 다세
포 생물과 하나의 세포로 이루어져 있는 단세포 생물이 있습니다. 원핵생물은 단세포 생
물뿐입니다. 다세포 생물은 식물계, 동물계, 균류(菌類)계로 나누어져 있고, 가장 흔한 생
물입니다. 진핵생물인 단세포 생물은 원생생물계라고 불리고 있고, 원핵생물(단세포)은
모네라(Monera)계라고 불리고 있습니다. 이들 단세포 생물은 이른바 미생물이라고 불리
는 일군(一群)의 생물입니다. 생태계를 살펴보면 동물과 식물 등의 다세포 생물이 중심이
지만, 단세포 생물도 분해자(제2장 참조)로서 중요한 역할을 하고 있습니다.

다음으로 생물종수에 대해 생각해 봅시다. 지구상 생물의 종류 수는 [표 1.2]와 같습니
다. 지구상 생물의 종류 수는 확인된 종만 140만 종이 있고, 전체는 1,000~3,000만 종
이라고 합니다. 지구상에는 매우 많은 종류의 생물이 각각의 역할을 하며 살고 있습니다.

[표 1.1] 생물의 분류

핵으로 구분	세포로 구분	계(界)	예
진핵생물 (막으로 싸인 핵을 가진 생물)	다세포	식물계	초본식물, 목본식물, 덩굴식물, 양치류, 이끼식물(이끼류, 선류(蘚類)) 등
		동물계	포유류, 조류, 파충류, 양생류, 어류, 곤충류, 갑각류, 거미류 등
		균류계	버섯류, 곰팡이류, 지의류(地衣類) 등
	단세포	원생생물계	조류(藻類), 원생동물 등
원핵생물 (막으로 싸인 핵을 가지지 않는 생물)	단세포	모네라계	세균류, 남조(藍藻)류(시아노박테리아) 등

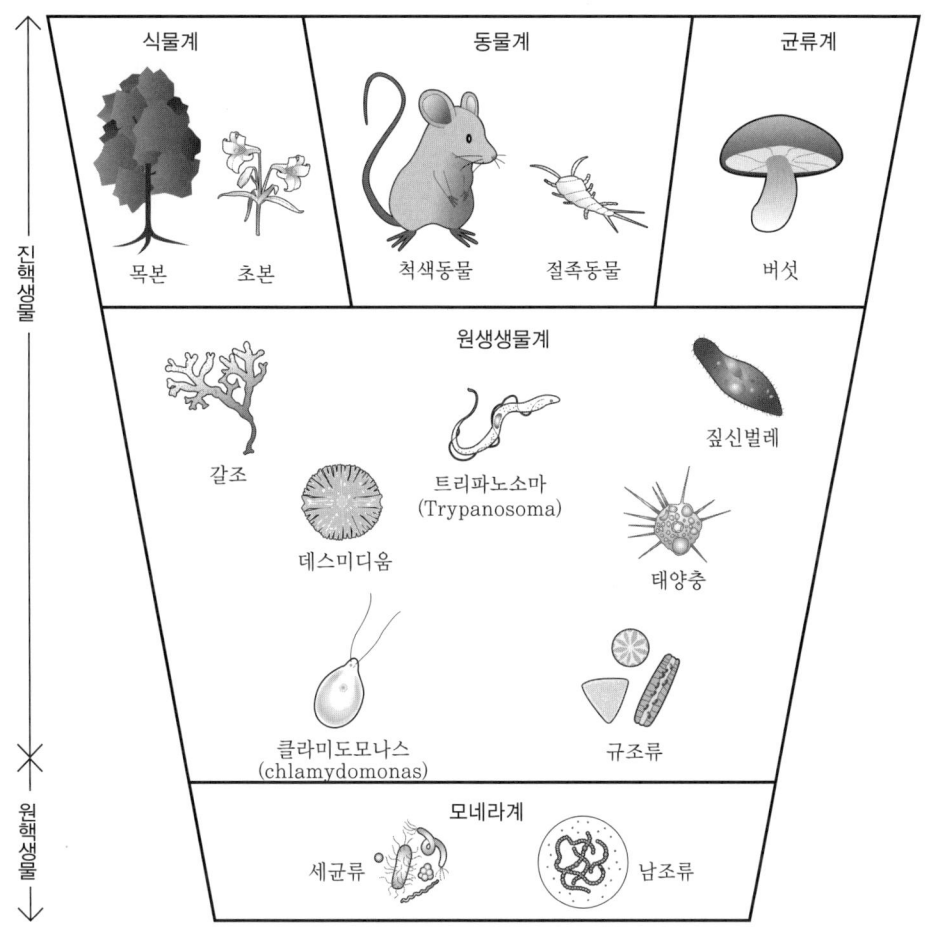

[그림 1.1] 생물 분류의 이미지

생물의 분류에 관해 참고하면 도움이 되는 웹사이트에는 일본의 생물다양성 관련 웹사이트(http://protist.i.hosei.ac.jp/GBIF/DB_list/index.html)와 원생생물 정보 서버 (http://protist.i.hosei.ac.jp/taxonomy/menu.html) 등이 있습니다.

[표 1.2] 생물의 종류와 추계 종수

계(界)·문(門)·강(綱)	기지 종수	추계 종수	계(界)·문(門)·강(綱)	기지 종수	추계 종수
모네라계	4,760	불명	동물계	1,033,614	
박테리아(세균)류	3,000		무척추동물	989,761	
마이코플라스마류	60		해면동물	5,000	
남조류	1,700		강장동물	9,000	
원생생물계	57,700	불명	편형동물	12,200	
녹조류	7,000		대형동물	12,000	
갈조류	1,500		환형동물	12,000	
홍조류	4,000		연체동물	50,000	
황금색조류	12,500		극피동물	6,100	
편모조류	1,100		절족동물	874,161	
연두벌레류	800		곤충	751,000	30,000,000
원생동물	30,800		기타	123,161	
균계	46,983	불명	그 외 무척추동물	9,300	
접합균류	665		척색동물	43,853	불명
자낭균류	28,650		원색동물	1,273	
담자균류	16,000		척추동물	42,580	
난균류	580		무악류	63	40,000
병꼴균류	575		연골어류	843	21,000
세포점균류	13		경골어류	18,150	
변형균류	500		양생류	4,184	대략 기재
식물계	248,428	불명 (적어도 10~15%)	파충류	6,300	
이끼식물	16,600		조류	9,040	9,220
고생 솔입란류	9		포유류	4,000	
석송류	1,275		총계	1,391,485	1,000만 ~3,000만
속새류	15				
양치식물	10,000				
나자식물(겉씨식물)	529				
쌍떡잎식물	170,000				
외떡잎식물	50,000				

주) 바이러스는 제외되었다. 자낭(子囊)균류는 지의류를 구성하는 균 18,000을 포함한다.

[茅陽一 감수, 옴사 편: 「환경연표 2004/2005」, p.246, 옴사 (2003)]

1.2 │ 생물권에 대해서

　지구상에서 생물이 생활하고 있는 장소 전체를 생물권(바이오스피어 : biosphere)이라고 합니다. 생물권의 범위는 대략 해발고도 10km, 해수면하 10km, 높이 20km 정도입니다. 지구의 반지름이 약 6,400km이므로 생물권은 반지름의 0.3% 정도의 범위밖에 안됩니다[그림 1.2]. 지구를 우리가 매일 먹고 있는 달걀로 본다면, 생물은 달걀 표면에서 생활하고 있는 것입니다. 지구 규모로 보면 어떻게 이 좁은 범위에서 생물이 살고 있는지 놀라게 됩니다. 생물은 서로 몸을 기대어 북적거리며 살고 있다고 할 수 있습니다.

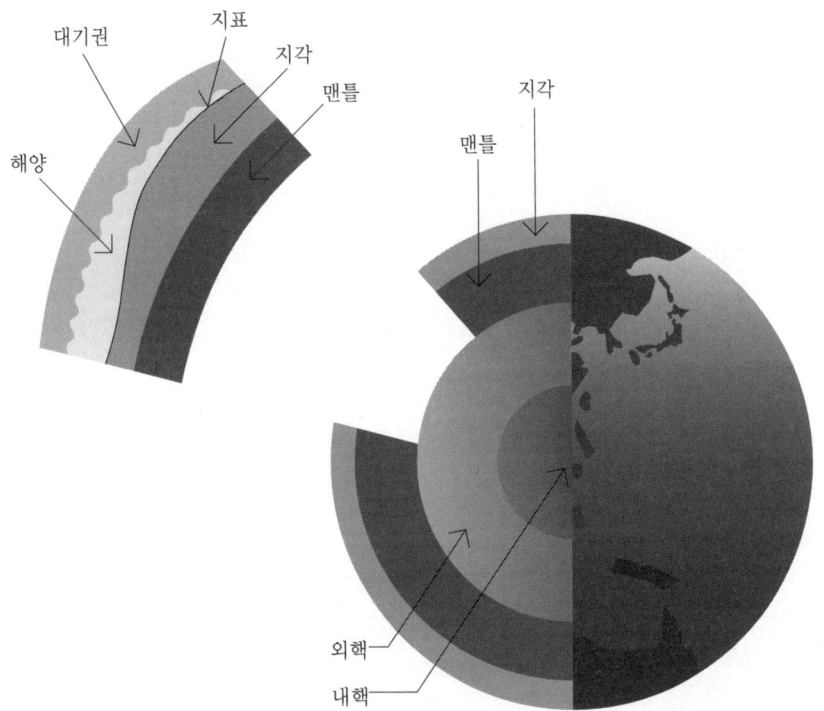

지구는 중심부터 내핵, 외핵, 맨틀, 지각, 대기권으로 구성되어 있습니다.
생물은 지각의 일부와 대기권의 일부에서 생활하고 있습니다.

[그림 1.2] 지구의 내부구조

▶▶ 이런 곳에도 생물이 살고 있다(극한 환경에서 살고 있는 생물) ◀◀

[그림 1.3]과 같이 초고온, 초저온하, 초고압하 등에서도 생물(미생물)은 살고 있습니다. 과혹한 환경에서도 살 수 있는 생물을 응용하는 것도 연구하고 있습니다.

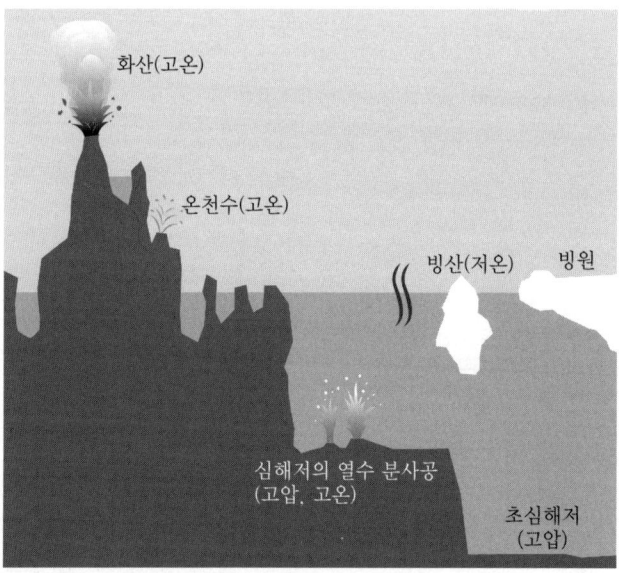

[그림 1.3] 극한 환경에서 살고 있는 생물

1.3 ┃ 생태계의 개념

1.3.1 생태계란?

생태계란 어느 지역에 존재하는 생물적 요소와 비생물적 요소를 합한 것입니다[그림 1.4]. 생물적 요소는 개체, 개체군, 군집 등의 계층구조로 이해할 수 있습니다. 개체는 하나의 생물이고, 개체군은 같은 종인 개체의 집합입니다. 개체는 예를 들면, 같은 먹이를 빼앗는 등 각각의 개체에 영향을 미치며 살고 있습니다. 또, 개체군이 모인 것을 군집(群集)이라고 합니다. 군집도 서로에게 각각 영향을 미칩니다. 예를 들면, 초식동물의 군집은 먹이인 식물군집(군락)을 먹습니다.

비생물적 요소를 바꿔 말하면 생물 이외의 모든 것을 말합니다. 즉 대기, 물, 토양, 영양염, 그리고 태양광 등 생물이 살기 위해 필요한 생물 이외의 요소입니다.

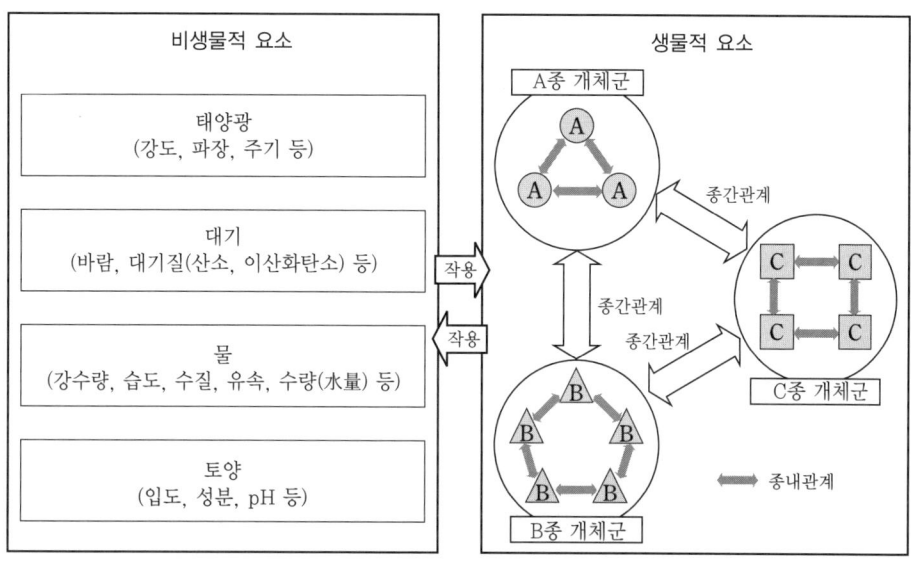

[그림 1.4] 생태계의 구조

비생물적 요소는 생물에게 작용하고, 또 생물의 활동이 비생물적 요소에게 작용합니다. 생태계는 [그림 1.5]와 같이 먹이사슬(제2장 참조)에 따른 피라미드 구조를 하고 있습니다. 아래쪽에는 비생물적 요소가 있고, 비생물적 요소로 인해 식물이 성장할 수 있으며, 식물을 먹음으로써 동물이 살 수 있습니다. 생태계 피라미드는 절묘한 균형이 이루어져 있기 때문에 어디 한 군데가 파괴되면 모든 것에 영향을 미칩니다.

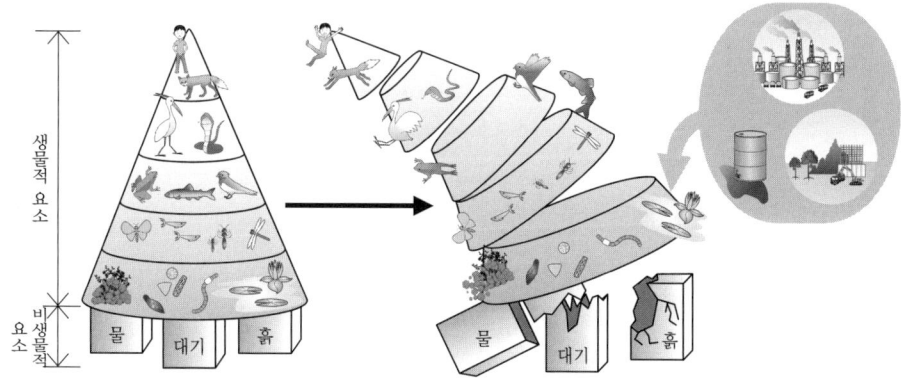

[그림 1.5] 인간 활동으로 인한 생태계 파괴의 이미지

1.3.2 생태계를 이해하는 순서

그렇다면, 어느 지역의 생태계를 이해하는 경우 어떤 순서가 좋을까요? 우선 대상 지역을 정할 필요가 있습니다. 즉, 생태계라는 드라마가 연출되고 있는 무대를 정해야 합니다.

[표 1.3] 생태계를 이해하는 9가지 포인트(사고 순서)

단계	생각할 점	해설	다루는 장
1	검토할 대상 지역(범위)을 정한다.	어느 지역을 대상으로 생태계를 조사할지 생각합니다.	1장
2	그 지역에 어떤 생물이 살고 있는지 생각한다.	그 지역에는 어떤 생물(동물, 식물)이 살고 있는지 조사합니다.	1장
3	비생물 요소와 그 지역의 특징을 생각한다.	그 지역의 비생물적 요소(대기 상태, 물의 흐름, 지형, 토양의 상태 등)의 특징을 생각합니다.	1장
4	생물간의 관계(먹이 사슬)를 생각한다.	예를 들면, 동물은 살기 위해서 다른 생물을 먹어야 합니다. 즉, 생물과 생물간에는 어떤 관계를 이루며, 살아가고 있습니다. 그 관계와 생태계에서의 생물의 역할을 생각합니다.	2장
5	생태계의 에너지 흐름을 생각한다.	무언가를 움직이게 하기 위해서는 에너지가 필요합니다. 생태계 역시 생태계를 유지하기 위해서는 에너지 흐름이 필요합니다. 에너지 흐름의 관점에서부터 생태계를 생각합니다.	3장
6	생태계의 물질 흐름을 생각한다.	생물은 탄소, 산소, 수소, 질소 등의 원소의 화합물로 이루어져 있습니다. 에너지 흐름과 같이 이들 원소도 생태계 속에서 이동하고 있습니다. 물질(원소) 흐름을 생각합니다.	4장
7	생태계의 상태를 결정하고 있는 요인에 대해 생각한다.	열대지방의 생태계와 남극 생태계는 왜 다를까요? 가장 먼저 떠오르는 것은 기온입니다. 생태계의 상태(생물의 종류나 수, 분포 등)를 결정하고 있는 비생물적 요소에 대해 생각합니다.	5장
8	생태계의 시간적(장기적)인 변화를 생각한다.	생물은 태어나고 언젠가 죽습니다. 생태계는 시간에 따라 어떻게 변하는지, 장기적인 관점에서 생태계의 변화를 생각합니다.	5장
9	인간 활동이 생태계에 미치는 영향을 생각한다.	인간의 경제활동과 생활로 생태계가 어떤 영향을 받는지에 대해 생각합니다.	6장

다음으로 대상 지역에 어떤 생물이 살고 있는지를 알아둘 필요가 있습니다. 즉, 생태계라는 드라마의 연출자를 조사하는 것입니다. 그 다음은 생물을 지탱하고 있는 비생물적 요소는 무엇이며, 그 특징은 무엇인지를 조사합니다. 드라마로 치면 조명, 소도구, 대도구, 음향 등과 그 배치라고 할 수 있습니다.

다음은 생물간의 관계, 즉 생물과 생물의 관계를 생각합니다. 예를 들면, 먹고 먹히는 (먹이사슬) 관계와 협조관계(공생) 등을 조사합니다. 드라마로 치면 인간관계입니다.

그 다음으로는 생태계의 에너지 흐름을 생각합니다. 에너지가 흐르지 않으면 생물은 살 수 없습니다. 드라마로 치면 출연자의 정열과 출연료라 할 수 있습니다. 그 다음 에너지 흐름에 따라 물질도 순환하기 때문에 물질순환을 생각합니다.

또, 생태계의 상태를 결정하고 있는 요인에 대해 생각합니다. 드라마로 치면 감독입니다. 그리고 시간 경과에 따라 생태계가 어떻게 되는지 검토합니다. 드라마로 치면 시나리오입니다. 이것을 정리한 결과는 [표 1.3]과 같습니다. 이 표에서는 제 I 부에서 주로 다루는 내용과 관련된 장이 함께 나타나 있습니다.

1.3.3 생태계의 구분

그럼 구체적으로 생태계에는 무엇이 있을까요? [표 1.4]는 생태계 구분을 나타낸 표입니다. 생태계는 크게 자연생태계, 인간 활동영역에서의 생태계, 인공·기타로 구분할 수 있습니다. 자연생태계는 원래 지구상에 있는 생태계를 가리킵니다. 인간 활동영역의 생태계는 인간의 활동으로 자연생태계가 개선된 생태계입니다. 그리고 인공, 기타로는 인간이 인위적으로 조건을 주어 만든 생태계입니다. 다음 절에서 구체적인 생태계에 대해 해설합니다.

[표 1.4] 생태계의 구분

구 분	타 입	지 역(범위)
자연생태계	육역	삼림, 초원, 툰드라, 사막
	담수역	호소(湖沼), 하천
	해역	외양(外洋), 연안, 간석지, 산호초, 남극
인간 활동영역	육역	도시, 농촌
인공, 기타		우주선, 마이크로코즘(1.4.3.(2) 참조), 수조 등

1.4 ┃ 생태계의 구체적인 예

육역 생태계, 수역 생태계, 인공 생태계로 나누어 설명합니다. 인간 활동영역의 생태계에 대해서는 제6장에서 설명합니다. 여기에서는 삼림, 초원, 하천, 호소, 해역 등의 생태계에 대해 소개합니다.

1.4.1 육역 생태계

육역 생태계의 최대 특징은 환경이 대기 중에 있다는 것입니다. 대부분의 인간 사회는 육역 생태계 속에서 영위하고 있습니다. 다음에서는 육역의 전형적인 자연생태계인 삼림생태계와 초원생태계에 대해서 설명합니다.

(1) 삼림생태계

삼림생태계는 육역에서 볼 수 있는 전형적인 생태계입니다. 삼림생태계의 구조는 [그림 1.6], 특징 등은 [표 1.5]와 같습니다. 삼림생태계는 고목과 초본식물(나무가 아닌 식물, 이른바 잡초)이 우점(優占)하는 생태계에서 수직적인 엽군(葉群)의 계층구조로 되어 있는 것이 특징입니다. 삼림생태계는 일정량 이상의 강수량을 유지하는 지역을 가리킵니다. 식물은 고목층, 저목층, 초본층, 이끼층으로 된 다층구조를 가리킵니다. 또, 나무 사이에서는 조류와 포유류 등의 동물이 생식하고 토양에서는 곤충의 유충, 톡토기 등의 미소동물, 곰팡이나 박테리아 등의 미생물이 생식하고 있습니다. 온도와 강수량에 따라 수목 구성이 다르고, 위도 계열에 따라 열대림생태계, 온대림생태계, 한대림생태계 등으로 나뉩니다. 또 해발이 높아질수록 저지림 생태계부터 아고산림(亞高山林) 생태계로 변화합니다.

[표 1.5] 삼림생태계의 개요

항 목		내 용
생물적 요소	지상	식물 : 고목, 저목, 초본(草本), 이끼 등 　　초식동물 : 사슴, 토끼, 다람쥐, 곤충 등 육식동물 : 뱀, 조류 등
	토양 속	지렁이, 곤충의 유충, 흰개미, 톡토기, 곰팡이, 토양세균
비생물적 요소		대기, 토양, 물, 태양광
특징		• 육상의 전형적인 생태계이다. • 초목의 잎, 가지, 줄기, 뿌리는 동물의 생식지이다. • 온도와 강수량 등의 기후(위도, 해발) 형태와 깊은 관계가 있다. • 분포는 위도 계열에 따라 열대림 생태계, 온대림 생태계, 한대림 생태계로 　구분할 수 있다.

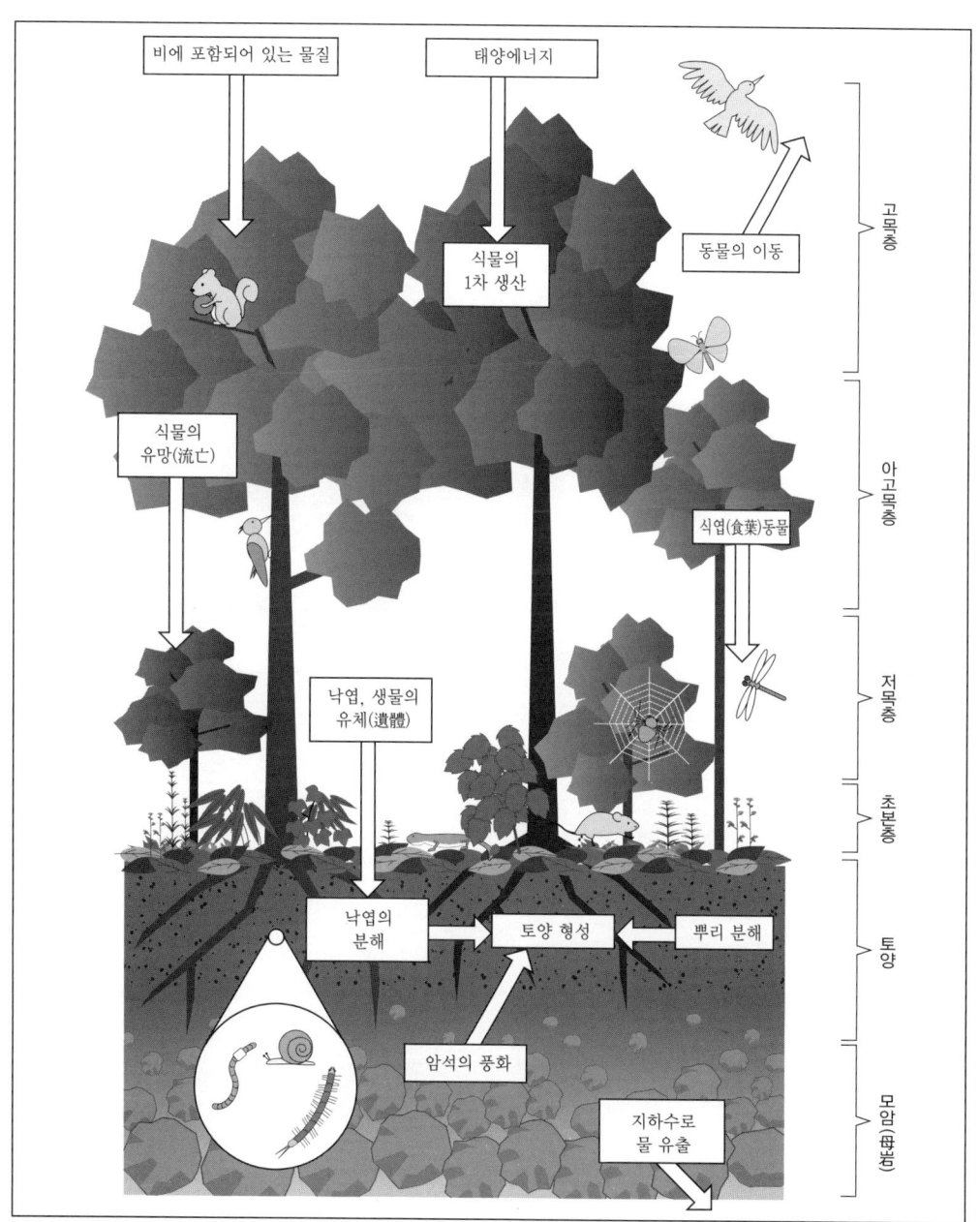

삼림생태계의 식물은 고목층, 저목층, 초본층, 이끼층 등으로 이루어져 있는 다층구조이다. 동물은 조류와 포유류 등이 있고, 그 밖에 토양에는 곤충의 유충, 톡토기 등의 미소동물, 곰팡이와 박테리아 등의 미생물이 살고 있다. 또, 물 등의 물질과 태양광 등의 에너지의 드나듦도 있다.

[그림 1.6] 삼림생태계의 구조

(2) 초원생태계

초원생태계의 개요는 [표 1.6]과 같습니다. 초원생태계는 초본생물이 주인 생태계입니다. 즉 초본식물이 50% 이상을 차지하고, 수목이 50% 이하를 차지하는 지대에서 다종다양한 식물군락으로 되어 있는 생태계입니다. 초원 중 사람이 이용하고 관리하고 있는 초원과 인공적으로 조성된 목초지를 초지(草地)라고 부릅니다. 초원은 지구상 육지 면적의 약 30%를 차지하고 있습니다. 초원생태계의 특성에 영향을 미치는 요인은 강수량, 기온, 토양 등으로 특히, 강수량의 영향을 많이 받습니다. 지구상의 초원은 열대지방에서 아열대지방까지 넓게 분포되어 있습니다. 기온과 강수량에 따라 열대초원(사바나), 온대초원, 반사막 초원, 툰드라 등으로 나누어져 있습니다.

식물로는 벼과, 금방동사니과 등의 초본식물, 동물로는 프레리 도그, 쥐, 새, 뱀, 메뚜기류 등의 곤충, 토양 속에는 지렁이, 모낭충류, 토양 미생물 등이 생식하고 있습니다.

[표 1.6] 초원생태계의 개요

항 목		내 용
생물적 요소	지상	식물 : 벼과, 금방동사니과 풀, 그 밖의 사료식물 등 동물 : 프레리 도그, 쥐, 새, 뱀, 메뚜기류 등의 곤충, 가축 등
	토양 속	지렁이, 모낭충류, 토양 미생물 등
비생물적 요소		대기, 토양, 물, 태양광
특징		• 초원은 초본식물이 50% 이상을 차지하고, 수목이 50% 이하를 차지하는 지대에서 다종다양한 식물군락을 포함한다. • 온대 자연초원은 연강수량이 250~750 mm이고, 증발률이 높고, 매년 계절적으로 건조한 지역에 발달한다. • 열대 초원은 우계와 건계가 뚜렷한 지역에 발달한다. • 초원의 토양은 비옥하고 강수량이 적기 때문에 토양에서의 영양염 유실이 적다. • 초원 중 사람이 이용하고 관리하고 있는 초원과 인공적으로 제조된 목초지를 초지라고 부른다.

1.4.2 수역생태계

수역생태계의 특징은 생태계의 환경이 물속이라는 것입니다. 수역생태계는 크게 담수역과 해역으로 나눌 수 있습니다. 다음은 담수역생태계인 하천생태계와 호소(湖沼)생태계 및 해역생태계에 대해 설명합니다.

(1) 하천생태계

하천생태계는 담수이며, 물이 흐르는 것이 큰 특징입니다. 하천과 주변 냇가나 모래사장 등을 포함합니다. 하천생태계의 특징은 [표 1.7]과 같습니다. 생물적 요소는, 식물은 주로 수생식물이고, 동물은 수생 곤충류, 어류, 갑각류(새우, 게), 저생동물, 조개류 등이며, 미생물은 녹조류, 규조류, 원생동물, 세균류, 남조류 등입니다. 특징은 흐르는 물이기 때문에 홍수나 갈수와 같은 물리적 교란을 받는다는 점입니다[그림 1.7].

하천생태계는 다른 수역 생태계에 비해 물이 흐르고, 플랑크톤의 군집이 적습니다. 하천의 플랑크톤은 하류의 유속(流速)이 느린 수역과 지수역(止水域)에서 볼 수 있습니다. 유영력(遊泳力)이 큰 어류를 제외하면 대부분의 생물은 강바닥과 그 틈새에 붙어서 살고 있습니다.

[그림 1.7] 하천에 살고 있는 생물의 예

[표 1.7] 하천생태계의 개요

항 목		내 용
생물적 요소	식물	수생식물
	동물	수생 곤충류, 어류, 갑각류(새우, 게 등), 저생동물, 조개류 등
	미생물	녹조류, 규조류, 원생동물, 세균류, 남조류 등
비생물적 요소		물, 하천, 냇가, 태양광 등
특징		• 개방성이 매우 높고, 외부의 영향을 강하게 받는다. • 상류에서 하류로 흐르는 연속성과 연관성이 생물군집을 지탱하고 있다. • 하천은 물이 흐르기 때문에 지수역(止水域)을 제외하면, 다른 수역 생태계에 비해 플랑크톤 군집이 적다. • 유영력이 큰 어류 이외에는 대부분의 생물이 강바닥과 그 틈새에 생식 기반을 두고 있다. • 홍수와 갈수와 같은 물리적인 교란이 크다. • 하천 형태의 특징으로 여울과 늪 등이 있다.

(2) 호소(湖沼)생태계

호소는 담수이고, 지수역(止水域)이라는 점이 특징입니다. 생물적 요소는 [표 1.8]과 [그림 1.8]과 같이 크게 수중대(水中帶))와 연안대로 나눌 수 있습니다. 수중대의 생물은 크게 유영생물인 넥톤(nekton), 유영성의 플랑크톤, 호수 아래에 생식하고 있는 벤토스(benthos)로 나눌 수 있습니다. 연안대의 생물, 특히 식물은 육지 쪽부터 추수식물(抽水植物), 부엽식물(浮葉植物), 침수식물로 나눌 수 있습니다. 추수식물은 식물체의 일부는 물속에 있고, 나머지는 대기 중에 있는 식물입니다. 부엽식물은 뿌리는 물 바닥에 있고, 잎이 물 위에 떠 있는 식물입니다. 침수식물은 물속에 생육하고, 식물체가 수면에 나타나지 않는 식물입니다. 비생물적 요소로는 물, 온도, 호분(湖盆) 형태, 태양광 등을 들 수 있습니다. 폐쇄성의 수역이고, 유입된 물질을 축적하기 쉽습니다. 또한 연직방향으로 온도와 용존산소의 분포를 볼 수 있습니다. 수면에서 입사(入射)한 태양광의 강도는 현탁성이 있는 물질 등에 따라, 수심이 깊어짐에 따라 감소합니다. 이 빛의 감쇠(減衰)가 식물 플랑크톤의 생육에 큰 영향을 미칩니다. 자세한 내용은 제5장에 쓰여 있습니다.

[표 1.8] 호소생태계의 개요

항 목			내 용
생물적 요소	수중대	넥톤 (유영생물)	어류 등
		플랑크톤 (부유생물)	식물 플랑크톤 : 녹조, 규조, 남조 등 동물 플랑크톤 : 곤충류, 갑각류, 원생동물류 등 세균 플랑크톤 : 세균
		벤토스 (저생생물)	모기붙이 유충, 실지렁이, 조개류 등
	연안대		추수식물(갈대, 부들, 줄, 연꽃), 부엽식물(마름, 노랑어리연꽃, 어리연꽃, 순채), 침수식물(말즘, 대가래, 새우가래, 검정말, 코카나다모), 수생식물상에서는 부착조류(규조와 남조 등), 잠자리와 모기붙이 등의 곤충의 유충, 새우, 물버룩 등 갑각류, 부착성이 있는 화살벌레류, 원생동물이 생식하고 있다. 물속에는 자치어(仔稚魚)와 플랑크톤이, 아래에는 조개류, 모기붙이 유충, 갑각류(새우, 옆새우, 물벼룩 등)가 생식하고 있다.
비생물적 요소			물, 온도, 호분 형태, 태양광
특징			• 폐쇄성의 수역이다. • 유입한 물질은 축적되기 쉽다. • 연직방향으로 온도 분포를 볼 수 있다. • 태양광 강도는 현탁성이 있는 물질, 또는 수심이 깊어짐에 따라 감소한다.

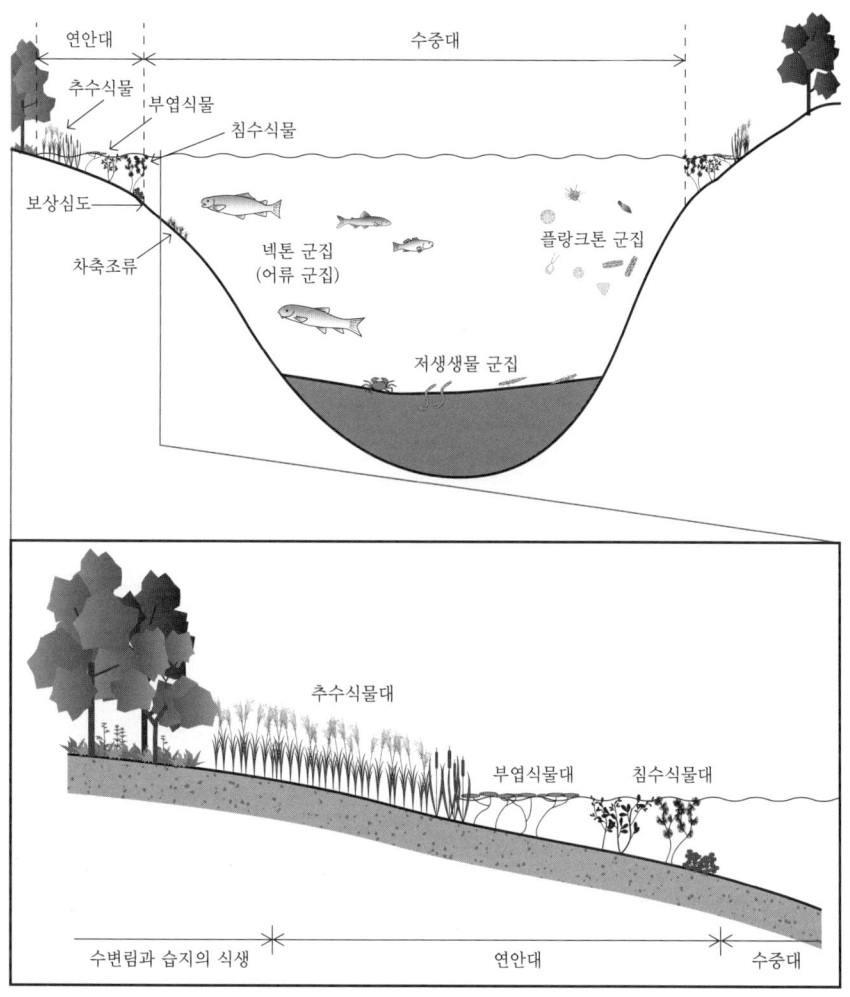

[그림 1.8] 호소생태계

(3) 해역 생태계

해역 생태계는 담수에 비해 염분농도가 높은 해수와, 그 범위가 대단히 큰 점이 특징입니다. 해역에서는 큰 해류에 의존한 어류가 회유(回遊)하는 등 해역의 광범위한 물질순환과 관계되어 있습니다. 해역 생태계의 개요는 [표 1.9], [그림 1.9]와 같습니다.

식물은 다세포식물(해조류, 해초류)과 단세포인 미세 식물 플랑크톤입니다. 동물은 크게 동물 플랑크톤(부유생물), 넥톤(유영생물), 동물성 벤토스(저생생물)로 나눌 수 있습니다.

동물은 조간대(潮間帶) 암초와 간석지(干潟地)의 얕은 뻘에서부터 대륙붕뿐만 아니라 심해의 중층과 저층에 이르는 곳에서도 생식하고 있습니다. 해역의 상층에서는 식물 플랑크톤→초식동물 플랑크톤→육식동물 플랑크톤→소형 넥톤→중형 넥톤→대형 육식어(肉食魚)와 같은 먹이사슬을 볼 수 있습니다.

유광층(有光層)에서 만들어진 유기물(有機物)은 동물에게 포식되고, 그 배설물(糞)과 사체는 해저에 침강되면서 세균에 의해 분해됩니다. 심층에서 유광층으로 상승하는 흐름은 특정의 용승역(湧昇域) 이외에는 없기 때문에 유광층은 항상 영양염이 부족한 상태입니다.

[표 1.9] 해역 생태계의 개요

항 목	내 용
생물적 요소	동물은 간석지(밀물 썰물이 드나드는 범위)의 암초와 뻘에서부터 심해저까지 생식하고 있다. 크게 구분하면 호소생태계와 거의 같고, 넥톤(유영생물), 플랑크톤(부유생물), 벤토스(저생생물)로 구분할 수 있다.
비생물적 요소	물, 온도, 염분농도, 수심, 태양광 등
특징	• 담수의 호소와 공통성이 많다. • 해역의 경우에는 호소에 비해 계(系) 전체의 크기가 넓고, 깊이도 매우 깊다. • 해류, 조석류(潮汐流) 등이 있다.

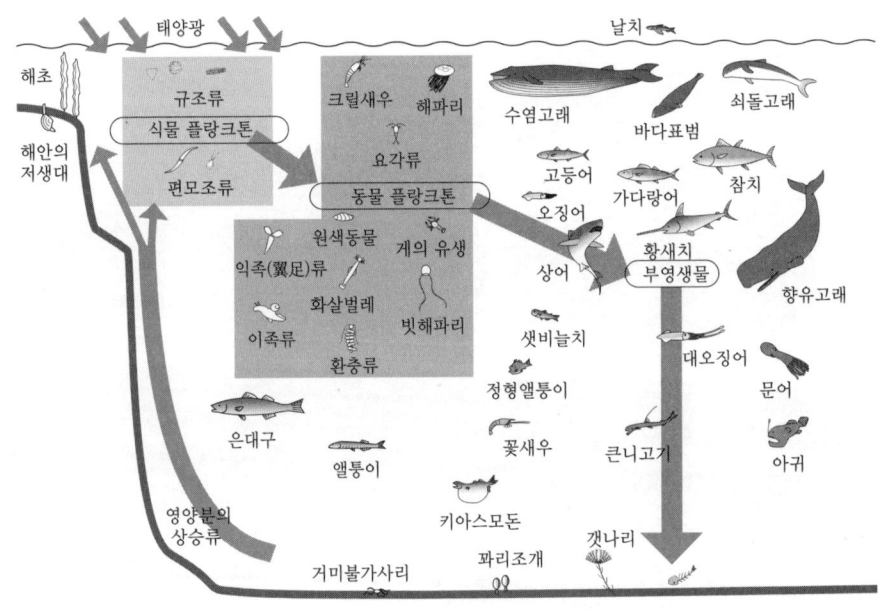

[그림 1.9] 해역 생태계

하구역(河口域)과 내만(內灣), 연안역은 영양염류가 풍부하기 때문에 1차 생산력이 높습니다. 또, 해역 및 저층 부근에서는 상층에서부터 침강하는 유기 현탁입자 및 저표(底表) 퇴적물(유기퇴횡물)→퇴적물 식자(食者)→육식 벤토스 및 육식성 저층어류→대형 육식성 넥톤의 먹이사슬을 볼 수 있습니다.

한편 심해저의 대부분에서는 벤토스의 밀도, 생물체량은 적고, 지각 플레이트의 갈라진 곳에 점재하는 열수(熱水) 분출공의 주변에서는 지중에서 분출되는 메탄, 황화수소 등을 에너지원으로 하는 세균도 생식하고 있습니다.

1.4.3 인공 생태계

인공 생태계란 인간이 범위나 조건을 설정한 생태계입니다. 여기에서는 실험적으로 이뤄진 바이오스피어(생물권)Ⅱ와 마이크로코즘(microcosm)에 대해 설명합니다. 이 밖에 우주선 안도 인공 생태계라고 할 수 있습니다.

(1) 바이오스피어(biosphere)Ⅱ

바이오스피어Ⅱ는 1991년 미국 애리조나주(州)에 만든 외부와 격리된 돔 형태의 인공 폐쇄성 생태계를 말합니다. 바이어스피어Ⅱ란 이름은 바이오스피어(지구의 생물권)를 모델로 한 것에서 유래되었습니다. 이 실험은 돔 안에서 사람이 생활하는 데 필요한 대기와 물, 식물뿐 아니라 바다와 강 같은 자연을 재현하여 연구원이 2년간 자급자족 생활을 하는 것이었습니다.

그러나 돔 안의 산소 밀도가 감소하여 몇 명의 연구원이 쓰러지고, 어쩔 수 없이 외부에서 산소를 공급했습니다. 산소 밀도가 감소한 원인은 토양 속의 미생물이 이상 번식을 하여, 일시적으로 대량의 산소를 소비했기 때문입니다. 보통 자연계에서는 특정 박테리아가 이상 번식하는 일은 있을 수 없고, 많은 생물이 존재함에 따라 자연의 미묘한 균형을 유지할 수 있는 구조로 되어 있습니다. 돔 안으로 꽤 많은 수의 생물군을 가지고 들어갔지만, 자연계는 인간의 상상을 초월할 정도의 압도적인 다수의 생물군이 존재함에 따라 정상적으로 작용하는 시스템이라는 것이 이 실험으로 명백해졌습니다.

결국, 이 실험으로 인류가 자신이 편한대로 자연을 골라 조절하는 것은 어렵다는 점과 생물종의 다양성의 중요성을 재인식하였습니다.

(2) 마이크로코즘

마이크로코즘이란 인간이 제어한 환경조건에서 생물개체군 또는 생물군집을 일정한 용기 안에서 배양한 모델 생태계를 뜻합니다. 마이크로코즘은 자연생태계에 있는 구조적, 기능적 요소를 가지고 있습니다. 간단한 마이크로코즘을 만드는 방법의 예는 [그림 1.10]과 같습니다. 마이크로코즘의 생물상의 변화는 5.2.3항을 참조하십시오.

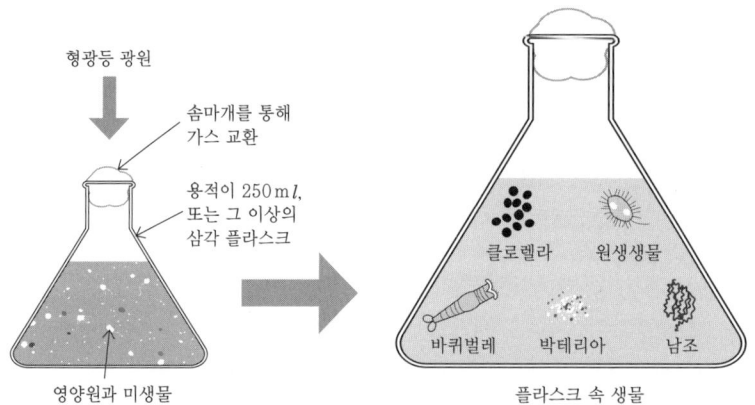

[그림 1.10] 간단한 마이크로코즘을 만드는 방법

▶▶ 필자가 만든 생태계 ◀◀

필자가 만든 생태계를 소개합니다. [그림 1.11]과 같이 400ℓ의 플라스틱 용기를 2개 연결하고, 욕조의 남은 물을 식혀 흘려보내고 있습니다. 용기에는 수생식물, 송사리, 금붕어, 미꾸라지 등의 생물을 넣었습니다. 필자가 만들어 낸 하나의 생태계라고 할 수 있습니다. 제10장에서 접하는 비오토프라고도 할 수 있습니다.

[그림 1.11] 필자가 만든 생태계

Q&A

Q.1 생태계는 그 밖에 어떤 것이 있습니까?

A.1 예를 들면, 작은 섬의 생태계(갈라파고스 제도)나 고산생태계 등이 있습니다.

Q.2 단세포종(單細胞種)의 정의는?

A.2 종(種)은 형태적으로 거의 공통된 구조를 가진 집합으로 동일한 종 안에서 종을 구성하는 개체는 유전적으로 안정하고, 일정한 형태적·생리적·생태적 특징을 가지며 그것에 따라 다른 종과 구별할 수 있습니다.

Q.3 생물의 분류법으로 다른 어떤 방법이 있습니까?

A.3 단백질과 핵산 등의 생체분자를 비교 검사함에 따라 생물을 분류하는 방법도 있습니다. 이것을 연구하는 학문을 분자계통학(分子系統學)이라고 합니다.

Q.4 생물의 분류체계는 어떻게 되어 있습니까?

A.4 일반적으로는 상위 개념부터 계(界), 문(門), 강(綱), 목(目), 과(科), 속(屬), 종(種)으로 되어 있습니다. 각각의 하위 개념으로 '아[亞]'를 붙이는 경우도 있습니다. 예를 들면 아종(亞種)입니다.

Q.5 인공 교배한 종은 신종입니까?

A.5 쌀, 야채, 과일에 신종이 있음을 잘 아는데 이들은 아종(亞種)으로 분류됩니다. 야생종은 아닙니다.

Q.6 지구상의 인구가 급격히 감소하면 어떻게 될까요?

A.6 미래에는 인간이 생활하지 않는(손이 닿지 않는) 지역이 될 것입니다. 일본의 시라카미(白神) 산지나 쿠시로(釧路) 습원 등을 상상하면 됩니다. 생태계의 시간적인 변화는 제5장에서 설명합니다.

Q.7 인간이 자연을 파괴하지 않으면 생태계는 유지될까요?

A.7 기본적으로는 그렇지만 운석이 충돌하거나 빙하기가 오는 등에 따라 생태계가 크게 변화하는 경우도 있습니다.

Q.8 생물은 생태계를 파괴하는 것 같은 그런 진화는 하지 않는 것입니까?

A.8 생태계를 파괴하면서 진화한다면 결국 그 생물은 생존할 수 없게 될 것입니다.

●●●●●●●●●●●●●●●●●●●●●●●●●●●●●● 연습문제 ●●●●●●●●●●●●●●●●●●●●●●●●●●●●●

1. 생물의 특징에 대해서 설명해 보세요.
2. 생물의 종(種)이란 무엇인지 설명해 보세요.
3. 생물의 분류에 대해서 설명해 보세요.
4. 생물권이란 무엇인지, 또 그 범위를 설명해 보세요.
5. 생태계를 이해하는 순서를 설명해 보세요.
6. 생태계의 구분에 대해서 설명해 보세요.
7. 당신이 가장 흥미를 갖고 있는 생태계에 대해서 흥미가 있는 이유와 그 생태계의 개요
   에 대해서 설명해 보세요.

●●●

정리

☑ 생물의 특징으로는 자기 증식 능력, 에너지 변환 능력, 항상성 유지를 들 수 있
  습니다.

☑ 생물종은 동일한 지역에 분포하는 생물 집단이 자연조건하에서 교배하여 자손
  을 남길 수 있는 경우를 동일종이라 간주할 수 있습니다.

☑ 생물의 종(種)은 크게 식물계, 동물계, 균류계, 원생생물계, 모네라계로 나눌 수
  있습니다.

☑ 지구상 생물의 종류는 확인된 종만 약 140만 종이고, 전체는 1,000~3,000만
  종이라고 합니다.

☑ 지구상에서 생물이 살고 있는 장소를 생물권(바이오스피어)이라 하고, 생물권의
  범위는 대략 해발 10km, 해수면하 10km 정도이고, 지구 전체로 보면 매우 좁
  은 범위입니다.

☑ 생태계란 어느 지역에 존재하는 생물적 요소와 비생물적 요소를 합친 것으로,
  생태계를 이해하는 순서는 다음과 같습니다.
  ① 검토할 대상 지역(범위)을 정한다.
  ② 그 지역에 어떤 생물이 살고 있는지 생각한다.
  ③ 비생물적 요소와 그 지역의 특징을 생각한다.

④ 생물간의 관계(먹이 사슬 등)를 생각한다.

⑤ 생태계의 에너지 흐름을 생각한다.

⑥ 생태계의 물질 흐름을 생각한다.

⑦ 생태계의 상태를 결정하고 있는 요인에 대해 생각한다.

⑧ 생태계의 시간적(장기적)인 변화를 생각한다.

⑨ 인간 활동으로 인해 생태계에 미치는 영향을 생각한다.

☑ 지구상 생태계는 크게 육역 생태계와 수역 생태계로 나눌 수 있습니다. 육역 생태계에는 삼림생태계, 초원생태계 등이 있고, 수역 생태계에는 하천생태계와 호소생태계, 해역 생태계 등이 있습니다.

제2장 생물의 관계

이 장의 목적

이 장에서는 생태계의 중심 요소인 생물에 대해, 종 레벨 이상의 관점에서 생물과 생물의 관계에 대해 생각합니다. 우선, 미시적 관점에서부터 어느 종 X와 어느 종 Y가 어떤 관계가 있는지에 대해서 생각합니다. 그리고 생물의 관계에서 가장 중요한 포식관계에 대해서 설명합니다. 제3장(에너지 흐름), 제4장(물질순환)과 깊은 관련성이 있는 포식관계를 거시적 관점에서 파악한 먹이사슬, 이른바 생태계에서의 생물의 기능과 구조에 대해서도 설명합니다.

2.1 생물간 상호관계

서로 다른 종(種)의 생물과 생물의 관계에 대해 생각해봅시다. 생물은 서로 영향을 주며 살고 있습니다. 예를 들면, 맹금류(猛禽類)는 토끼 등의 작은 동물을 먹고, 토끼는 풀 등을 먹습니다. 이것이 포식관계이고, 생물간의 관계성을 나타내고 있습니다. 생물과 생물의 상호관계를 정리한 것은 [표 2.1]과 같습니다. 생물의 상호관계로는 경쟁, 상리공생, 편리공생, 기생, 포식 등이 있습니다.

경쟁은 다른 종류의 생물이 서로 먹이나 집을 쟁탈하는 것입니다. 상리공생은 다른 종류의 생물이 서로 밀접하게 관계를 유지하며 사는 현상으로, 양쪽의 생물이 이익을 가지는 관계입니다. 편리공생은 다른 종류의 생물이 서로 밀접하게 관계를 유지하며 사는 현상으로, 한쪽의 생물만이 이익을 얻는 관계입니다. 기생은 어떤 생물이 다른 생물의 체내로 들어가거나 몸 표면에 달라붙어 영양분을 흡수하거나 생식지를 얻거나 하는 것입니다. 포식은 서로 다른 생물의 먹고 먹히는 관계로, 특히 생태계에서 물질과 에너지 흐름을 생각할 경우, 이 관계가 중요합니다.

구체적인 예는 다음과 같습니다.

[표 2.1] 생물과 생물의 상호관계

구 분	내 용	예	X종	Y종
경쟁	서로 다른 종류의 생물이 서로 먹이나 집을 쟁탈함.	서로 다른 식물은 빛을 서로 빼앗고, 동물은 먹이나 생식지를 빼앗는다.	불이익	불이익
상리공생 (공생)	서로 다른 종류의 생물이 서로 밀접한 관계를 가지며 생활하는 현상으로, 양쪽의 생물이 이익을 봄.	지의류(균류·조류(藻類)) 콩과(科)식물·뿌리혹박테리아(根粒菌)	이익	이익
편리공생	서로 다른 종류의 생물이 서로 밀접한 관계를 가지며 생활하는 현상으로, 한쪽의 생물만 이익을 봄.	클라운피시·말미잘	이익	중립
기생	어떤 생물이 다른 생물의 체내로 들어가거나 몸 표면에 달라붙어 영양분을 흡수하거나 생식지를 얻거나 함.	씽씽매미의 유충·매미목	이익	불이익
포식	서로 다른 종류의 생물이 먹고 먹히는 관계	식물·초식동물 초식동물·육식동물	이익	불이익

2.1.1 경쟁

종간 경쟁은 예를 들면, 동물사회에서 다른 종류의 개체가 먹이를 구하려고 서로 경쟁하는 것입니다. 또, 식물의 경우 삼림에서 식물간에 태양광과 토양 속의 영양염류, 수분을 둘러싸고 경쟁하는 것입니다. [그림 2.1]은 삼림에서 식물이 경쟁하는 것을 나타내고 있습니다.

삼림에서는 식물이 빛과 생식지 등을 구하려고 경쟁하고 있습니다.

[그림 2.1] 삼림에서의 경쟁

2.1.2 상리공생(공생)의 예

생물들이 협력하여 서로 이익이 되는 것을 상리공생(相利共生) 또는 공생이라 합니다. 공생(共生)은 글자 그대로 서로 함께 살아가는 것입니다. 최근에는 인간 사회에서도 '자연과 공생' 등 공생이라는 용어를 자주 사용합니다. 이득이 되는 것을 서로 주는 상부상조하는 관계입니다. 생물의 공생의 예는 다음과 같습니다.

(1) 개미와 진딧물

개미가 진딧물의 감로(甘露)를 먹고, 일곱점박이무당벌레 등 진딧물의 천적을 개미가 공격하여 서로 이익을 봅니다[그림 2.2].

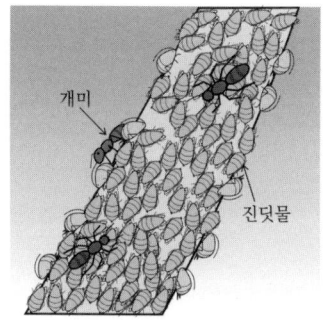

[그림 2.2] 개미와 진딧물의 공생

(2) 콩과(科)식물과 뿌리혹박테리아(根粒菌)

콩과식물의 뿌리에 생식하는 뿌리혹박테리아는 공중 질소를 고정시키고, 콩과식물에게 질소 비료분을 주는 한편, 뿌리혹박테리아는 콩과식물이 광합성으로 생산한 유기물을 영양원으로 받는 관계입니다. 이 때문에 콩과식물은 질소 비료를 받지 않아도 자랄 수 있습니다[그림 2.3].

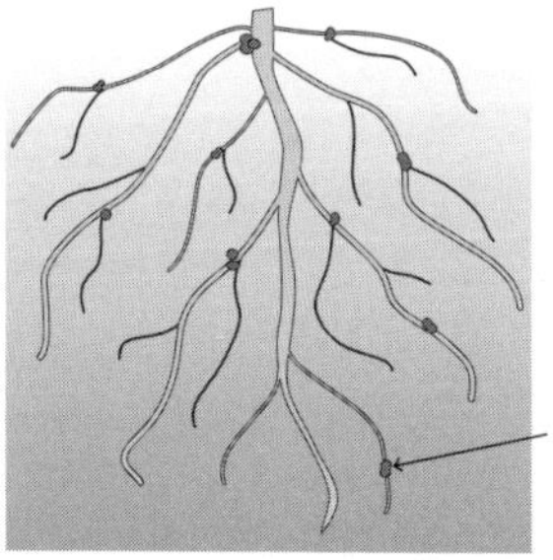

뿌리혹
(많은 뿌리혹박테리아가
생식하고 있는 덩어리)

[그림 2.3] 콩과식물과 뿌리혹박테리아의 공생

(3) 지의류(地衣類)

매실 고목의 나무껍질 등에 푸른 색깔의 이끼 같은 것을 본 적이 있을 것입니다. 그것이 지의류입니다. 지의류는 균류(菌類)와 조류(藻類)의 공생체입니다. 균류가 조류를 감싸는 듯이 보호하여, 물이나 무기염류를 조류에게 줍니다. 이에 대해 조류는 광합성으로 생긴 산물을 균류에게 줍니다[그림 2.4].

지의류

[그림 2.4] 지의류

2.1.3 편리공생의 예

편리공생(便利共生)이란 한쪽 생물만 이익을 얻고, 다른 생물은 이익이나 손해가 명확하지 않은 경우의 관계입니다. 이익이 명확하지 않은 것은 인간이 잘 알 수 없는 점이기도 하기 때문에 실제로는 무언가 이익을 얻고 있을지도 모릅니다. 만약 이것이 명확해지면 상리공생(상리)이 됩니다.

(1) 클라운피시와 말미잘

클라운피시는 대형 말미잘의 주위에서 살며 외부의 적에게서 몸을 보호합니다.

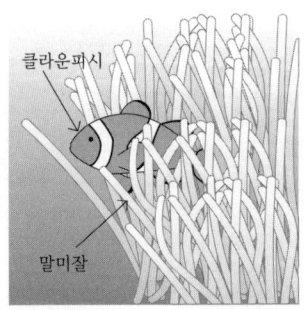

클라운피시

말미잘

[그림 2.5] 클라운피시와 말미잘의 편리공생

그러나 말미잘이 이 관계로 어떤 이익을 얻고 있는지는 확실하지 않습니다[그림 2.5].

(2) 숨이고기와 해삼

숨이고기는 밝을 때는 해삼 등의 장관(腸管) 속에 숨어 몸을 보호하지만, 어두워지면 밖으로 나와 먹이를 찾습니다. 숨이고기는 숨기만 할 뿐 해삼에게는 아무런 해도 미치지 않습니다[그림 2.6].

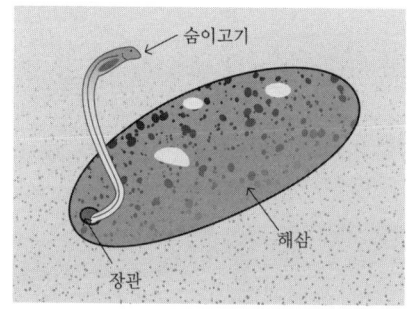

[그림 2.6] 숨이고기와 해삼의 편리공생

2.1.4 기생의 예

기생이란 어떤 생물이 다른 생물의 체내로 침입하거나 몸 표면에 달라붙어, 영양분을 흡수하거나 생식지로 이용하는 것입니다. 이 경우 기생하는 쪽은 이익을 얻지만, 기생당하는 쪽은 피해를 입습니다. 다음은 기생의 예입니다.

(1) 매미버섯

매미버섯은 동충하초(冬蟲夏草)의 일종으로, 씽씽매미의 유충에 기생하고, 유충의 머리 부분에서 지상 2~8cm로 수직 상승합니다. 동충하초는 곤충 등에게 기생하는 버섯입니다[그림 2.7].

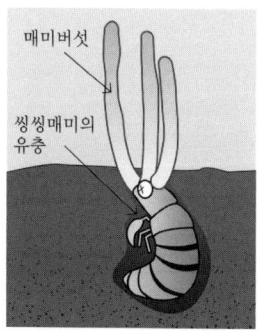

[그림 2.7] 매미버섯

(2) 겨우살이

겨우살이는 기생성이 있는 소형 상록저목으로 소나무, 벼, 사과나무, 곱향나무 등의 나무에 기생합니다[그림 2.8].

겨우살이

[그림 2.8] 겨우살이

2.2 ┃ 포식관계

2.2.1 포식관계란?

포식관계는 생태계의 물질순환과 에너지 흐름을 생각할 경우, 생물종 간의 관계에 있어서 특히 중요합니다. 포식관계는 말하자면 먹고 먹히는 관계로, 이 관계에 따라 물질(원소)과 에너지가 이동합니다. 여기에서는 포식을 미시적인 관점과 거시적인 관점으로 봅니다. 미시적인 관점에서는 포식에 따른 개체수의 변화를 숫자로 분석합니다. 2.3에서는 거시적 관점으로 본 먹이사슬(식물망)에 대해 설명합니다.

2.2.2 포식에 따른 개체수의 변화

생물의 상호관계에서 특히 중요한 포식에 대해서 미시적인 관점에서부터 개체수 변화의 수리(數理) 모델에 대해 설명합니다.

(1) 포식이 없는 경우의 개체군의 성장

우선, 어느 개체가 전혀 포식하지 않는다고 가정했을 때의 개체수의 변화에 대해 생각합니다.

　　어떤 제약조건도 받지 않고 개체가 증식하는 경우의 증식속도는 식 ①과 같이 개체수에 비례합니다.

$$\frac{dN}{dt} = rN \qquad\qquad\qquad ①$$

여기서, N : 개체수

　　　　r : 내적 자연 증가율(1개체의 단위시간당 증식률)

　　　　t : 시간

식 ①을 시간 t로 적분하면 시각 t_1에서 개체수 N_{t_1}은 식 ②와 같이 됩니다.

$$N_{t_1} = N_0 e^{rt_1} \qquad\qquad\qquad ②$$

여기서, N_0 : $t=0$일 때의 개체수

　　식 ①은 완전한 이상상태이고, 실제로는 개체수가 증가함에 따라 먹이가 감소하고, 거주지가 감소하고, 천적이 증가하는 등으로 증식은 억제되고. 개체수의 증가속도는 저하됩니다. 이들 제한요인에 따른 증식속도의 감소를 밀도효과라고 합니다. 이 밀도효과를 고려한 경우의 증식식은 식 ③과 같습니다.

$$\frac{dN}{dt} = rN\left(1 - \frac{N}{K}\right) \qquad\qquad\qquad ③$$

　　이 식 오른쪽 변의 $[-N/K]$가 밀도효과에 따른 증식속도의 저하를 나타내고 있습니다. 즉, 개체수가 감소함에 따라 증식속도가 저하하는 것을 나타내고 있습니다. 또, K는 환경수용력이라 불리며 장기적으로 유지할 수 있는 최대 개체수를 의미합니다. 식 ①과 같이 식 ③을 시간 t로 적분하면 시각 t_1에서 개체수 N_{t_1}은 식 ④와 같이 됩니다.

　　식 ③을 시간 t로 적분하고,

$$N_{t_1} = \frac{K N_0 e^{rt_1}}{K + N_0(e^{rt_1} - 1)} \qquad\qquad\qquad ④$$

식 ④는 로지스틱(logistic) 곡선이라 불리며, 이 증식식의 전제조건은 아래와 같습니다.

• 개체수가 증가함에 따라 증가속도도 직선적으로 감소한다.

• 개체수의 증가속도에 미치는 효과는 순간적·연속적이다.

• 증가속도의 변화는 어떤 개체라도 같다.

• 환경조건은 항상 같다.

• 개체수가 0에 가까워질 때, 증가속도가 최대가 된다.

식 ②, ④를 그림으로 표현하면 [그림 2.9]와 같습니다. 식 ④는 개체수가 K로 끝없이 가까워지고 있는 것을 알 수 있습니다. 실제 개체군의 개체수의 변화는 자연계의 많은 요인의 영향을 받아 여러 가지 양식이 있습니다.

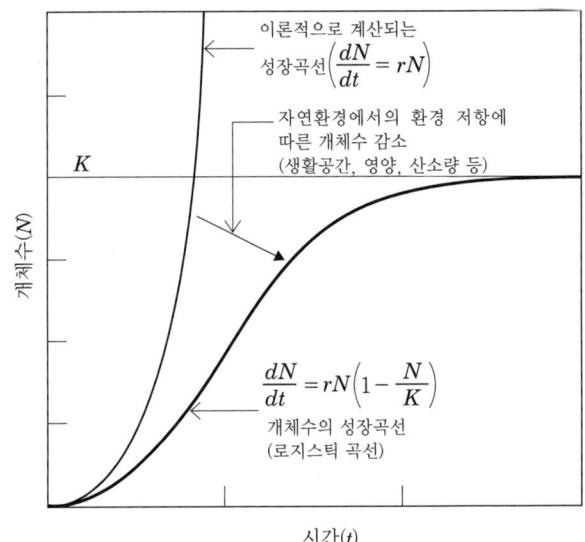

[그림 2.9] 시간 경과에 따른 개체수의 변화

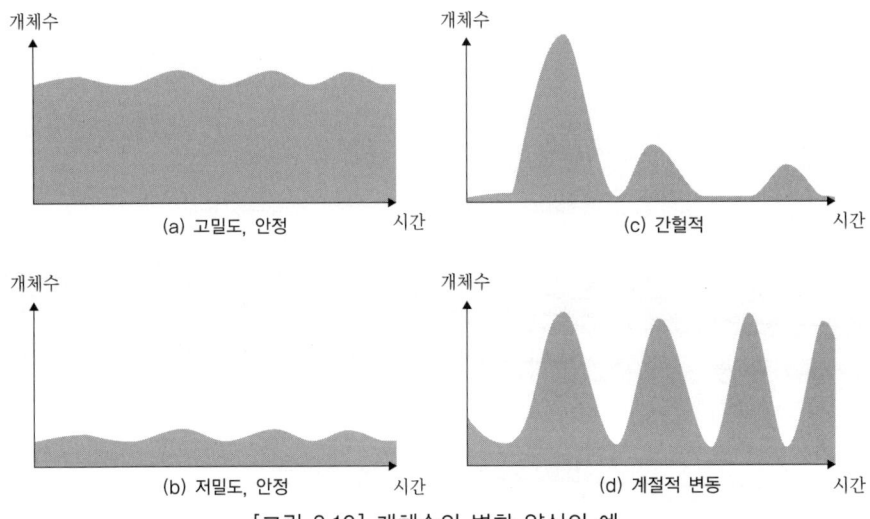

[그림 2.10] 개체수의 변화 양식의 예

변화 양식의 예는 [그림 2.10]과 같습니다. (a)는 고밀도에서 안정한 것, (b)는 저밀도에서 안정한 것, (c)는 간헐적으로 고밀도 상태가 되지만, 단시간에 다시 저밀도의 상태로 돌아가는 것, (d)는 계절의 변화에 맞게 증감하는 것입니다.

▶▶ 지구상에는 몇 명이 살 수 있을까? ◀◀

생태 발자국(ecological footprint)이란 지속 가능한 생활을 하는 데 필요한 생산 가능한 토지면적을 가리키는 지표로, 말하자면 '환경용량의 점유량'을 나타낸 것입니다. [그림 2.11]은 세계 주요국의 생태 발자국(자원 소비량의 면적 환산과 자연 생산력의 면적 환산)을 나타내고 있습니다. 이 그림으로 전 세계에서는 이미 자연의 생산 능력을 넘는 소비를 하고 있다는 것을 알 수 있습니다. 실제로 발전도상국 등에서 굶어 죽는 사람들이 있는 것을 생각하면 납득할 수 있습니다. 일본을 보면 현재 국토의 자연 생산 능력의 6.7배의 자원을 이용하고 있습니다. 거꾸로 말하자면, 일본 국토의 자원만으로는 현재의 생활 레벨을 가정하면, 현재 인구의 15% 정도, 즉 1,900만 인 정도 밖에 양육할 수 없는 것을 나타내고 있습니다. 일본에서의 생활은 해외에서 자원을 수입함에 따라서 이뤄지고 있다는 사실을 알 수 있습니다. 다른 나라에 감사해야 합니다.

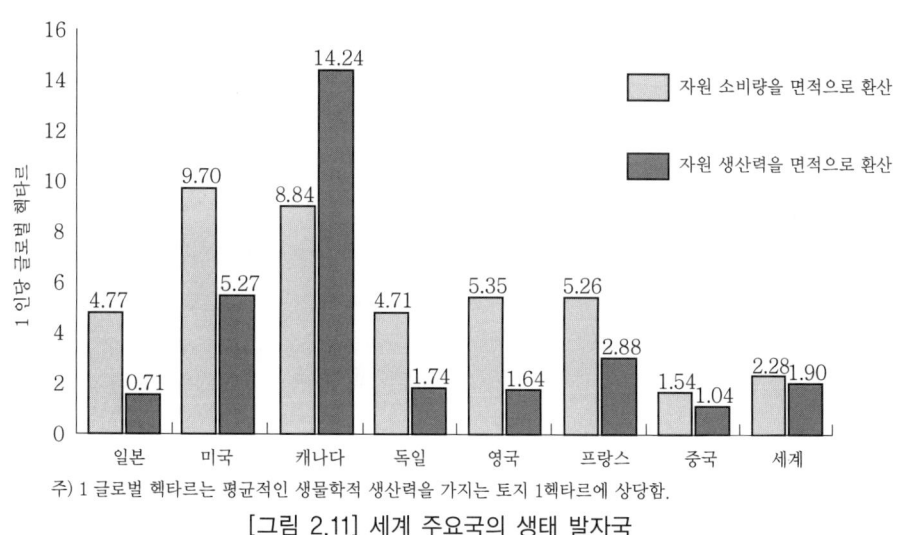

주) 1 글로벌 헥타르는 평균적인 생물학적 생산력을 가지는 토지 1헥타르에 상당함.

[그림 2.11] 세계 주요국의 생태 발자국
1) WWF 「LIVING PLANET REPORT 2002」
※ 1)을 토대로 작성 [제3차 환경기본계획 개요판]

(2) 종간 포식(種間捕食), 피식(被食) 관계에 따른 개체수의 변화

포식관계는 포식자 수와 피식자 수의 변동에 큰 영향을 미치고 있습니다. 예를 들면, 어떤 곳에서 X라는 동물이 Y라는 식물을 먹이로 하고 있습니다. 어떤 곳에 X가 없다면, Y는 증가합니다. 그리고 어떤 곳에 X가 어딘가에서 들어와 Y를 먹기 시작하면, Y는 감소하고, 반대로 X는 증가합니다. 그러나 일정 이상으로 X가 증가하면 먹이인 Y가 감소하기 때문에 X도 감소하기 시작합니다. X가 어느 정도 감소하면 이번에는 Y가 증가하기 시작합니다. 이와 같이 X와 Y는 상호관계를 가지면서 개체수가 변화합니다. 이 관계를 수식으로 나타낸 것이 로트카-볼테라(Lotka-Volterra) 포식식입니다. 이 포식식은 다음의 4가지 관계식으로 이루어져 있습니다.

식 ⑤는, 포식자가 없을 때 피식자가 내적 자연증가율 r로 지수함수적(指數函數的)으로 증가하는 것을 가리킵니다.

$$\frac{dN}{dt} = rN \quad\text{⑤}$$

여기서, N : 피식자의 개체수

r : 피식자의 내적 자연증가율

식 ⑥은, 피식자가 없을 때의 포식자가 사망률 q로 지수함수적으로 감소하는 것을 가리킵니다.

$$\frac{dP}{dt} = -qP \quad\text{⑥}$$

여기서, P : 포식자의 개체수

q : 피식자가 없을 때의 사망률

단위시간당 먹히는 피식자 수는 식 ⑦, ⑧과 같이 피식자 수와 포식자 수를 곱한 것에 비례합니다.

$$\frac{dN}{dt} = rN - aNP \quad\text{⑦}$$

$$\frac{dP}{dt} = faNP - qP \quad\text{⑧}$$

여기서, a : 포식효율(포식자 한 마리가 단위시간당 포식하는 피식자수)

　　　 f : 포식자의 증가율(포식자 한 마리가 포식한 피식자 한 마리에 따라 증가하는 포식자수)

이 관계식을 풀면 [그림 2.12], [그림 2.13]이 되고, 다음과 같은 것을 알 수 있습니다.

　포식자 개체수 $P>r/a$일 때는 피식자 개체수 N은 감소한다.

　포식자 개체수 $P<r/a$일 때는 피식자 개체수 N은 증가한다.

　피식자 개체수 $N>q/fa$일 때는 포식자 개체수 P는 증가한다.

　피식자 개체수 $N<q/fa$일 때는 포식자 개체수 P는 감소한다.

이것은 단순한 예지만, 자연계의 포식관계는 이와 같은 관계가 복잡하게 서로 얽혀 그 수가 변화하고 있습니다. 모든 생물은 무언가와 관련성이 있다고 할 수 있습니다.

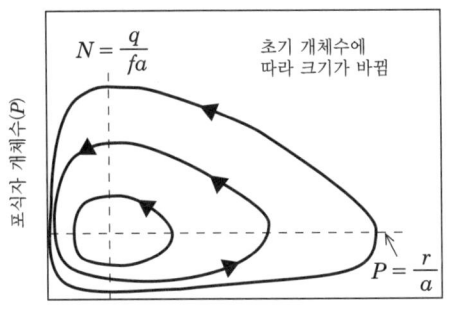

[그림 2.12] 피식자수와 포식자수의 관계

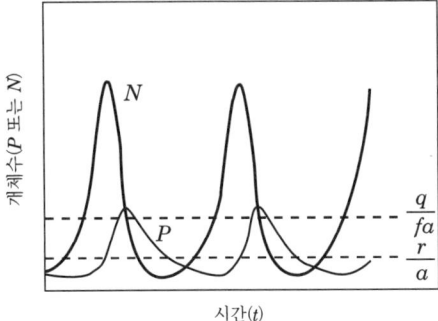

[그림 2.13] 개체수의 시간에 따른 변화

▶▶ 로트카-볼테라의 포식식 보충설명 ◀◀

로트카-볼테라의 포식식은 [표 2.2]의 3가지 가정으로 이루어져 있습니다.

[표 2.2] 로트카 볼테라의 포식식 가정

1	포식자(예를 들면, 소)가 없을 때 피식자(예를 들면, 목초)는 지수함수적으로 증가한다. 즉 소가 없고 면적이 무한하면, 목초의 개체수가 많으면 많을수록 목초의 증가속도는 커진다. 10주(株)→20주와 1억 주→2억 주가 되는 시간은 같다. 즉, 개체군으로 본 경우 1,000만 배의 속도로 개체수는 증가하고 있는 것이다.	$\dfrac{dN}{dt}=rN$
2	소는 먹이가 없을 때는 개체수가 많으면 많을수록 지수함수적으로 감소한다. 즉, 먹이(목초)가 없고 개체수가 많으면 많을수록 개체수는 급격하게 감소한다. 전체 무리의 사망하는 개체수를 생각한 경우, 무리의 개체수가 10마리인 경우 단위시간당 10마리가 죽지만, 1억 마리의 개체수가 있는 무리는 단위시간당 1억 마리가 죽고, 개체군으로 본 경우 1,000만 배의 속도로 개체수는 감소한다.	$\dfrac{dP}{dt}=-qp$
3	단위시간당 먹는 목초는 목초의 양과 소의 마릿수의 곱(NP)에 비례한다. 즉, 목초의 양과 소의 마릿수가 많으면 많을수록 먹는 목초의 양은 증가한다. 즉, 소와 목초가 균형을 이루는 확률은 높아진다는 것을 나타내고 있다. 여기서, r : 단위시간, 단위개체당 목초의 증가율 q : 단위시간, 단위개체당 소의 사망률 a : 소와 목초가 균형을 이루는 확률 f : 목초를 먹은 소가 먹는 것에 따라 증가하는 비율을 보면, aNP는 단위시간당 먹는 목초의 양 $faNP$는 단위시간당 목초를 먹은 소가 증가하는 양을 나타낸다.	$\dfrac{dN}{dt}=rN-aNP$ $\dfrac{dP}{dt}=faNP-qP$

2.3 ▌ 먹이사슬

2.3.1 먹이사슬이란?

먹이사슬이란 생태계에서 생물의 포식, 기생(섭취, 흡수) 관계를 거시적으로 파악한 것입니다. 즉 생물의 포식, 기생 관계의 연쇄가 먹이사슬이라는 것입니다. 먹이사슬의 관계는 복잡하게 교차하고, 그물같이 되어 있기 때문에 식물망(植物網)이라고도 합니다.

먹이사슬은 식물망을 단순화시킨 개념이라 할 수 있습니다. 먹이사슬은 생태계 에너지와 물질 흐름을 이해하는 데 매우 중요한 개념입니다.

2.3.2 먹이사슬의 구체적인 예

다음에서는 육역과 해역에서의 생태계 먹이사슬에 대해 설명합니다.

(1) 삼림에서의 먹이사슬 조사(調查) 예

[그림 2.14]에 나가노현(長野縣) 시가산(志賀山)의 삼림생태계 먹이사슬의 조사 결과를 예로 나타냈습니다. 기본적으로는 식물이 유기물을 생산하고, 그것을 삼림의 곤충, 양성(兩性) 파충류, 포유류 등이 포식하고, 식물이나 동물이 죽으면 토양 속 미생물 등의 분해자가 유기물을 무기물로 분해합니다.

구체적으로 삼림에서는 좀솔송나무, 마리에시전나무, 사스래나무 등의 목본류의 잎 등을 진드기나 나방의 유충 등의 곤충이 포식합니다. 다음으로 진드기나 나방의 유충은 거미나 지네 등이 포식합니다. 그리고 거미나 지네는 소형 조류(鳥類)가 포식합니다.

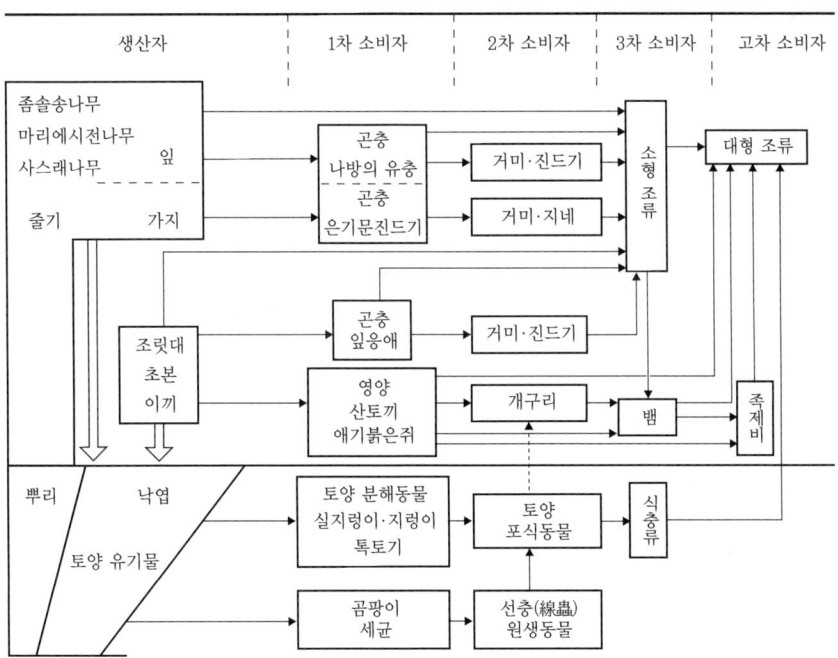

[그림 2.14] 삼림생태계의 먹이사슬의 예(나가노현 시가산)

소형 조류는 대형 맹금류가 포식합니다. 또 조릿대, 초본(草本), 이끼는 곤충이나 영양, 산토끼, 쥐 등의 초식 포유류가 포식합니다. 식물과 동물이 시들거나 죽으면 토양 속의 세균, 원생동물, 곰팡이, 지렁이 등이 분해합니다.

삼림에서는 생산자인 식물의 생산은 크고, 생물량도 많습니다. 이것을 식물(食物)로 치면 1차 소비자(초식동물)의 생물량은 식물의 생물량에 비해 꽤 적습니다. 게다가 1차 소비자를 포식하는 고차 소비자(육식동물)가 되면 개체는 대형이 되지만, 그 수와 양은 1차 소비자에 비해 더 적어집니다.

(2) 해역의 먹이사슬의 예

[그림 2.15]는 해역의 먹이사슬을 모식화한 것입니다. 식물 플랑크톤부터 시작해서 어류 포식어로 끝납니다. 대개의 먹이사슬의 흐름은 식물 플랑크톤은 동물 플랑크톤에게 먹히고, 동물 플랑크톤은 어류 등에게 먹히고, 동물 플랑크톤 포식어는 대형 어류 포식어에게 먹힙니다. 모든 생물이 상위 생물에게 먹히는 것은 아니고, 일부는 죽은 뒤 미생물에 의해 분해되어 무기물이 되고, 식물 플랑크톤의 영양으로 이용됩니다.

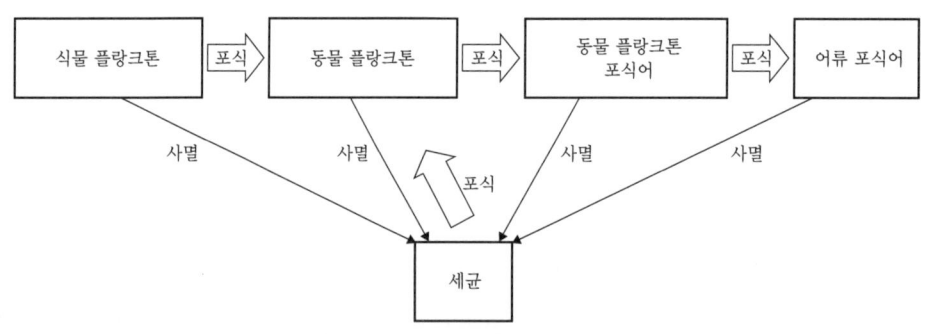

[그림 2.15] 해역의 먹이사슬

2.4 ┃ 생물의 기능면에서 본 생태계 구조

2.4.1 생물의 영양면으로 구분

포식, 기생은 영양을 얻기 위한 활동이기 때문에 영양면에서 생물의 관계를 생각합니다. 생물은 영양을 얻는 방법에 따라 크게 독립영양생물과 종속영양생물로 나눌 수 있습니다[표 2.3]. 독립영양생물이란 식물과 같이 주로 태양 에너지 등으로 유기물을 생산하는 능력을 가진 생물입니다. 종속영양생물은 스스로는 유기물을 생산할 수 없어, 독립영양생물과 다른 생물로부터 영양을 얻어 생활하고 있는 생물입니다.

[표 2.3] 생물의 영양으로 구분

독립영양생물	종속영양생물
주로 태양 에너지 등으로 인해 스스로 유기물을 생산함.	스스로는 유기물을 생산할 수 없고, 독립영양생물과 다른 생물에게서 영양을 얻어서 생활하고 있음.

[표 2.4] 영양 구분별 기능

영양 구분	기능 구분	기능
독립 영양생물	생산자	녹색식물, 조류, 광합성 세균 등 광합성에 따라 유기화합물만을 영양원으로 유기화합물을 합성하는 생물이다. 또 화학합성 독립영양세균류(황산화세균, 철세균, 질화세균, 수소세균, 메탄세균)도 생산자에 포함되는 경우가 있다. 예를 들면, 황산화세균은 황화수소, 황을 산화시켜 에너지를 얻고 있다.
종속 영양생물	소비자	직접, 간접적으로 생산자(녹색식물 등)의 유기물을 영양원으로 하고 있는 동물. 초식동물을 1차 소비자, 육식동물(식육류)을 2차 소비자, 3차 소비자라 한다.
	분해자	생물의 사체와 배설물 속의 유기물을 무기물로 분해하고, 그때 발생한 에너지로 생활하는 생물을 말한다. 부식성(腐食性) 및 분식성 동물과 토양생물, 균류, 세균류 등. 생산자가 다시 이용할 수 있는 모습으로 있기 때문에 환원자라고도 한다.

　다음으로 영양 구분별 생태계의 기능은 [표 2.4]와 같습니다. 독립영양생물은 생태계에서 유기물을 자기 힘으로 생산하기 때문에 생산자라고 합니다. 생산자는 녹색식물, 조류, 광합성 세균 등, 태양광을 이용한 광합성에 따라 무기화합물에서 유기화합물을 합성하는 광합성 독립영양생물과, 화학반응에 따라 얻을 수 있는 에너지를 이용해 유기물을 합성하는 화학합성 독립영양생물이 있습니다. 소비자는 직접, 간접적으로 생산자(녹색식물)를 영양원으로 하고 있는 동물로, 초식동물을 1차 소비자, 육식동물(식육류)을 2차 소비자, 3차 소비자 등이라고 합니다. 분해자는 생물의 사체와 배설물 속의 유기물을 무기물로 분해하고, 이때 발생한 에너지로 생활하는 생물입니다. 생산자가 다시 이용할 수 있는 모습으로 있기 때문에 환원자라고 불리기도 합니다.

　여기에서 확실히 이해해야 할 것은 식물(독립영양생물) 이외에는 다른 생물에게서 유기물을 섭취(포식 등)하지 않으면 살 수 없다는 점입니다. 물론, 인간도 식물이 없으면 혼자서 살아갈 수 없습니다.

2.4.2 생태계 구조

생태계를 생물의 기능면부터 이해하는 포인트는 생산자, 1차 소비자, 2차 소비자, 고차 소비자, 분해자가 무엇인지를 파악하는 것입니다. 먹이사슬로 본 생태계의 개념적 구조는 [그림 2.16]과 같습니다. 생태계에서의 먹이사슬의 기본적인 구조는 생산자(식물 등)가 태양광 등을 이용해 무기물에서 유기물을 생산하는 것입니다. 이것이 먹이사슬의 시작입니다. 이 생산자를 초식동물 등의 1차 포식자가 포식합니다. 또, 육식동물 등의 2차 포식자가 1차 포식자를 포식합니다. 이같이 먹이사슬의 시작이 독립영양생물인 경우를 생식(生食)연쇄라고 합니다.

한편 생산자, 소비자 둘 다 먹히지 않더라도 결국은 죽습니다. 죽은 생물체를 분해하는 것이 미생물 등의 분해자입니다. 분해자는 생물의 사체(유기물)를 분해하며 살아가고 있습니다. 사체(유기물)는 최종적으로 무기물로 변환됩니다. 그리고 무기물은 또 생산자의 영양원도 됩니다. 이같이 동식물의 사해(死骸) 파편이 출발점이 되는 먹이사슬을 부식(腐食)연쇄라고 합니다. 실제 생태계가 반드시 이 흐름을 따르고 있다고 할 수는 없지만, 기본적인 흐름을 이해해 두는 것이 중요합니다.

제3장 및 4장에서는 생태계 구조의 에너지와 물질 흐름에 대해 설명합니다.

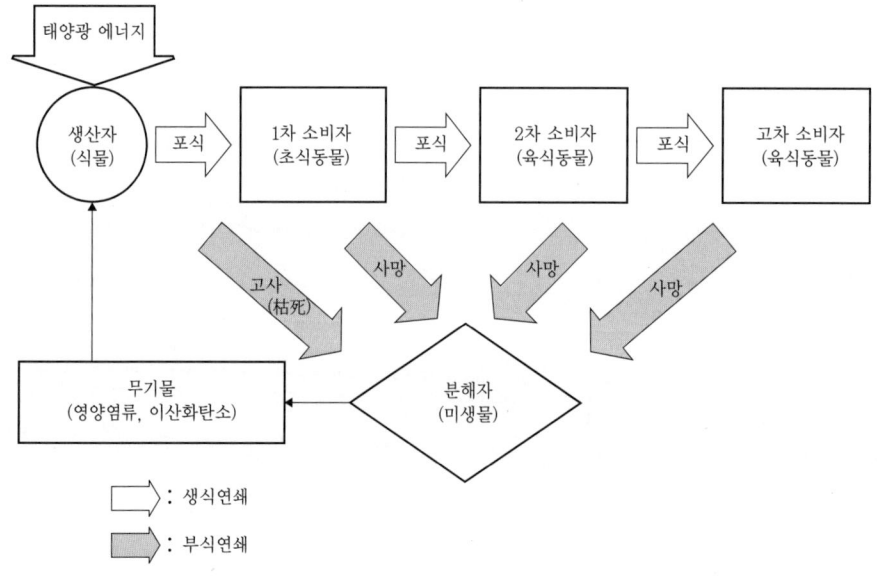

[그림 2.16] 먹이사슬로 본 생태계 구조

▶▶ 수역에서의 생태계 구조 ◀◀

수역에서 무기물부터 동물 플랑크톤까지의 미생물 생태계 구조를 조금 상세하게 나타낸 예는 [그림 2.17]과 같습니다. 특징은 유광층과 무광층이 있는 점과, 물의 흐름이 있다는 점입니다. 여기에서 퇴적물은 생물사해 등의 유기물 파편과 생물의 배설물인 미세한 유기물의 입자입니다.

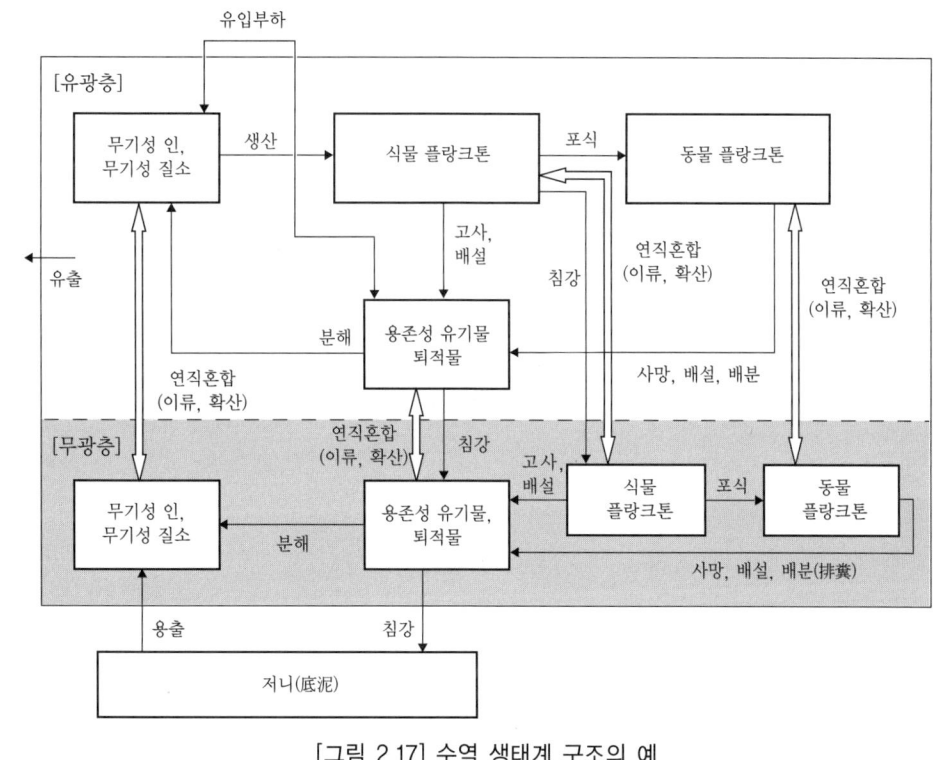

[그림 2.17] 수역 생태계 구조의 예

Q&A

Q.1 인구가 늘어나면 먹이 사슬(포식, 피식관계)이 무너집니까?

A.1 포식자(인간)와 음식물(피식자)의 관계를 단순화한 것이 로트카–볼테라 포식식입니다. 이 포식식으로도 알 수 있듯이 포식자(인간)가 늘면 음식물이 감소하고, 인간도 감소하게 됩니다.

Q.2 로트카–볼테라 포식식으로 실제 현상을 나타낼 수 있습니까?

A.2 완전히 자연현상을 재현할 수는 없지만, 어느 정도의 경향은 재현할 수 있을 때도 있습니다. 자연현상을 모델화하는 경우에는 검증이 중요합니다.

Q.3 과거에 먹이사슬이 무너진 적이 있습니까?

A.3 공룡이 멸종했을 때가 해당된다고 생각합니다. 원인으로는 거대 운석의 충돌설이 유력합니다.

Q.4 육식동물은 초목을 먹지 않습니까?

A.4 육식동물도 초목을 먹는 경우가 있습니다. 동물의 살, 식물 둘 다 먹는 것을 잡식성이라고 하며, 잡식성 동물을 예로 들면, 곰 등이 있습니다. 인간도 잡식성입니다.

Q.5 인간은 먹이사슬에서 어디에 위치하고 있습니까?

A.5 기본적으로는 인간을 포식하는 동물은 없기 때문에, 먹이사슬상에서는 최상위입니다. 그러나 화장(火葬)함에 따라 탄소는 대기 중에 방출되고, 식물의 광합성의 원료가 됩니다. 매장하면 미생물이 분해하고 미생물의 영양원이 됩니다.

Q.6 인간은 자연에서는 분해할 수 없는 것을 생산하고 배출하고 있습니다만, 이것은 먹이사슬의 범위 밖이라고 생각해도 됩니까?

A.6 식물(食物) 이외에는 대략 먹이사슬의 범위 밖입니다. 이 때문에 인공물의 순환을 지향한 순환형 사회 형성이 중요한 과제가 되었습니다.

Q.7 지구에게는 인류가 암세포라는 생각이 있지만, 인류에게도 천적이 필요합니까?

A.7 인류의 역사를 보면, 인류의 천적은 인류라고 할 수 있지 않을까요.

Q.8 경쟁은 이종간(異種間)만의 관계라고 할 수 있습니까?

A.8 경쟁은 동종간과 이종간이 있습니다. 이 장에서 다룬 것은 이종간입니다.

Q.9 지구상 생물은 반드시 상호관계의 어느 쪽에 관련되어 있습니까?

A.9 종속영양생물(동물, 세균)은 적어도 포식 또는 기생하지 않으면 생존할 수 없습니다. 독립영양식물은 2종 이상 있으면 경쟁관계가 성립합니다. 설령, 1종만이라도 개체간 경쟁이 일어납니다.

Q.10 말미잘은 어떤 생물입니까?

A.10 말미잘(Sea Anemone)이란 원통형이고, 바다에 사는 꽃과 같은 폴립형 생물(강장동물)의 총칭입니다.

Q.11 저생생물(底生生物)의 먹이사슬은 어디에 위치하고 있습니까?

A.11 저생생물(벤토스)은 호수 바닥 등의 물 밑이나 저니 속에서 생활하는 수생생물을 가리킵니다. 구체적으로는 잠자리나 땅강아지 등의 수생곤충류, 새우, 게 등의 갑각류, 명주우렁이나 다슬기 같은 조개류 등을 들 수 있습니다. 이 때문에 식물 플랑크톤 등을 먹는 저생생물은 1차 소비자, 소형 동물을 먹으면 2차 소비자로 자리매김합니다.

연습문제

1. 생물의 상호관계에 대해서 설명해 보세요.
2. 개체의 증식 모델과 환경응용력에 대해서 설명해 보세요.
3. 먹이사슬(식물망)에 대해서 설명해 보세요.
4. 생물이 영양을 얻는 방법에 대해서 설명해 보세요.
5. 생태계를 생물의 기능면부터 설명해 보세요.

정리

☑ 생물의 상호관계로는 경쟁, 공생, 기생, 포식 등이 있습니다.

☑ 포식관계가 중요하며, 미시적인 관점과 거시적인 관점에서 포식관계에 대해서 설명했습니다.

☑ 미시적인 관점에서는 개체의 증식식(增殖式)과 포식자와 피식자의 수리(數理) 모델에 대해서 설명했습니다.

☑ 먹이사슬(식물망)이란 생태계에서 생물의 포식, 기생(섭취, 흡수) 관계를 매크로 적으로 파악한 것입니다.

☑ 생물은 영양을 얻는 방법에 따라 크게 독립영양생물과 종속영양생물로 나눌 수 있습니다.

☑ 생태계를 생물의 기능면부터 이해하는 포인트는 생산자, 1차 소비자, 2차 소비자, 고차 소비자, 분해자가 무엇인지를 파악하는 것입니다.

☑ 육역 및 수역에서의 먹이사슬의 큰 흐름을 이해하는 것이 중요합니다.

제3장 생태계의 에너지 흐름

제3장과 제4장에서는 물리·화학적 관점에서 생태계에 대해 생각했습니다. 제3장에서는 에너지 흐름에 대해 설명합니다. 이 장에서는 생태계의 '계(系)', 즉 시스템이란 무엇인지에 대해 설명하고, 다음으로 에너지란 무엇인지에 대해 복습을 겸해 설명합니다. 그리고 생태계에서는 생물이 어떻게 에너지를 고정하고, 이용하고 있는지, 또 생태계에서의 에너지 전체 흐름에 대해 설명합니다.

3.1 시스템으로서의 생태계

계(시스템)란 일정한 상호작용 또는 상호관계를 가지는 물체의 집합체입니다. 생물적 요소와 비생물적 요소의 집합체인 생태계도 상호관련성을 가지는 하나의 계(시스템)입니다. 여기에서는 시스템에 대해 생각합니다. 시스템은 [표 3.1], [그림 3.1]과 같이 크게 고립계, 폐쇄계, 개방계로 나눌 수 있습니다. 이들의 차이점은 물질과 에너지 출입의 유무입니다. 고립계는 물질과 에너지 출입이 없는 시스템입니다. 현대 과학의 이해를 토대로 하면, 우주 공간이 고립계에 해당합니다. 폐쇄계는 물질의 출입은 없지만, 에너지 출입이 있는 시스템입니다. 이에 해당하는 것이 지구입니다[그림 3.2]. 지구는 에너지를 태양으로부터 얻어 일부는 우주 공간에 방출하고 있지만, 기본적으로 우주 공간과의 물질의 출입은 없습니다(엄밀히 말하자면, 물질로서 운석의 낙하와 혹성탐사 우주선 등이

[표 3.1] 시스템의 구분

구 분	계 외(系外)와의 물질의 출입	계 외와의 에너지 출입
고립계	없음	없음
폐쇄계	없음	있음
개방계	있음	있음

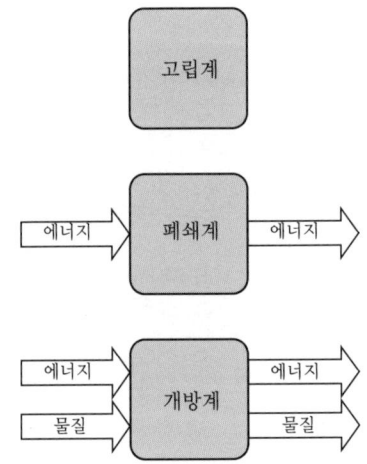

[그림 3.1] 시스템의 구분과 물질 에너지의 흐름

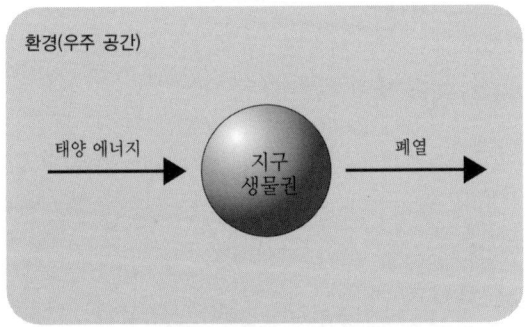

[그림 3.2] 지구 시스템의 개념

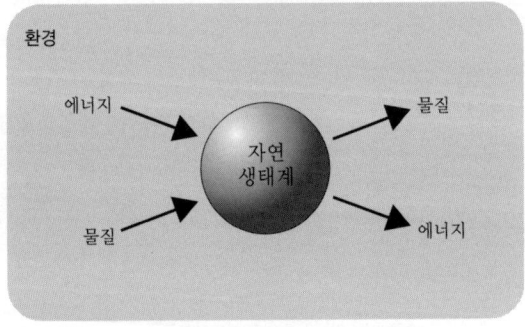

[그림 3.3] 자연생태계 시스템의 개념

▶▶ **우주의 물질·에너지 비율** ◀◀

21세기에 놀랄만한 천문관측 결과가 나온 적이 있었습니다. 그것은 우리가 관측(볼 수 있는 것)할 수 있는 물질과 에너지는 우주 전체의 4%에 불과하다는 것입니다. 남은 96%는 다크 매터(dark matter)나 다크 에너지(dark energy)라고 불리는 관측할 수 없는 물질이나 에너지입니다[그림 3.4]. 즉 우주는 관측할 수 없는(눈에 보이지 않는) 물질과 에너지로 가득 차 있습니다. 인류는 보이지 않는 물질과 에너지에 둘러싸여 있고, 현대 과학은 우주 전체의 단 4%에 의존하고 있는 것에 불과합니다. 인류는 이를 겸허하게 받아들이고, 자연에 대한 경외하는 마음을 품어야 한다고 생각합니다.

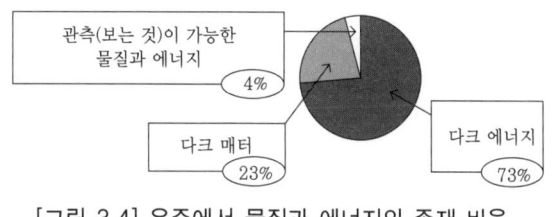

관측(보는 것)이 가능한
물질과 에너지
4%

다크 매터
23%

다크 에너지
73%

[그림 3.4] 우주에서 물질과 에너지의 존재 비율

지구 밖으로 나가 있기 때문에 물질의 출입은 있지만, 극히 적으므로 무시함).

개방계의 예는 지구에 있는 육역과 해역의 생태계로, 이들 생태계에는 물질과 에너지의 출입이 있습니다[그림 3.3].

3.2 에너지에 대해서

여기에서는 에너지에 관한 기본적인 사항과 태양 에너지에 대해서 설명합니다.

3.2.1 에너지 법칙

생태계와 관련된 에너지 법칙에는 [표 3.2]와 같은 것이 있습니다. 열역학 제1법칙은 에너지 보존 법칙으로서, 에너지는 전체로 보면 증가하지도 않고, 감소하지도 않는다는 법칙입니다. 열역학 제2법칙은 엔트로피 증대 법칙으로, 에너지를 더하지 않는 한 자연(우주)은 평형상태(엔트로피가 증대함)로 향한다는 법칙입니다. 생태계에서의 에너지 흐름을 이해하는 데 기본이 되므로 잘 이해해 둘 필요가 있습니다.

[표 3.2] 생태계와 관련된 에너지 법칙

법 칙	내 용	생태계의 관점
열역학 제1법칙	에너지는 무(無)에서 만들어 내거나 없어지거나 하지 않는다. 에너지 보존 법칙이다.	태양에서 공급받은 에너지는 생태계를 흐르고 있다.
열역학 제2법칙	엔트로피(계의 무질서함의 척도)는 반드시 증가하는 방향으로 향한다. 즉, 평형상태로 향한다. 고립(에너지 유입이 없음)계의 엔트로피는 증가한다.	지구생물권으로는 대양 에너지에 따라 엔트로피가 낮은(질서 있는) 상태를 유지하고 있다.

3.2.2 태양 에너지에 대해서

지구상의 모든 에너지원은 대부분이 태양에서 나온 방사 에너지입니다. 대기권 밖에서 태양광과 직각인 면이 받는 태양방사 에너지의 단위면적당 총량을 태양상수(太陽常數)라고 합니다. 태양상수는 태양의 활동에 따라 변동합니다. 일본(「이과년표」)에서는 태양상수로 $1.37kW/m^2$($1.96cal \cdot cm^{-2} \cdot min^{-1}$)를 이용하고 있습니다.

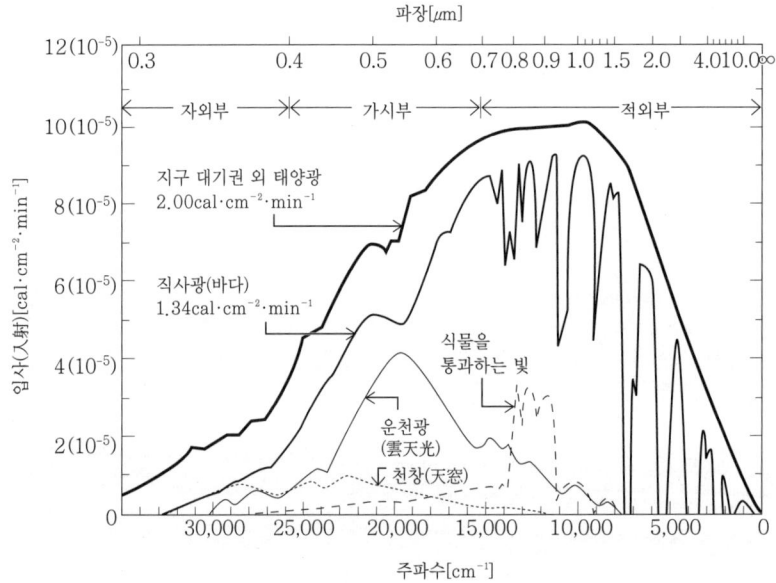

[그림 3.5] 태양방사 에너지의 스펙트럼

[E. P. 오담 : 「기초생태학」, p.75, 培風館(1991)]

태양상수는 국가에 따라 다릅니다. 태양 에너지는 대기권에서 흡수되기 때문에 지표면과 해수면에 도달하는 비율은 태양상수의 60~70% 정도입니다. 이 때문에 지표면과 해수면에 도달하는 태양방사 에너지는 약 1kW/m²라고 외워두는 편이 좋습니다. 여기에서 주의할 점은 태양방사 에너지는 [그림 3.5]와 같이 단일 파장이 아니라, 어느 폭의 파장대부터 구성된 연속 스펙트럼이라는 점입니다.

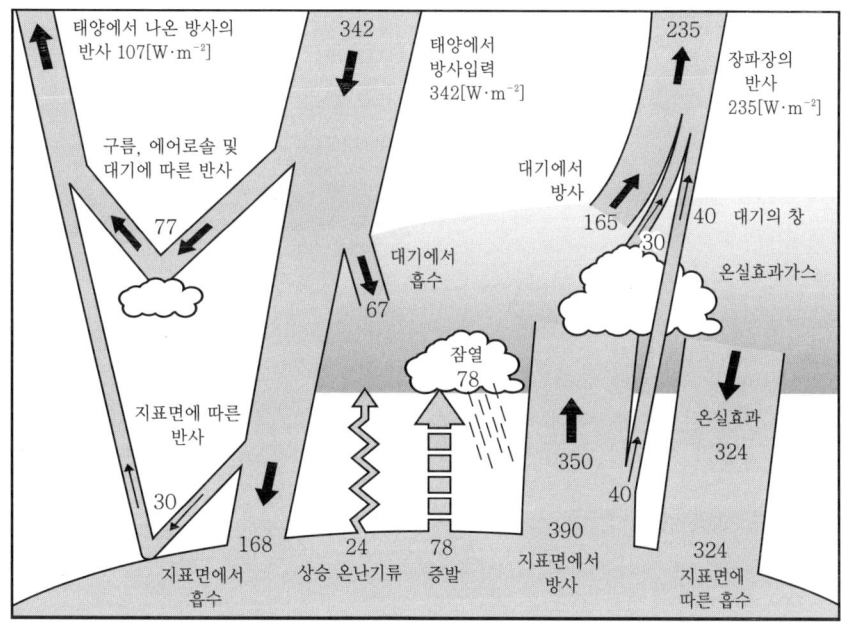

[그림 3.6] 태양 에너지의 지구상에서의 흐름 [IPCC 제3차 평가보고서]

[표 3.3] 지표에 닿은 태양방사 에너지의 행방

구 분	비 율(%)
반사	30
열로 직접 교환	46
증발, 강우	23
바람, 파도, 물 흐름	0.2
광합성	0.8

조석(潮汐) 에너지 – 태양 에너지의 약 0.0017%
육지의 열 – 태양 에너지의 약 0.5%
[E. P. 오담 : 「기초생태학」, p.77, 培風館(1991)]

태양에서 나온 방사 에너지의 총량은 그 파장대 전역을 적분한 수치입니다. 지구에 도착한 태양방사 에너지는 [그림 3.6]과 같이 대기 중이나 지상에서 반사되거나 흡수됩니다. 지표에 닿은 태양 에너지는 [표 3.3]과 같이 30%가 반사되고, 46%가 직접 열로 변환되며, 23%가 증발·강우 에너지원이 되고, 식물 등이 하는 광합성(다음 절 참조)에는 0.8%가 쓰입니다.

▶▶ 숫자에 강해지자 ◀◀

기본적으로 숫자를 외우는 것은 중요합니다. 예를 들면, 맑은 날의 지상의 태양방사 에너지는 약 1kW/m²입니다. 태양전지의 변환 효율을 10%라고 치면 한 가정에서 1개월에 300kWh의 전력을 소비하는 경우, 하루 평균 2.5시간 태양이 닿는다고 가정해서 태양전지(Xm²)를 어느 정도 설치하면 될까요?

$$1kW/m^2 \times 0.1 \times 2.5(h/일) \times 30일 \times Xm^2 = 300kWh$$

$$X = 40m^2$$

단위환산에 강해진다! ($1W = 1J/s$, $1cal = 4.18J$)

3.3 생태계와 에너지

3.3.1 생산(광합성)의 메커니즘

생산(生産)이란 생물이 생물체(유기물)를 만들어내는 것입니다. 즉, 에너지를 고정하는 것입니다. 대표적인 생산으로는 광합성이 있습니다. 광합성은 빛에너지를 이용한 반응으로 녹색식물, 조류 등의 생물의 클로로필(엽록소)에 따라 빛에너지와 이산화탄소와 물에서 글루코오스(포도당) 등의 탄수화물을 만들어내는 반응입니다. 지구상 생물이 살기 위한 에너지의 대부분은 광합성에 의해 만들어지고 있습니다. 구체적으로는 다음의 화학반응식으로 나타내겠습니다. 기본적으로는 이산화탄소가 환원(탄소가 전자를 받는 것)되고, 글루코오스 등의 탄수화물이 되는 반응입니다. 전자를 주는 물질(전자공여체)은 산화됩니다. 예를 들면, 전자공여체가 물인 경우는 산화되어 산소가 됩니다. 녹색유황세균의 경우에는 전자공여체가 황화수소이고, 황화수소가 산화되어 황이 됩니다. 광합성의 대부분을 차지하는 조류와 녹색식물은 산소발생형입니다.

$CO_2 + 2H_2D$(전자공여체) + 광에너지
$\rightarrow (CH_2O)_n$(탄수화물) + H_2O + 2D(산화를 받은 전자공여체)
산소발생형 광합성
$6CO_2 + 12H_2O \rightarrow C_6H_{12}O_6 + 6H_2O + 6O_2$
녹색황세균
$6CO_2 + 12H_2S \rightarrow C_6H_{12}O_6 + 6H_2O + 12S$

3.3.2 생태계의 생산

생태학의 생산이란 생물이 호흡하고, 유기물을 저축하는 것을 가리킵니다. 생태계에서의 생산 단위는 생산량(생물학적 생산량) 또는 생산속도라고 불리고, 단위시간·단위면적당 생물체량 또는 열량으로 나타냅니다. 생산에는 총1차 생산(총생산)과 순 1차 생산(순생산)이 있습니다. 총1차 생산(총생산)이란 광합성 등에 따라 무기물에서 만들어지는 생물체(유기물)의 합계를 나타냅니다. 또 순1차 생산(순생산)은 조직 내에 저장된 유기물(총1차 생산에서 흡수를 뺀 것)로, 이 속에는 생산자 자신의 성장·번식·피식·고사·탈락(脫落) 등이 포함되어 있습니다.

생산량은 [그림 3.7]과 같이 평야 부분이나 습윤한 초원, 대륙붕에서는 비교적 많지만 사막, 외양(外洋)에서는 적습니다. 이로써 지구상에는 비옥한 곳이 적다는 것을 알 수 있습니다. 또 지구상 생태계별 순1차 생산량은 [표 3.4], 그 분포는 [그림 3.8]과 같습니다.

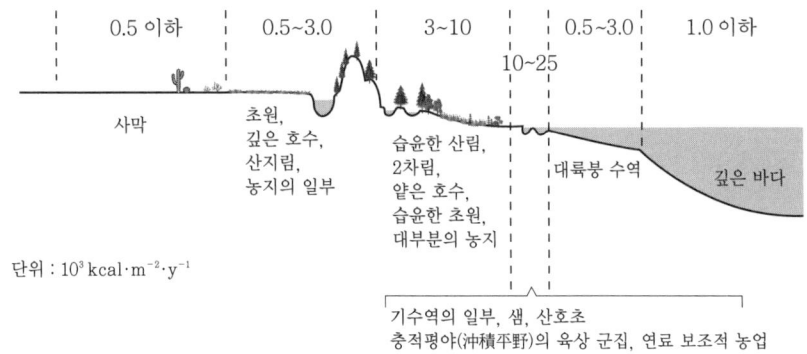

[그림 3.7] 생태계별 생산량

[E. P. 오담 : 「기초생태학」, p.89, 培風館(1991)]

지구상 생산 분포를 봐도, 적도 부근의 열대지역에서 커지고 있고, 반대로 사막이나 극지 부근에서는 작아지고 있는 것을 알 수 있습니다.

[표 3.4] 지구의 순1차 생산량과 식물의 생산량

생태계 타입	면 적 [10^6km^2]	순1차 생산량			식물 생산량(긴량)		
		범 위 [t·ha^{-1}·y^{-1}]	평 균 [t·ha^{-1}·y^{-1}]	면 적 [10^9t/y]	범 위 [t/ha]	평 균 [t/ha]	총 량 [10^9t]
열대다우림	17.0	10~35	22	37.4	60~800	450	765
열대계절림	7.5	10~25	16	12.0	60~600	350	260
온대상록수림	5.0	6~25	13	6.5	60~2,000	350	175
온대낙엽수림	7.0	6~25	12	8.4	60~600	300	210
북방침엽수림	12.0	4~20	8	9.6	60~400	200	240
소림(疏林)과 저목림	8.5	2.5~12	7	6.0	20~200	60	50
사바나	15.0	2~20	9	13.5	2~150	40	60
온대 볏과 초원	9.0	2~15	6	5.4	2~50	16	14
툰드라·고산황원	8.0	0.1~4	1.4	1.1	1~30	6	5
사막·반사막	18.0	0.1~2.5	0.9	1.6	1~40	7	13
암질·사질사막과 빙원	24.0	0~0.1	0.03	0.07	0~2	0.2	0.5
경지(耕地)	14.0	1~35	6.5	9.1	4~120	10	14
소택(沼澤)·습지	2.0	8~35	20	4.0	30~500	150	30
호소(湖沼)·하천	2.0	1~15	2.5	0.5	0~1	0.2	0.05
육지 합계	149		7.7	115		123	1,837
외양	332.0	0.02~4	1.25	41.5	0~0.05	0.03	1.0
용승류 해역	0.4	4~10	5	0.2	0.05~1	0.2	0.008
대륙붕	26.6	2~6	3.6	9.6	0.01~0.4	0.1	0.27
조장(藻場)·산호초	0.6	5~40	25	1.6	0.4~40	20	1.2
입강(入江)	1.4	2~35	15	2.1	0.1~60	10	1.4
해양 합계	361		1.5	55.0		0.1	3.9
지구 합계	510		3.33	170		36	1,841

[茅陽一 감수, 옴사편 : 「환경년표 2004/2005」, p.254, 옴사(2003)]

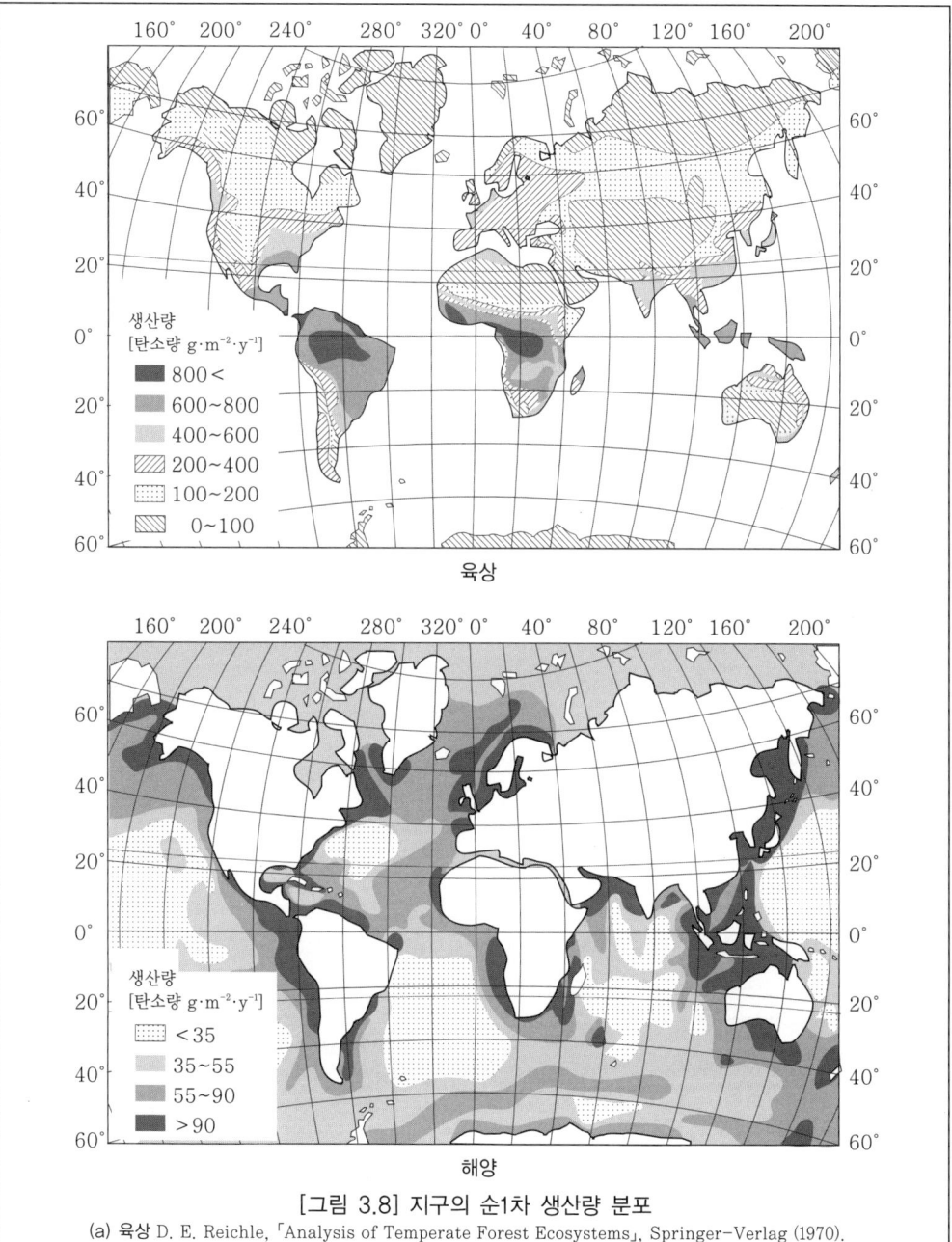

[그림 3.8] 지구의 순1차 생산량 분포

(a) 육상 D. E. Reichle, 「Analysis of Temperate Forest Ecosystems」, Springer-Verlag (1970).
(b) 해양 M. Begon et al., 「Ecology」, 3rd Ed., Blackwell (1999).

> ▶▶ **인간의 지혜로 만든 태양 에너지 이용방법과 태양광 발전** ◀◀
>
> 태양광 발전은 실리콘 반도체 등에 빛이 닿으면 전기가 발생하는 현상을 이용하여, 태양의 빛에너지를 직접 전기로 변환하는 발전방법입니다. 태양광 발전 시스템은 옥상이나 외벽 등에 설치한 태양전지[**그림 3.9**]로 발전된 직류전력을 파워 컨디셔너로 교류로 변환하여 사용하는 것으로, 보통은 전력회사의 상용(商用)전력 계통의 교류전력과 합쳐 사용합니다.

[그림 3.9] 태양전지

3.3.3 먹이사슬과 생산

생산에 의해서 고정된 에너지는 먹이사슬에 따라 어떻게 되는 것일까? 먹이사슬에서는 순1차 생산부터 출발하여 영양 단계가 진행되는 것(포식)에 따라 새로운 유기물을 생산합니다. 이것을 2차 생산이라고 합니다. 2차 생산량은 소비자의 조직 내에 축적된 유기물량이고, 이 안에는 성장량, 사멸량(고사량), 피식량이 포함되어 있습니다.

> 포식량=동화량+불소화 배출량
>
> 동화량=2차 생산량+흡수량
>
> 2차 생산량=성장량+사멸량+피식량

먹이사슬에 따른 생물량의 변화는 [**그림 3.10**]과 같습니다. 또, 생산에 관한 효율은 [**표 3.5**]와 같습니다. 소비효율은 생산자(식물 등)가 생산한 양에 대한 포식량의 비율입니다. 즉, 생산량에 대한 초식동물 등에게 먹히는 양의 비율입니다.

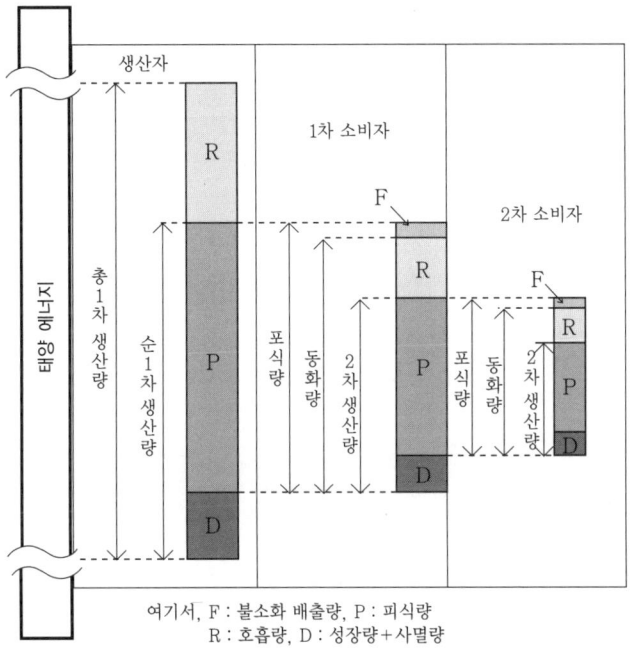

여기서, F : 불소화 배출량, P : 피식량
R : 호흡량, D : 성장량＋사멸량

[그림 3.10] 먹이사슬에 따른 생산량 변화

[표 3.5] 생태계 생산에 관한 효율

효 율	식	구체적인 수치의 예
소비효율	$\dfrac{포식량}{생산량} \times 100\%$	삼림 5% 초원 25% 식물 플랑크톤 군집 50%
동화효율	$\dfrac{동화량}{포식량} \times 100\%$	초식동물 20~60% 육식동물 50~90% 해양 동물 플랑크톤 40~80%
생산효율 (순성장효율)	$\dfrac{생산량}{동화량} \times 100\%$	무척추동물 30~40%
영양단계간 전환효율 (생태전환효율)	$\dfrac{상위\ 영양단계의\ 생산량}{하위\ 영양단계의\ 생산량} \times 100\%$	일반적인 평균치 10% 수계생태계에서는 1~25%

　　예를 들면, 삼림에서는 5% 정도이기 때문에 생산된 양의 1/20을 초식동물 등이 먹고,
남은 19/20는 현재량의 증가나 고사량이 되어 삼림에 축적되는 것을 나타내고 있습니다.

동화효율은 소비자(동물 등)가 포식한 양 중, 소화해서 이용한 양의 비율입니다. 즉, 유효 이용된 비율이라고 할 수 있습니다. 육식동물은 50~90%이고, 초식동물은 20~60%이기 때문에, 육식동물 쪽이 먹은 것을 유효하게 이용하고 있다고 할 수 있습니다. 이것은 초식동물은 섬유질 등이 소화되지 않은 채 배출되는 양이 많기 때문으로 생각할 수 있습니다.

영양단계간 전환효율(생태전환효율)은 상위 영양단계 생산량과 하위 영양단계 생산량의 비율입니다. 즉, 영양단계가 한 계단 나아갈 때 하위 생산량이 상위 생산량에 남는 비율이라고 할 수 있습니다. 이 수치는 일반적인 평균치로 10% 정도입니다.

먹이사슬에 따른 생산량의 변화를 피라미드 형태로 표현하게 되는데, 이것을 생태적 피라미드라고 합니다[그림 3.11]. 영양단계가 올라가면 생물체량이 대략 1/10이 됩니다.

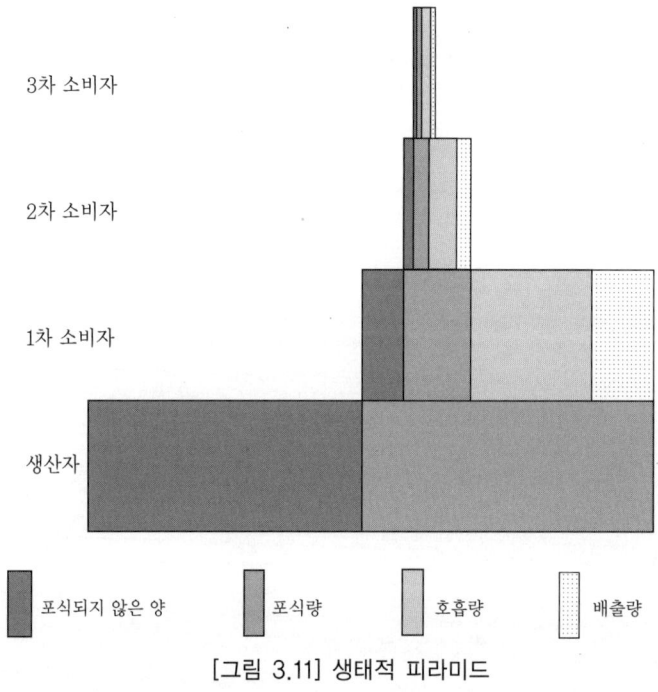

[그림 3.11] 생태적 피라미드

3.3.4 생태계에서의 에너지 흐름

먹이사슬을 에너지의 관점에서 봅시다. 먹이사슬에 따른 생태계 에너지 흐름의 개념은 [그림 3.12]와 같습니다. 태양 에너지는 식물 등의 생산자에 따라 고정되지만, 호흡으로 이용한 에너지는 열이 되어 방출됩니다.

먹이사슬을 통해 영양단계를 거쳐 고정된 에너지는 호흡과 분해로 감소하고, 최종적으로는 열에너지로 변환되어 바깥 세계로 방출됩니다. 즉, 지구상의 생태계의 영위는 식물이라는 태양광 에너지를 고정하는 공장에서, 먹이사슬이라는 배송 시스템에 의해 동물이라는 소비자에게 보내지고, 소비자가 이용한 후의 폐기물(생물체 포함)을 폐기물 처리업자가 분해하여 원래 상태로 되돌리는 순환을 하고 있는 것입니다. 반복해서 말하자면 이 시스템을 가동시키는 것이 태양광 에너지인 것입니다.

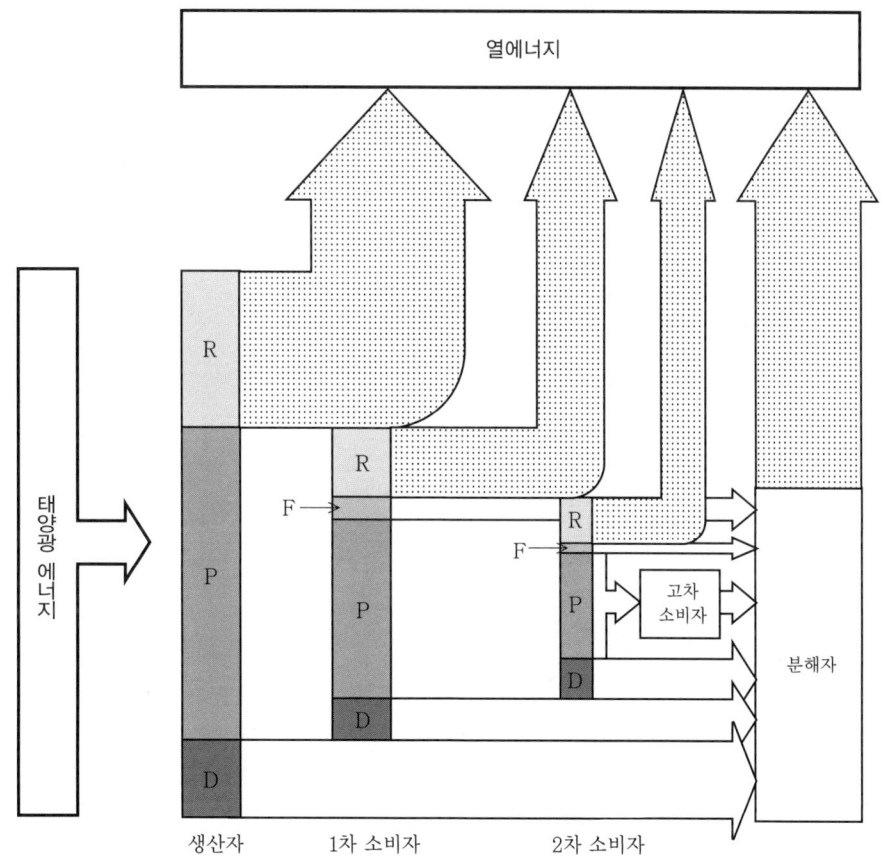

여기서, F : 배출량, R : 호흡량, P : 피식량, D : 성장량＋사멸량

[그림 3.12] 생태계 에너지 흐름의 개념

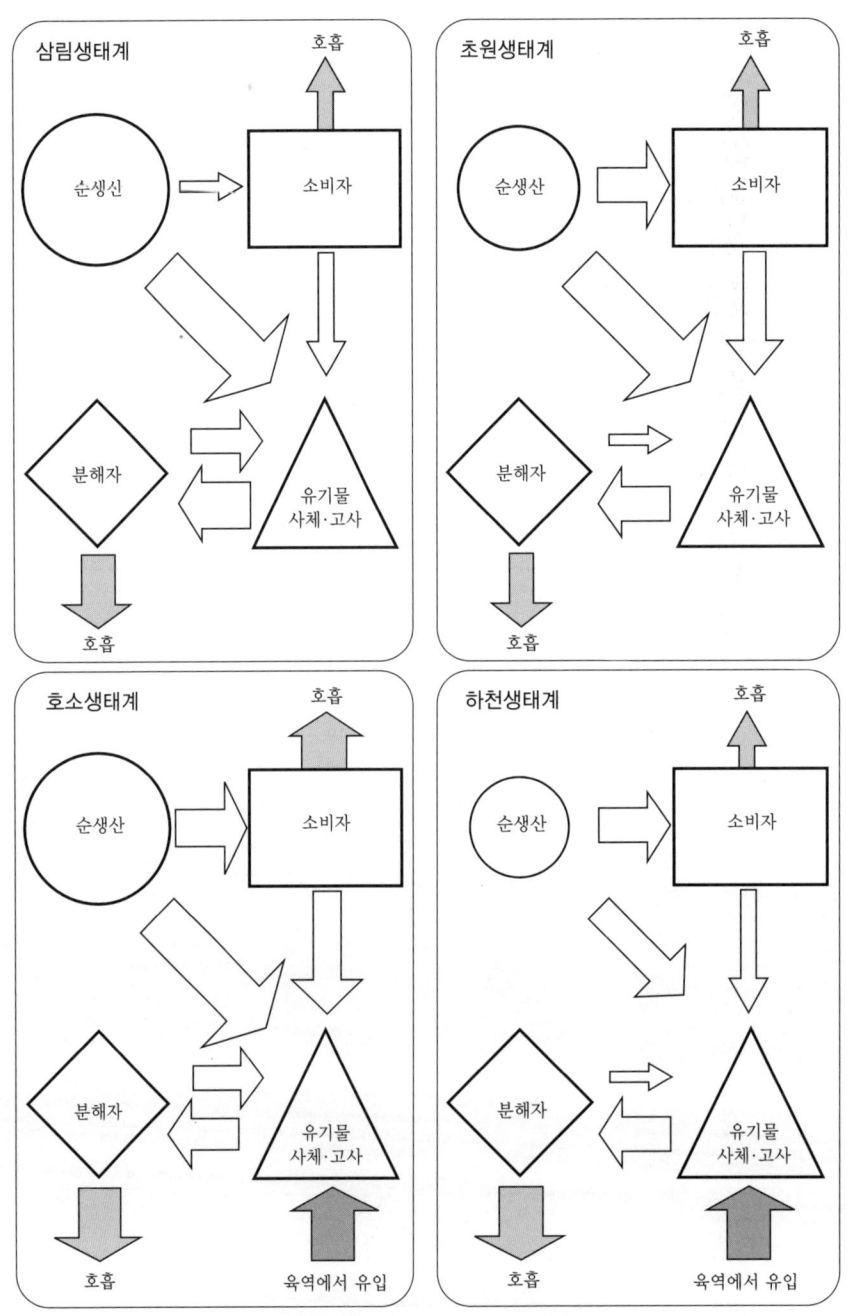

[그림 3.13] 생태계 에너지 흐름의 비교

　다음으로 구체적인 육역 생태계(삼림, 초원)와 수역 생태계(하천, 호소)에서 에너지 흐름을 봅니다. 이들 생태계의 상대적인 에너지 흐름의 모식도는 [그림 3.13]과 같습니다. 육역 생태계에서는 부식연쇄(2.4.2항 참조)에서의 에너지 흐름이 생식연쇄(2.4.2항 참조)의 에너지 흐름에 비해 커집니다. 이것은 생산자인 수목과 풀이, 소비자인 초식동물 등에게 먹히는 경우가 적고, 고사한 후 미생물 등에게 분해되는 경우가 크다는 것을 의미합니다. 호소의 표층부근에서는 생식연쇄의 비율이 크지만, 저질부근에서는 부식연쇄가 커집니다. 하천에서는 흐름이 있기 때문에 식물의 순생산이 적습니다.

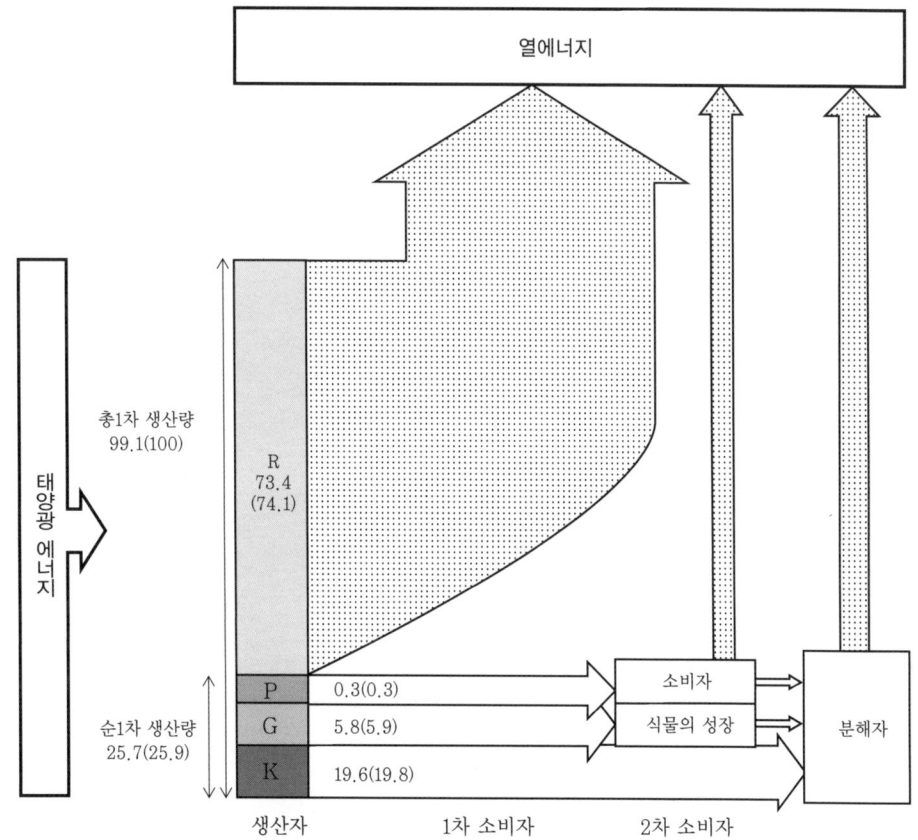

[그림 3.14] 에너지 흐름의 구체적인 예(열대우림(말레이시아))

[吉良龍夫 : 「열대림의 생태」, 人文書院(1983)]에 의해 작성

　　실제 측정결과의 예는 [그림 3.14], [그림 3.15]와 같습니다. 말레이시아의 열대우림 사례에서는 호흡량이 전체의 3/4이고, 남은 1/4이 순1차 생산량입니다. 게다가 순1차 생산량 중 90% 이상은 고사량이며, 미생물 등에게 분해됩니다. 또 순1차 생산량의 약 1%는 포식되고, 23%는 현재량이 증가, 즉 성장합니다.

　　또 미나마타(水俣)의 조엽수림의 측정결과에서 총1차 생산량은 열대우림의 절반 정도로 나타났습니다. 순1차 생산량의 비율이 열대우림보다도 커지고 있습니다.

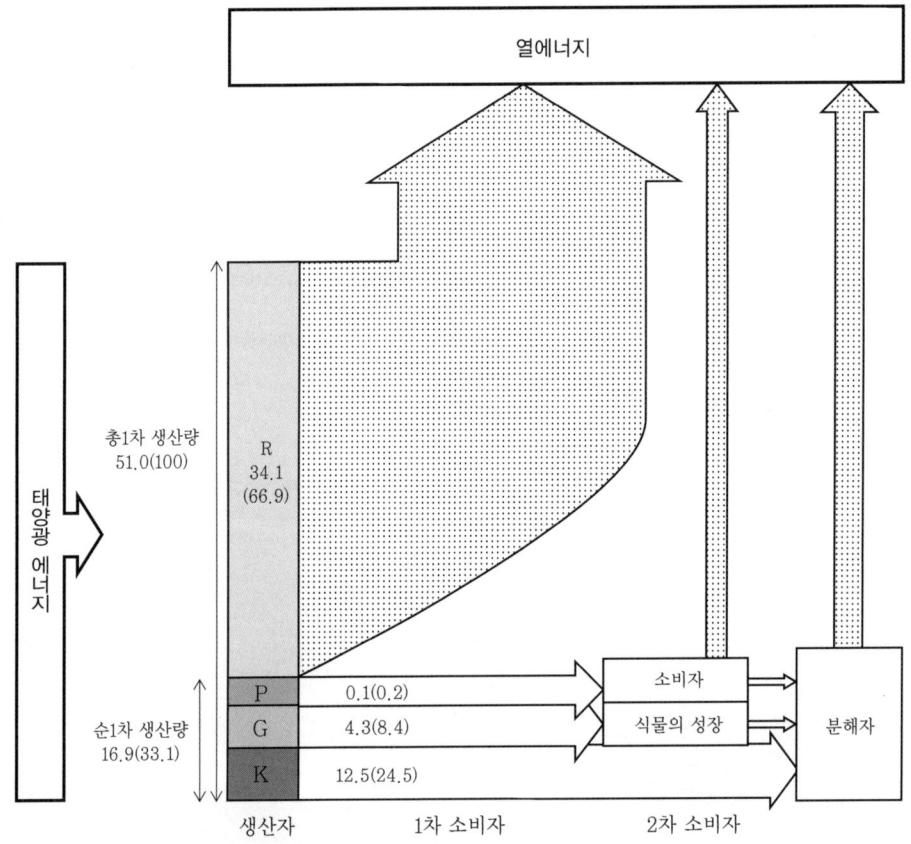

단위 : t 건조중량·ha⁻¹·y⁻¹(%), R : 호흡량, P : 피식량, G : 성장량, K : 고사량

[그림 3.15] 에너지 흐름의 구체적인 예(조엽수림(미나마타))

[吉良龍夫 : 「열대림의 생태」, 人文書院(1983)]에 의해 작성

Q&A

Q.1 태양 에너지원은 무엇입니까?

A.1 핵융합 반응입니다.

Q.2 태양상수는 변화합니까?

A.2 태양상수는 엄밀하게는 변화합니다.

Q.3 우주에 방출된 열에너지는 그대로 축적됩니까?

A.3 에너지 보존법칙에 의하면 그렇습니다.

Q.4 우주 공간은 고립계입니까?

A.4 질량 에너지 보존법칙이 성립한다고 가정하면, 우주 공간의 물질과 에너지 총량은 변화하지 않기 때문에 고립계라 할 수 있습니다.

Q.5 바람과 파도, 강우의 발생과 태양 에너지의 관련성을 설명하세요.

A.5 태양열에 따라 물이 증발하여 구름이 되고, 그것이 식어 비나 눈이 됩니다. 또, 태양방사 에너지로 대기 온도가 상승하고, 온도차에 따라 바람이 붑니다. 바람에 따라 파도도 칩니다.

Q.6 태양이 없어지면 인류는 어떻게 됩니까? 또, 그 대책으로는 무엇이 있습니까?

A.6 인류는 멸종될 것입니다. 대책을 찾는 것은 거의 불가능하다고 생각합니다.

Q.7 고립계란 구체적으로 무엇입니까?

A.7 고립계란 외계(外界)와 에너지나 물질을 주고받지 않는 계(界)로, 우주를 예로 들 수 있습니다.

Q.8 지구는 엄밀히 말하자면 폐쇄계가 아니지 않습니까?

A.8 운석 등의 낙하 등이 있어 엄밀하게 따지면 폐쇄계는 아닙니다. 그러나 생태계라는 거시적 관점에서 폐쇄계라 할 수 있습니다.

Q.9 가정용 태양광 발전 비용은 얼마입니까? 유지관리비는 얼마입니까?

A.9 설치 비용은 3kW에 200만 엔 정도입니다. 유지관리비는 거의 들지 않습니다.

Q.10 황을 이용한 광합성을 하는 생물은 무엇입니까?

A.10 세균류인 녹색황세균입니다.

●●●●●●●●●●●●●●●●●●●●●●●●●●●● **연습문제** ●●●●●●●●●●●●●●●●●●●●●●●●●●●

1. 물질과 에너지의 출입의 관점에서 시스템(계)에 대해서 설명해 보세요.

2. 열역학 제1법칙과 열역학 제2법칙에 대해서 설명해 보세요.

3. 다음 중 지표면 및 해수면에 도달하는 태양방사 에너지는 무엇인지 고르세요.

    ① $0.1kW/m^2$

    ② $1kW/m^2$

    ③ $1.4kW/m^2$

    ④ $2kW/m^2$

    ⑤ $10kW/m^2$

4. 총1차 생산, 순1차 생산, 2차 생산에 대해서 설명해 보세요.

5. 생태계에서의 에너지 흐름을 생산자, 1차 소비자(초식동물), 2차 소비자(육식동물), 분해자로 나누어 설명해 보세요.

●●●

정리

  ☑ 생태계는 물질과 에너지의 출입이 있는 개방계 시스템입니다.

  ☑ 에너지는 무(無)에서 생겨나거나 없어지거나 하지 않고, 보존됩니다(열역학 제1법칙).

  ☑ 엔트로피(계의 무질서 척도)는 반드시 증가하는 방향을 향하고 있습니다. 즉, 평형상태로 향합니다. 고립(에너지의 유입이 없음)계의 엔트로피는 반드시 증가합니다(열역학 제2법칙).

  ☑ 대기권 밖에서 태양광과 직각인 면이 받는 태양방사 에너지의 단위면적당 총량을 태양상수라 부릅니다. 태양상수는 $1.37kW/m^2$($1.96cal \cdot cm^{-2} \cdot min^{-1}$), 지표면이나 해수면에 도달하는 태양방사 에너지는 약 $1kW/m^2$ 정도입니다.

  ☑ 생태계에서의 생산이란 생물이 생물체(유기물)를 만들어내는 것으로, 그 근원으로는 대부분이 태양광에 의한 광합성에 의해 만들어지고 있습니다.

☑ 총1차 생산(총생산)이란 광합성에 의해 만들어내는 생물체의 합계를 나타냅니다. 또한 순1차 생산(순생산)은 조직 내로 축적된 유기물(총1차 생산에서 호흡을 뺀 것)입니다.

☑ 생산은 평야와 습윤한 초원, 대륙붕에서는 비교적 크지만 사막, 외양(外洋)에서는 작아지고 있습니다.

☑ 2차 생산이란 순1차 생산에서 출발하여 영양단계가 진행됨(포식)으로써 새롭게 생산되는 유기물입니다. 2차 생산량에는 자신의 성장량, 피식량, 사멸량이 포함되어 있습니다.

☑ 영양단계간 전환효율은 일반적으로는 10% 정도입니다.

☑ 생태계 에너지의 흐름은 식물 등의 생산자에 의해서 태양광 에너지가 고정되고, 먹이사슬을 통해(영양단계를 거치는 것으로) 고정된 에너지는 감소하며, 최종적으로는 열에너지로 변환되어 외계로 방출됩니다.

제4장 생태계에서의 물질 순환

이 장에서는 생물을 구성하고 있는 주된 물질의 생태계 순환에 대해서 생각해 봅니다. 우선 생물이 살고 있는 지표면 부근의 원소의 존재 비율에 대해 설명하고, 다음으로 생물을 구성하고 있는 원소에 대해 설명합니다. 그리고 먹이사슬로 인해 일어나는 생태계에서의 물질 순환을 살펴보는 데 있어 포인트를 나타내고, 그리고 구체적으로 물, 탄소, 질소, 인, 황의 물질 순환에 대해 설명합니다.

4.1 지구 및 생물을 구성하고 있는 원소

4.1.1 지구(지표 부근)를 구성하고 있는 원소

지구의 지표 부근에 존재하는 원소의 비율을 중량 퍼센트로 나타낸 것을 클라크수라고 합니다. 클라크수는 [표 4.1]과 같습니다. 지표면에 많은 원소는 산소, 규소, 알루미늄, 철의 순서입니다. 생물과 밀접한 원소를 굵은 글씨로 나타냈지만, 산소 이외에는 비교적 지표면에 존

[표 4.1] 클라크수 순위

단 위	원 소	클라크수	단 위	원 소	클라크수
1	산소	49.5	10	티탄	0.46
2	규소	25.8	11	염소	0.19
3	알루미늄	7.56	12	망간	0.09
4	철	4.70	13	인	0.08
5	칼슘	3.39	14	탄소	0.08
6	나트륨	2.63	15	황	0.06
7	칼륨	2.40	16	질소	0.03
8	마그네슘	1.93	17	불소	0.03
9	수소	0.83			

주) 굵은 글씨는 특히 생물에게 관련이 깊은 원소

▶▶ 클라크수가 큰 원소의 순서 ◀◀

O(산소), Si(규소), Al(알루미늄), Fe(철), Ca(칼슘), Na(나트륨), K(칼륨), Mg(마그네슘), H(수소), Ti(티탄), Cl(염소), Mn(망간), P(인), C(탄소), 황(S), N(질소), F(불소)

재하는 비율이 낮은 원소라는 것을 알 수 있습니다.

4.1.2 생물을 구성하고 있는 원소

생물체를 구성하는 기본 재료는 생체고분자(핵산, 단백질, 다당)나 이들의 구성요소인 염기, 아미노산, 각종 당류 및 지질(脂質), 비타민, 호르몬 등입니다[그림 4.1]. 원소의 관점에서는 탄소와 수소를 중심으로 질소, 산소, 인, 황, 칼륨, 칼슘을 구성원소로 하는 물질이 많아졌습니다. 또, 헤모글로빈(철)과 엽록소(마그네슘) 등 금속원소를 포함한 물질도 존재하고 있습니다.

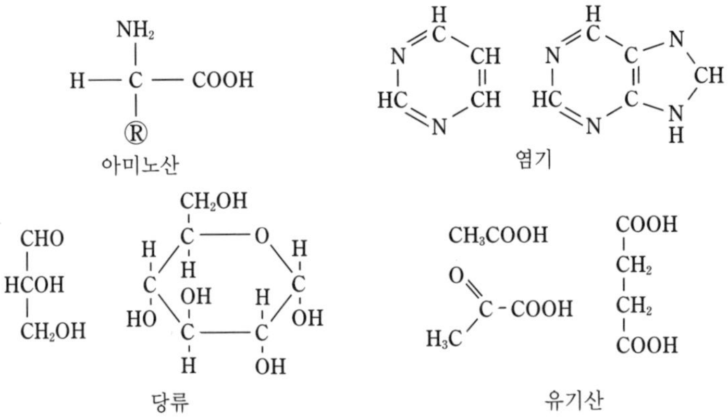

[그림 4.1] 생체를 구성하는 물질의 예

4.2 ┃ 생태계에서의 물질(원소) 순환을 생각하는 관점

생태계에서의 물질 순환이란 생태계에서 어느 물질(원소)에 착안하여 그 물질이 생물적 요소와 비생물적 요소 사이를 이동하고, 전체로서 순환계를 형성하고 있는 것입니다.

생태계에서 어떤 물질(원소)의 순환을 생각하는 경우, [표 4.2]의 관점에서 이해하는 것이 좋습니다. 우선, 생물의 관점부터 대상물질의 역할이나 흐름 등에 대해서 생각해 봅니다. 다음으로 인간 활동의 관점에서 물질 순환에 관한 인간 활동과 환경에 대해서 생각해 봅니다(인간 활동의 영향에 대한 상세한 내용은 제6장에 쓰여 있습니다). 그리고 이들 관점을 토대로 지구 전체에서의 물질 순환에 대해서 생각해 봅니다.

[표 4.2] 물질 순환을 생각하는 관점과 그 내용

관 점	내 용
생물의 관점	생물과 대상물질과의 관계에 대해 생각한다. 즉, 대상으로 하고 있는 물질이 생물에게 무슨 역할을 하는지, 생물이 그 물질 순환에 관여하는 주요 반응(움직임)이 무엇인지, 그리고 어떤 흐름인지를 생각한다.
인간 활동의 관점	최근 인간 활동이 생태계에 큰 영향을 미치고 있다. 이 때문에 대상물질인 물질 순환에 영향을 미치고 있는 인간 활동과 그 영향에 대해 생각한다.
지구 전체에서의 관점	생물의 관점과 인간 활동의 관점 등을 종합하여 지구 전체에서 그 물질의 존재량과 이동속도에 대해 생각한다.

이하로는 구체적으로 물, 탄소, 질소, 인, 황의 물질 순환에 대해서 설명합니다.

4.3 물의 순환

4.3.1 생물의 관점

(1) 생물에게 있어서 물의 역할

생물에게 물(H_2O)의 역할은 아래와 같습니다.

- 물은 생물의 주성분이고, 생물 중량의 60~80%를 차지한다.
- 세포에게 지방, 탄수화물, 단백질, 소금 및 그 밖의 물질의 용매로서 움직인다.
- 생물 내에서 물질의 수송, 결합, 분해와 관련되어 있다.
- 수역 생태계에서는 생존, 생활공간으로서 필수이다.
- 식물 등의 광합성 원료이다(3.3절 참조).

▶▶ 물의 소중함 ◀◀

일상생활에서는 물의 소중함을 그다지 실감하지 못하지만 물을 마실 수 없을 때에는 물의 소중함을 실감합니다. 예를 들면, 대봉천일회봉행(大峯千日回峰行)을 만행(滿行)한 鹽沼亮潤大阿闍梨 스님이 사무행(四無行), 즉 단식(먹지 않음), 단수(물을 마시지 않음), 불면(자지 않음), 불와(눕지 않음)를 9일간 계속 수행을 했을 때, 수행에서 가장 힘들었던 것은 단수였고, "정말로 물은 인간의 신체에 중요하다는 것을 다시 알게 되어, 물에게 감사하는 마음을 갖게 되었습니다"라고 말씀하셨습니다. 생물에게 물은 정말 중요하다는 것을 알 수 있습니다.

이상을 정리하면 다음과 같습니다. 생물체의 70% 정도가 물이기 때문에 생물은 물의 덩어리라고도 할 수 있습니다. 그리고 물은 용매로서 중요한 영양물질을 옮겨 줌과 동시에 생물이 살기 위해 필요한 화학반응을 진행하는 데도 큰 역할을 하고 있습니다. 가장 중요한 점은 바다와 강 등 수권(水圈)에 사는 생물들의 주변 환경이 전부 물이라는 점입니다.

(2) 생물이 물 순환에 관여하는 주된 반응(움직임)

생태계에서 물 순환으로 인한 생물의 움직임은 다음과 같습니다.
- 식물에 의한 물의 흡수와 증산
- 동물의 물 섭취와 배설

육상식물의 경우는 뿌리부터 물을 흡수하고, 잎으로 증산합니다. 즉, 대지에서 물을 빨아올리고, 대기 중으로 방출하고 있습니다. 이른바 대지의 물을 대기 중으로 방출하는 펌프 역할을 하고 있습니다. 육상동물의 경우는 하천, 호소 등에서 물을 섭취하고, 소변과 땀 등으로 대기와 토양에 방출하고 있습니다. 육상동물은 물을 이동시키는 움직임을 하고 있습니다.

4.3.2 인간 활동의 관점

인간은 하천 등에 댐을 건설하여 물을 막고, 저장된 물을 생활용수, 공업용수, 농업용수, 수력발전용수 등으로 이용하고 있습니다. 또, 사용한 물은 하수도 등을 통해 처리한 후, 하천과 해역에 방류하고 있습니다.

▶▶ 물 이용의 비율 ◀◀

도시의 가정에서는 어디에 어느 정도의 물을 사용하고 있는 것일까요? 일본 동경도의 자료에 의하면 [표 4.3]과 같이 목욕탕, 화장실, 취사, 세탁 순으로 되어 있습니다. 전체로는 하루에 한 명당 약 250 *l*를 사용하고 있습니다.

[표 4.3] 일본 도회지에서의 물 이용 비율

용 도	사용량[*l*/인·일]
목욕탕	75
화장실	60
취사	55
세탁	50
기타(음료, 살수 등)	10
합계	250

[1998년도, 일본 동경도 수도국 조사]

이같이 인간은 독자적으로 물의 흐름을 만들고 있습니다. 게다가 도시화(도로의 포장과 건물 건설 등)가 진행됨에 따라 빗물의 지하 침수량이 적어지고, 내린 비가 단시간에 유출됨으로써 홍수가 일어나기 쉽게 되었습니다. 이와 같이 인간은 물의 자연스러운 흐름을 바꾸고 있습니다.

4.3.3 지구 전체에서의 관점

지구상의 물의 총량은 약 1.3×10^{18}~1.5×10^{18}톤으로 추정되고 있습니다. 물의 분포는 [표 4.4]와 같이 대부분이 바닷물이고, 그 다음이 빙하입니다. 우리가 자주 보는 하천수와 호소수(湖沼水)의 역할은 극히 작습니다.

지구 전체의 강수 증발량은 평형상태이지만 해역, 호소, 하천 등 수역에서의 체류 시간과 순환 속도에는 차이가 있습니다. 예를 들면, 하천은 순환 속도가 빨라, 일본의 급류 하천에서 강수는 며칠 동안에 해역으로 흘러 들어갑니다.

주된 이동 경로와 이동 속도는 [표 4.5], 지구의 물 순환은 [그림 4.2]와 같습니다. 대기

[표 4.4] 지구상의 물이 존재하는 장소와 비율

존재하는 장소	비 율[%]
바닷물	약 97.4
하천수	약 0.0001
호소수	약 0.015
빙하	약 2
지하수	약 0.6
토양수	약 0.0053
동식물 체내	약 0.0001
대기 중(구름과 안개와 증기 등)	약 0.001

[표 4.5] 물의 주된 이동 경로와 이동 속도

경 로	이동 속도[10^{12}t/y]
바닷물, 호소→대기(증발)	약 450
대기→바닷물, 호소(강수)	약 404
식물→대기(증산)	약 60
토양→식물(흡수)	약 60
대기→토양(강수)	약 106
하천→바닷물(유입)	약 44

중의 물(수증기)의 총량은 13조 톤이고, 해양과 육지에서 대기 중으로 511조 톤/년의 물이 공급되며, 반대로 동일한 양이 강수가 되어 대기 중에서 해양과 육지로 공급되고 있습니다.

    대기 중의 수증기의 회전율은 약 39.3회/년, 체류 시간은 약 0.025년이기 때문에 대기 중의 물(수증기)은 약 9일(365.25×0.025＝9.13일)이면 교체됩니다. 해양에서는 강수보다 증발이 많고, 육역에서는 증발과 증산에 의해 강수가 많아집니다. 육지의 과잉된 강수는 하천을 통해 해양으로 흘러 들어갑니다. 육역 생태계의 물의 현존량은 적습니다.

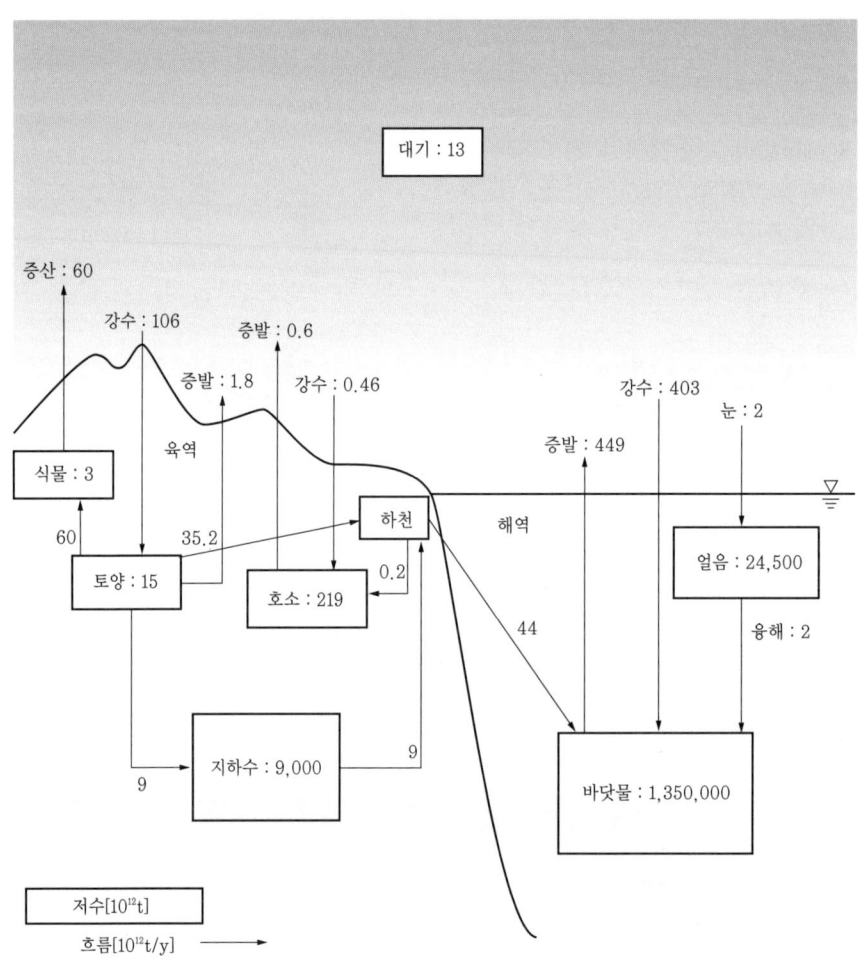

[그림 4.2] 지구의 물 순환

[瀨戶昌之 :「생태계」, p.45, 有斐閣(1992)]에 의해 작성

▶▶ 필자가 집에서 이용하고 있는 빗물 ◀◀

필자는 빗물을 저장해 놓고 그 물을 이용합니다. [그림 4.3]과 같이 구조는 간단하며, 홈통을 바이패스시켜 빗물을 빗물 저장 탱크에 저장해 놓고 있습니다. 필자 집의 사례를 통해 보면 10mm 정도의 비가 내리면 저장 탱크(600ℓ)가 거의 가득 찹니다. 이 물은 가정의 살수 등으로 이용하고 있습니다. 이같이 빗물을 이용하는 것으로 빗물을 다시 지중으로 되돌릴 수 있고, 자연의 물 순환에 조금이라도 다가갈 수 있습니다. 비가 내리는 날을 기다리고 있습니다. 비가 내리는 날은 기분이 좋습니다(호우는 곤란하지만……).

[그림 4.3] 필자가 집에서 이용하고 있는 빗물

4.4 ┃ 탄소의 순환

4.4.1 생물의 관점

(1) 생물에게 있어서 탄소의 역할

탄소(C)의 순환은 지구온난화 문제와 관련해 주목받고 있습니다. 탄소는 생체의 건조 중량의 40~50%를 차지하고, 탄수화물, 지방, 단백질 등의 구성 원소로서 생물이 생존하는 데 없어서는 안 될 원소입니다.

(2) 생물이 탄소 순환에 관여하는 주된 반응(움직임)과 이동

생태계의 탄소 순환에 관여하는 생물의 움직임은 아래와 같습니다.

- 식물, 조류 등은 광합성의 재료로서 이산화탄소를 체내로 거두어들인다.
- 생물의 호흡에 의해 이산화탄소의 형태로 대기와 물속에 배출된다.
- 생물체로써 탄소는 축적된다.
- 생물의 사체 등은 미생물의 작용으로 분해되고, 이산화탄소의 형태로 대기 중에 배출된다.
- 뼈와 조개껍데기 등에 들어 있는 탄소는 탄산칼슘의 형태로 고정되고, 일부는 석회암으로 변화하여 고정된다.

생물권에서 탄소의 이동 경로는 [그림 4.4]와 같습니다. 대기 중과 생물의 탄소는 주로 호흡과 광합성에 따라 이동합니다. 육상생물의 호흡에 의해 대기 중에 방출된 탄소의 양은 1,150억 톤, 광합성에 의한 호흡은 1,200억 톤으로 어림잡고 있습니다. 또 생물간의 탄소 이동은 주로 먹이사슬에 따라 이동합니다. 해역에서는 산호가 바닷물 속의 이산화탄소(중탄산 이온)를 고정시킵니다.

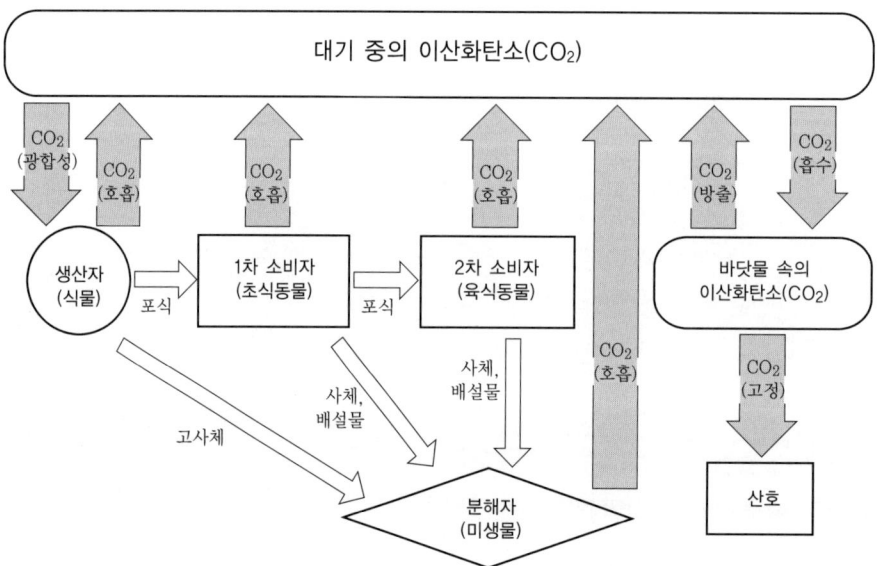

[그림 4.4] 생물권에서 탄소의 이동 경로

4.4.2 인간 활동이 미치는 영향은 무엇인가?

인류는 화석 연료의 연소와 시멘트 생산 등으로 탄소(이산화탄소 등)를 배출하고 있습니다.

4.4.3 지구 전체에서의 관점

생물권의 탄소의 존재 장소와 존재량은 [표 4.6]과 같습니다. 대부분이 해양에 존재하고 있습니다.

탄소의 주된 이동 경로와 이동 속도는 [표 4.7]과 같습니다. 해양과 대기의 교환은 900억 톤/년, 육상식물과 대기의 교환은 23억 톤/년, 육상식물과 대기의 교환은 600억 톤/년으로 어림잡고 있습니다.

지구에서의 탄소 순환은 [그림 4.5]와 같습니다. 대기 중 탄소의 수지가 맞으면 매년 약 32억 톤의 탄소가 대기 중에서 증가하게 됩니다. 이것이 지구온난화의 원인입니다.

[표 4.6] 생물권의 탄소 존재 장소와 존재량

존재 장소	존재량[10^{12}t]
육역·해역·대기 중의 총 저장량(지하자원 제외)	43
해양	39
식물	0.5
토양 속 유기물	2~2.5

[IPCC의 특별보고서 「토지이용 및 토지이용과 임업에 관한 보고서(2000)」]

[표 4.7] 탄소의 주된 이동 경로와 이동 속도

경 로	이동 속도[10^9t/y]
해양과 대기 교환	90
해양의 흡수	2.3
육상식물과 대기 교환	60
육상식물의 흡수	0.7

[IPCC의 특별보고서 「토지이용 및 토지이용과 임업에 관한 보고서(2000)」]

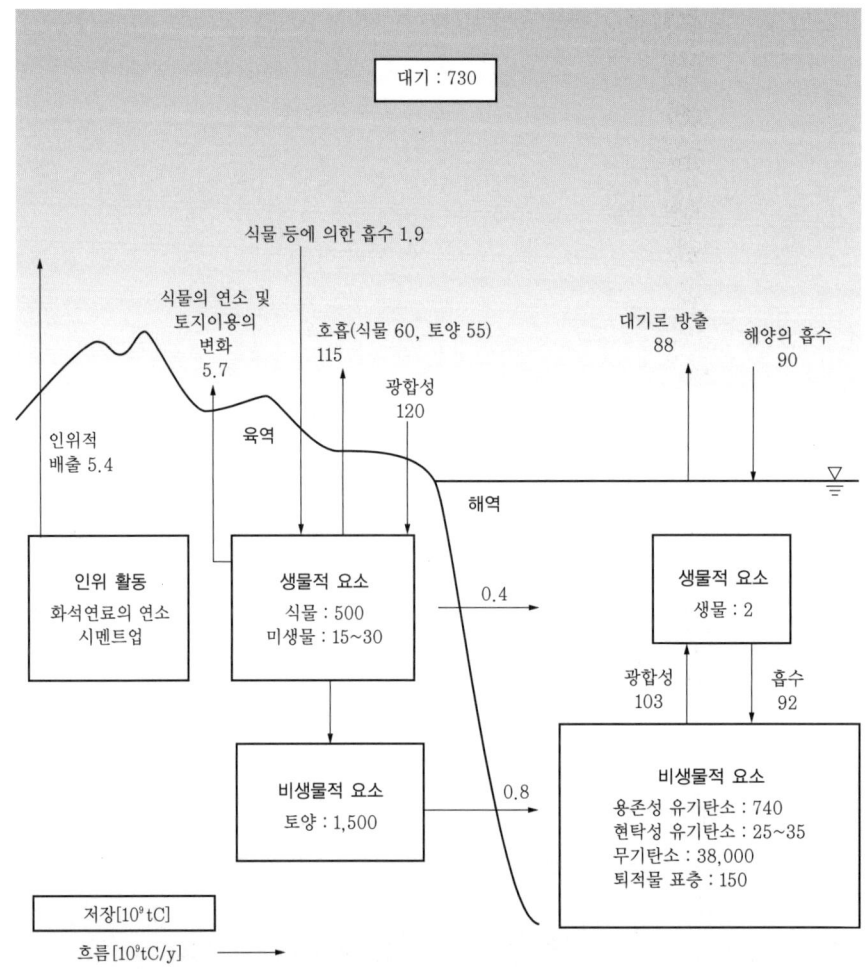

[그림 4.5] 지구의 탄소 순환

[일본국립천문대 편 : 「이과년표 환경편」 제2판, p.228, 丸善(2006)]에 의해 작성

4.5 ▌ 질소의 순환

4.5.1 생물의 관점

(1) 생물에게 있어서 질소의 역할

질소(N)는 생물에게 없어서는 안 될 원소이고, 생물에게 있어서 질소의 역할은 다음과 같습니다.

- 질소는 아미노산, 단백질, 핵산 등에 포함되고, 생체 구성에 반드시 필요한 원소입니다.
- 질소는 목본의 건조 중량의 0.1% 정도, 초본이나 동물은 1~10% 정도, 미생물은 5~15% 정도 포함되어 있습니다.
- 산소 대용으로 호흡에 이용되고 있습니다. 또 환원 상태의 질소를 산화시키고, 그때 발생한 에너지를 이용하는 생물도 있습니다.

(2) 생물이 질소 순환에 관여하는 주된 반응(움직임)과 이동

생태계에서 질소 순환에 생물이 관여하는 주된 반응(움직임)은 아래와 같습니다.

- 식물은 토양 속에서 이용 가능한 형태의 질소원(질산염, 암모늄염의 형태로)을 뿌리로 흡수하고 단백질을 합성합니다.
- 동물은 질소를 식물로써 섭취하고, 소화시켜 아미노산으로 분해하고, 각각 고유의 단백질을 재합성합니다. 일부 단백질은 동물 체내에서 암모니아, 요소(尿素), 요산(尿酸)이 되어 오줌으로 배출됩니다.
- 동식물의 유체와 동물의 배설물은 종속영양 미생물이 분해하여 암모니아나 암모늄염이 됩니다.
- 암모니아나 암모늄염은 호기 조건에서 아질산균에 의해 아질산으로, 질산균에 의해 질산으로 변환됩니다(질화(窒化)).
- 일부 질산, 아질산은 유기물이 많고 산소가 적은 혐기 조건에서 탈질균에 의해 질소가스로 환원됩니다(탈질).
- 공중 질소가스는 질소 고정균(뿌리혹박테리아 등)이나 조류 등에 의해 고정되고, 아미노산이나 단백질로 합성됩니다(질소 고정).

생물권에서의 질소의 이동 경로는 [그림 4.6]과 같습니다. 식물에 의해 유기물로 고정된 질소는 먹이사슬에 따라 동물에게 이동합니다. 그리고 식물이 시들거나 동물이 죽으면, 미생물 등의 분해자에 의해 유기물 속의 질소는 무기화되어 암모니아가 됩니다. 암모니아는 아질산균에 의해 아질산 이온으로 산화되고, 또 아질산 이온은 질산균에 의해 질산 이온이 되어 식물에게 이용 가능한 형태가 됩니다.

일부 아질산 이온과 질산 이온은 혐기 조건에서 탈질균에 의해 질소가스로 환원되고 대기 중으로 방출됩니다. 질소가스는 질소 고정능력이 있는 뿌리혹박테리아 등에 의해 암모니아로 변환되어 식물에 이용됩니다.

생물에 따른 대기 중 질소 고정 속도(질소→암모니아)의 예는 **[표 4.8]**과 같습니다. 또 생물로 인한 질산의 탈질 속도(질산 이온→아산화질소)의 예는 **[표 4.9]**와 같습니다.

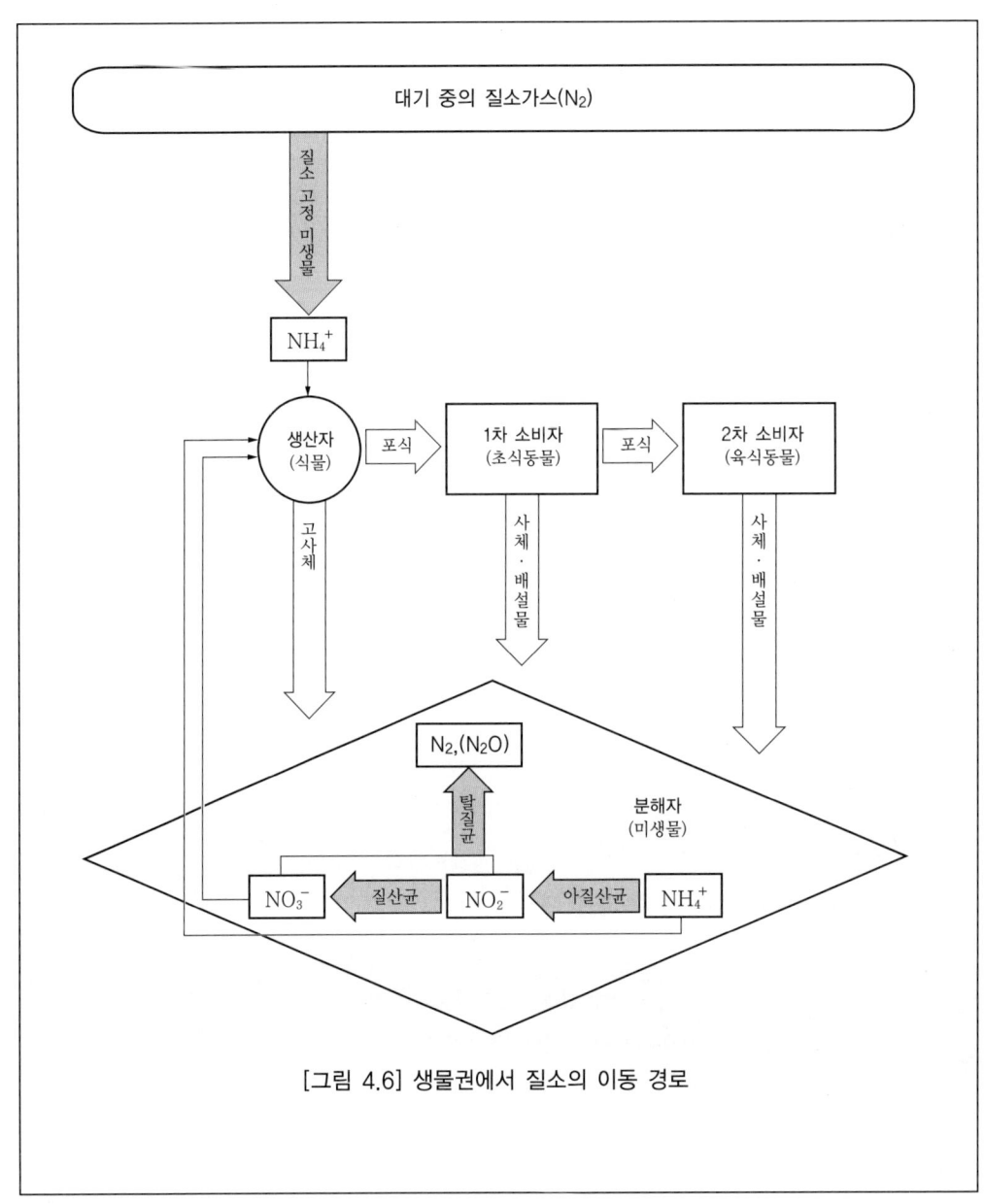

[그림 4.6] 생물권에서 질소의 이동 경로

[표 4.8] 대기 중에서 질소의 고정 속도 측정 결과의 예

생태계	면 적 [10^6ha]	질소의 고정 속도[y^{-1}]	
		ha당[kg]	생태계당[10^6t]
농경지	4,400	20	89
콩과(科) 농작물	250	140	35
논	135	30	4
목초지	3,000	15	45
밭	1,015	5	5
삼림	4,100	10	40
이용하고 있지 않은 땅	4,900	2	10
빙하	1,500	0	0
육지 합계	14,900	9	139
해양 합계	36,100	1	36
생물권 합계	51,000	3.4	175

[瀨戶昌之 :「생태계」, p.57, 有斐閣(1992)]

[표 4.9] 생물로 인한 질산의 탈질 속도의 예(질산 이온 → 아산화질소)

발생원	탈질 속도[10^6t/y]
해양·하구(河口)	2±1
자연 토양	6±3
식물	<0.1
시비(施肥) 토양	1.5±1
개간(開墾)	0.4±0.2
바이오매스 연소	1.5±0.5
화석연료 연소	2±1
합계	14±7

[瀨戶昌之 :「생태계」, p.60, 有斐閣 (1992)]

4.5.2 인간 활동이 미치는 영향은 무엇인가?

질소 비료의 생산 및 이용과 화석연료 등의 연소에 따른 질소산화물의 생성 등으로 인해 질소 순환에 영향을 미치고 있습니다. 질소 비료로서 연간 약 8,000만 톤을 고정시키고 있으며, 화석연료 등의 연소로 연간 약 2,000만 톤을 대기 중으로 방출하고 있습니다.

4.5.3 지구 전체에서의 관점

생물권에서 질소의 존재 장소와 존재량은 [표 4.10]과 같습니다. 대기 중에는 질소가 스로서 약 3,900조 톤이 존재하고 있습니다. 생물체에는 약 35억 톤이 존재하고 있습니다. 또, 지구의 질소 순환은 [그림 4.7]과 같습니다.

[표 4.10] 생물권에서 질소의 존재 장소와 존재량

존재 장소	존재량[t]
대기 중	질소가스로서 약 3.9×10^{15}
바닷물 속	약 22×10^{12} (용존)
토양 유기물 속	$950 \sim 1,400 \times 10^{12}$
생물체	약 3.5×10^{9}

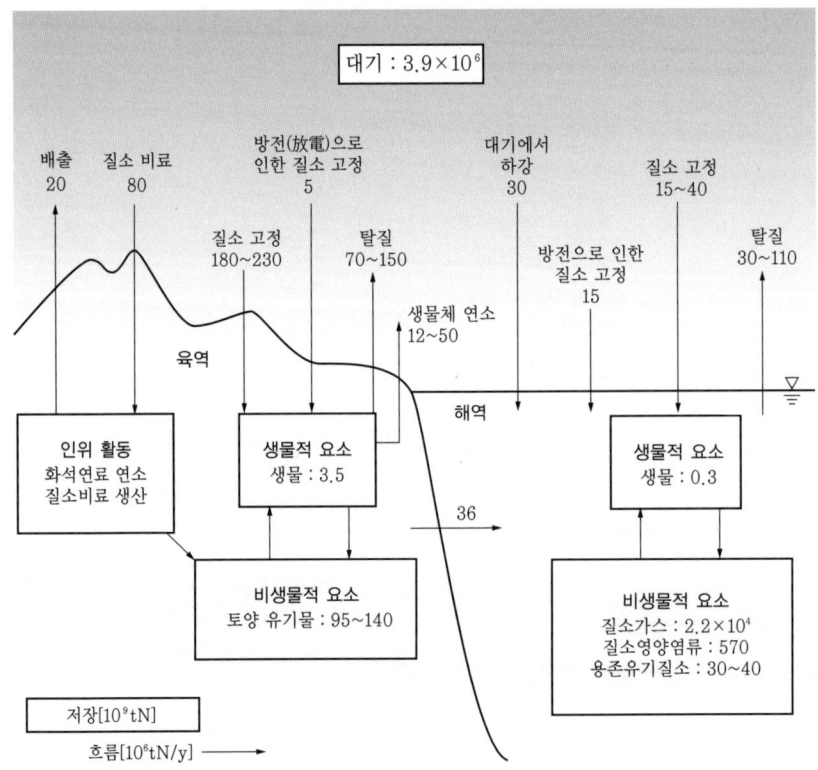

[그림 4.7] 지구의 질소 순환

[일본국립천문대편 : 「이과년표 환경편」 제2판, p.298, 丸善(2006)]에 의해 작성

4.6 ┃ 인의 순환

4.6.1 생물의 관점

(1) 생물에게 있어서 인의 역할

인(P)은 생물의 유전을 담당하는 핵산, 생물의 에너지 교환의 중심이 되는 ATP(Adenosine TriPhisphate : 아데노신삼인산), 뼈 등의 구성원소입니다. 또, 인은 목본의 건조 중량의 0.01%, 초본의 건조 중량의 0.3%, 동물과 미생물의 건조 중량의 1~3% 정도를 포함하고 있습니다. 녹색식물이 흡수·이용할 수 있는 인의 형태는 $H_2PO_4^-$ 나 PO_4^{3-} 등의 용해성 인산염으로 한정되어 있습니다.

(2) 생물권에서 인의 이동

생물권에서 인의 이동 경로는 [그림 4.8]과 같습니다. 먹이사슬에 따라 생물권을 이동합니다. 인 순환은 먹이사슬의 흐름을 타고, 식물은 광합성에 의한 생산에 따라 인산 상태의 인을 체내로 흡수합니다. 그리고 초식동물이 식물을 포식함에 따라 인은 이동합니다. 또, 식물이 시들거나 동물이 죽으면 미생물 등의 분해자에 의해 유기물 속의 인은 무기화되고 인산화하여 식물에게 이용 가능한 형태가 됩니다.

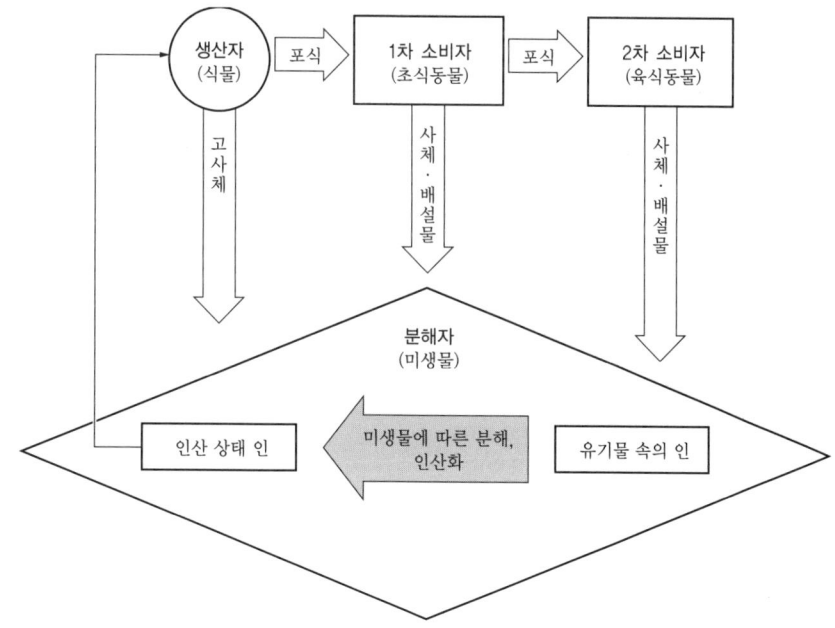

[그림 4.8] 생물권에서 인의 이동 경로

인(P) 이동의 구체적인 예로, 조류가 이동하면서 변을 봄에 따라 인이 이동하는 것을 들 수 있습니다. 또한 조류는 인간과 야생동물에게 먹힘에 따라 인을 육역으로 이동시킵니다. 연어 등과 같이 하천을 거슬러 올라가는 물고기는 인을 내륙으로 이동시킨다고 합니다. 동물은 체내에 인을 저장하고, 이동시키는 움직임이 있다고 합니다.

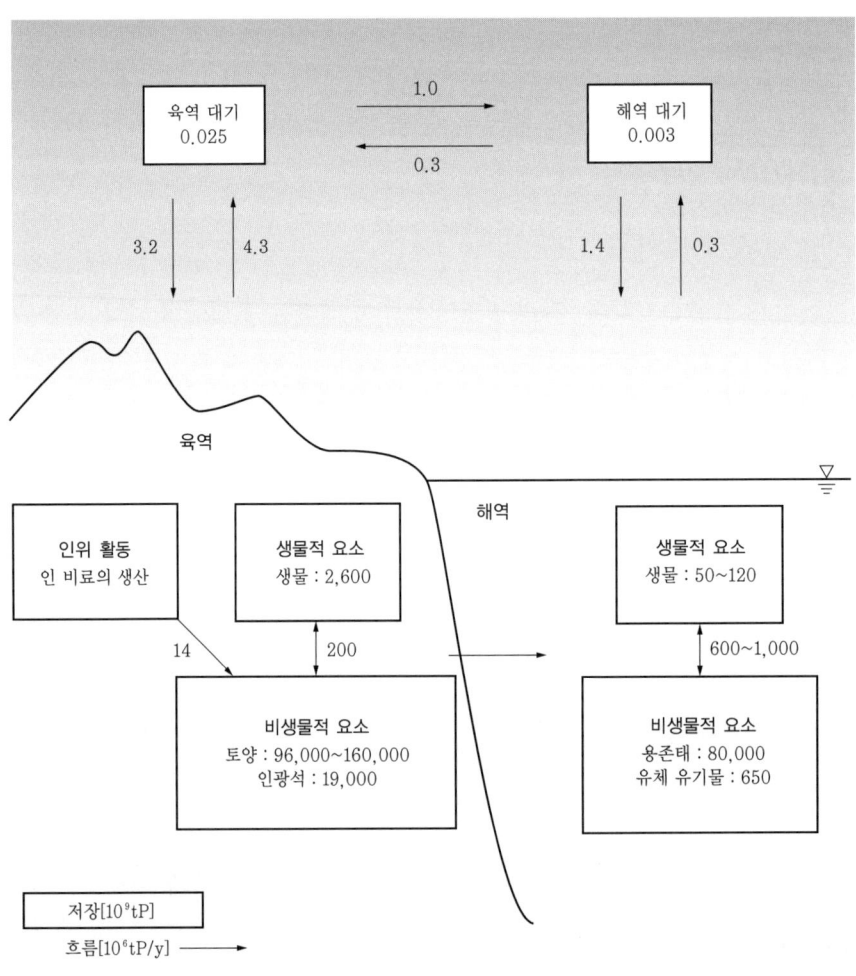

[그림 4.9] 지구상에서 인 순환

[鹿園直建 : 「지구 시스템 화학」, p.254, 東京大學出版會(1997)]에 의해 작성

4.6.2 인간 활동이 미치는 영향은 무엇인가?

인간은 인비료 등을 제조하고 이용함에 따라 인 순환에 관여하고 있습니다. 또 물고기 등의 수생생물을 해역, 육역에서 지상으로 퍼올려 음식물이나 비료로 이용하는 것으로 인 순환에 영향을 미치고 있습니다.

4.6.3 지구 전체에서의 관점

지구의 인 순환은 [그림 4.9]와 같습니다. 생물권의 생물체에 포함되어 있는 인의 총량은 26억 톤 정도입니다. 토양에는 960~1,600억 톤, 육수(陸水)에는 $0.02mg/l$, 바닷물에는 $0.07mg/l$ 정도 포함되어 있습니다. 인의 대부분은 $Fe_3(PO_4)_2$나 $Ca_3(PO_4)_2$ 등의 난용성 염으로 존재합니다.

인 자원은 주로 화성암의 인회석(apatite)이고, 생물권의 인 자원은 바닷새의 배설물이 퇴적, 경화된 페루의 구아노(guano)나 뼈, 조개껍데기 등의 퇴적물입니다.

인은 대기 중에서 존재량도 적고, 이동량도 적습니다. 인은 비중이 크기 때문에 물리적으로는 심해나 지하 깊숙이 괴어 있는 경향이 있습니다.

4.7 황의 순환

4.7.1 생물의 관점

(1) 생물에게 있어서 황의 역할

황(S)은 함황 아미노산(메티오닌, 시스테인, 타우린 등), 비타민 B_1, 콘드로이틴 황산의 구성원소입니다. 황은 목본 건조 중량의 0.01%, 초본 건조 중량의 0.3%, 동물이나 미생물의 건조 중량의 1~3% 정도를 포함하고 있습니다.

(2) 생물이 황 순환에 관여하는 주된 반응과 이동 경로

생물이 황 순환에 관여하는 주된 반응은 다음과 같습니다.

• 많은 식물과 미생물은 황산 이온을 뿌리 등으로 흡수한다. 황산 이온은 체내에서 황화수소로 환원되고, 함황 아미노산으로 동화된다. 생물의 체내에서 쓰지 않는 황은 황산 이온의 형태로 배설된다.

• 생물의 사해에 포함된 유기황은 종속영양미생물에 의해 무기화된다. 이때 호기조건에서는 황산 이온이 발생하고, 염기 조건에서는 황화수소가 발생한다.

- 황산환원균에 의해 황산 이온은 황화수소로 환원된다(황산환원균은 산소 대신에 황
  산 이온을 호흡하는 데 사용한다→황산 호흡).
- 황산화균에 의해 황화수소는 황과 황산 이온으로 산화된다.

생물권에서 황의 이동 경로는 [그림 4.10]과 같습니다. 황은 먹이사슬과 함께 이동합
니다. 특징은 분해 과정에서 혐기 조건과 호기 조건에 따라 분해 생성물이 다르다는 점입
니다. 또 황화수소를 에너지원으로 하고 있는 세균(황세균)과 황산 이온을 사용해 호흡하
고 있는 세균(황산환원균)이 있다는 점입니다.

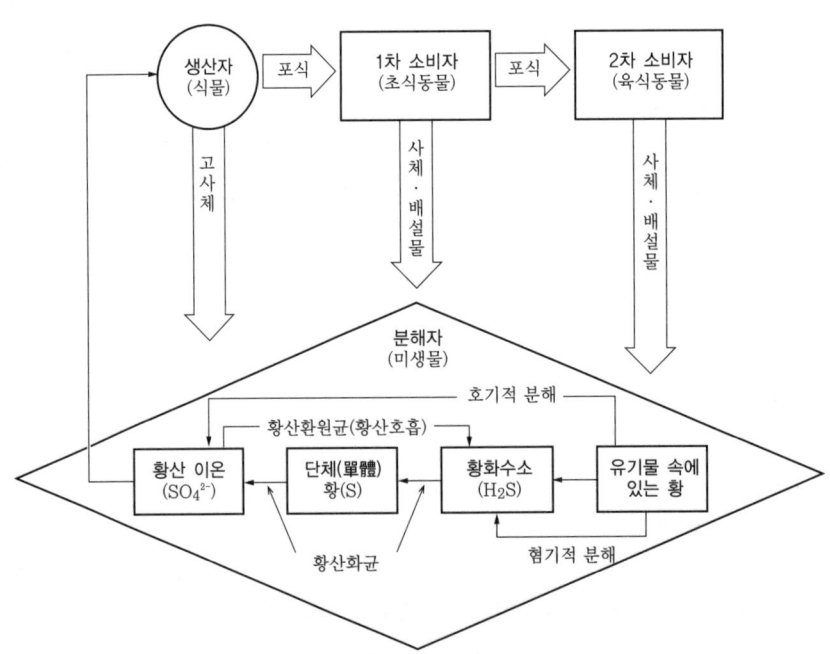

[그림 4.10] 생물권에서 황의 이동 경로

4.7.2 인간 활동이 미치는 영향은 무엇인가?

인간 활동이 황 순환에 미치는 영향으로는 화석연료의 연소에 따른 황화물 생성과 화
학비료(황산암모늄)의 생산 및 그 이용 등이 있습니다.

4.7.3 지구 전체에서의 관점

화산지대에서 황이 산출되는 것 외에 화산 가스, 온천, 광천 등에 황화수소, 이산화황,

황산 이온 등의 형태로 존재합니다. 존재량은 토양에 400mg/kg, 육수(陸水)에 4mg/l, 바닷물에 900mg/l 정도 포함되어 있습니다.

지구의 황 순환은 [그림 4.11]과 같습니다. 빗물로 하강하는 황의 이동 속도는 육상에서 0.65억 톤/년, 해양에서 2.31억 톤/년으로 추정되고 있습니다.

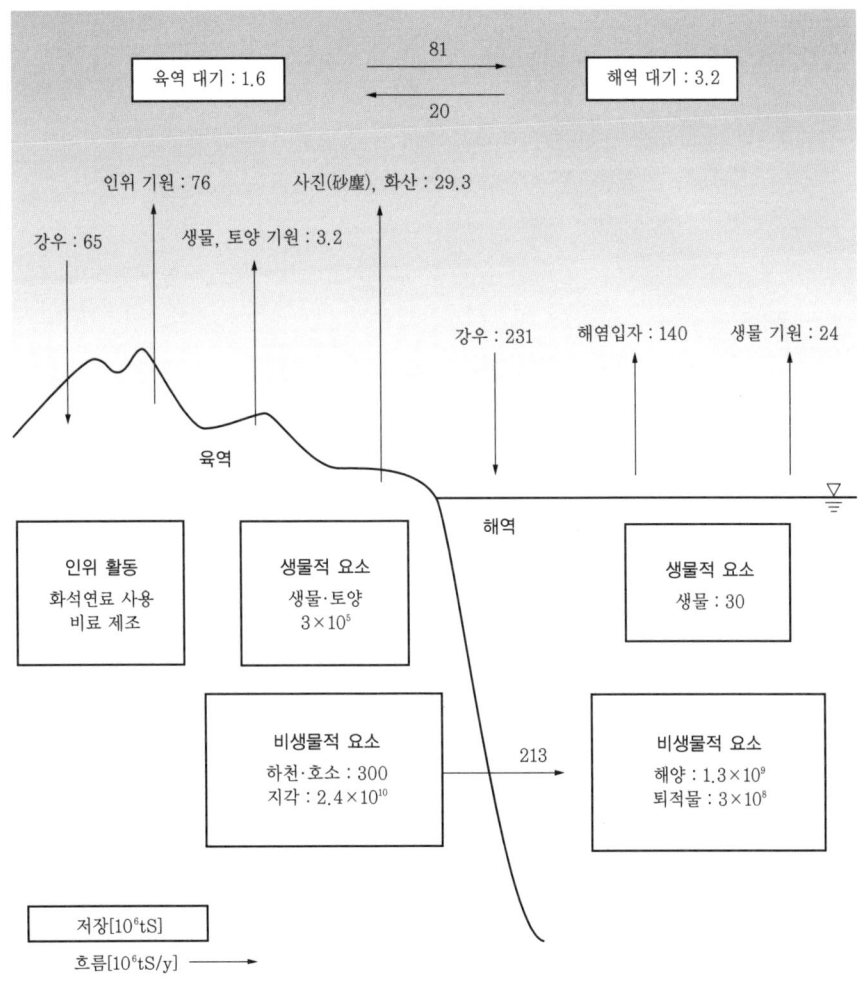

[그림 4.11] 지구의 황 순환

[일본국립천문대편 : 「이과년표 환경편」 제2판, p.300, 丸善(2006)]에 의해 작성

Q&A

Q.1 삼림에서 온난화 가스인 이산화탄소를 삭감할 수 있습니까?

A.1 나무가 광합성으로 이산화탄소를 고정시키기 때문에 식물의 성장량이 이산화탄소를 고정하는 양입니다.

Q.2 ppm이란 무슨 단위입니까?

A.2 농도를 나타내는 단위입니다. part per million의 약자로, 백만분의 1입니다. 덧붙여 말하면 ppb는 10억분의 1, ppt는 1조분의 1입니다.

Q.3 인간을 구성하고 있는 성분으로는 물 이외에 무엇이 있습니까?

A.3 단백질, 당질, 핵산, 지질(脂質) 등이 있습니다.

이 외에 인체에 포함되어 있는 원소의 수 순서대로 나열하면, 수소(63%), 산소(25.5%), 탄소(9.5%), 질소(1.4%), 칼슘(0.31%), 인(0.22%), 염소(0.08%), 이하 칼륨, 황, 나트륨, 마그네슘 순입니다.

Q.4 생물과 지구 환경의 변화는 물질 순환에 영향을 미칩니까?

A.4 영향을 미칩니다. 예를 들면, 지구가 온난화로 기온이 오르면 물의 증발량이 증가하고, 순환량도 증가합니다.

Q.5 온실효과 가스는 실험으로 발견한 것입니까?

A.5 기본적으로는 가스의 분자구조 등에서 이론적으로 추정하고, 그것을 실험으로 확인했다고 생각합니다.

Q.6 인간은 왜 97.4%나 되는 바닷물을 이용하고 있지 않습니까?

A.6 바닷물 담수화 기술은 있지만 비싼 것이 문제입니다. 오키나와현(沖繩縣)이나 연안제국(沿岸諸國) 등에서는 막기술(膜技術)에 따른 바닷물 담수화 계획이 있습니다.

Q.7 물과 탄소의 이동 속도는 어떻게 측정합니까? 또 에너지 흐름은 어떻게 조사합니까?

A.7 기본적으로는 야외에서 관측한 데이터를 기초로 산출합니다. 예를 들면, 물 순환은 강의 유량(流量), 강수량 등으로 산출합니다. 에너지 흐름에 대해서는 고체의 호흡률, 동화율, 성장률, 식물량, 배설물의 양 등을 측정함으로써 계산합니다.

Q.8 질소 순환에서 가장 중요한 것은 무엇입니까?

A.8 어려운 질문입니다. 무엇이 중요하냐에 따라 달라집니다. 물 처리 분야에서는 탈질과 질화가 중요합니다. 농업 분야에서는 질소 고정이라고 생각합니다.

연습문제

1. 지표 부근의 원소를 비율이 큰 순서대로 5가지 말해 보세요.
2. 생물을 구성하고 있는 원소 중 많은 것을 5가지 말해 보세요.
3. 생태계에서의 물질 순환을 생각하는 경우의 관점을 설명해 보세요.
4. 지구상의 물 순환에 대해 설명해 보세요.
5. 생태계에서 탄소 순환에 대해서 설명해 보세요.
6. 생태계에서 질소 순환에 대해서 설명해 보세요.
7. 생태계에서 인 순환에 대해서 설명해 보세요.
8. 생태계에서 황 순환에 대해서 설명해 보세요.

정리

☑ 지표면 부근의 원소의 존재 비율을 클라크수라고 하며, 지표면에 많은 원소는 산소, 규소, 알루미늄, 철의 순서대로 되어 있습니다.

☑ 생물체를 구성하는 기본 재료는 생체고분자(핵산, 단백질, 다당)이고, 원소의 관점에서는 탄소와 수소를 중심으로 질소, 산소, 인, 황을 구성원소로 하는 물질이 많습니다.

☑ 먹이사슬에 따라 일어나는 생태계에서의 물질 순환을 살펴보는 데 있어 가장 중요한 점은 생물의 관점, 인간 활동의 관점, 지구 전체에서의 관점입니다.

☑ 물, 탄소, 질소, 인, 황의 생태계에서 물질 순환의 개요를 설명했습니다.

 이 장의 목적

이 장에서는 생태계에 영향을 미치는 비생물적 요인에 대해 설명합니다. 또, 시간에 따라 생태계가 어떻게 변하는지에 대해서도 설명합니다.

5.1 생태계에서의 제한요인

생물은 환경의 온도와 습도 등 비생물적 요인의 영향을 받습니다. 예를 들면, 온도가 어느 정도 높으면 식물의 성장은 빨라지지만, 온도가 낮으면 식물의 성장은 느려집니다. 즉, 비생물적 요인에 따라 성장 속도와 적응할 수 있는 종(種)이 한정됩니다. 여기에서는 생태계 제한요인과 육역 생태계 및 수역 생태계에서의 제한요인의 예에 대해 설명합니다.

5.1.1 생태계에서의 제한요인

생태계에서의 제한요인이란 생태계의 상태(생물체량, 개체수, 생물종, 종류수 등)를 지배하고 있는 비생물적 요인으로, 주된 예는 다음과 같습니다.

- 온도
- 물(습도, 강수량, 적설량)
- 빛
- 염류(인, 질소, 칼륨, 미량 영양염(철 등), 염분 등)
- 흐름과 압력(바람, 물의 흐름, 수압)
- 토양
- 수질(용존산소, pH 등)

아래에 이들 제한요인을 육역 생태계와 수역 생태계로 나누어, 특히 중요한 제한요인에 대해 설명합니다.

5.1.2 육역 생태계에서의 제한요인의 예

육역 생태계에서의 주요 제한요인으로는 온도, 물, 토양이 있습니다. 특히, 온도와 물은 매우 중요합니다. 육역 생태계는 강수량과 기온, 즉 기후 구분과 깊이 관련되어 있고, 육상 생물군집은 크게 삼림, 소림(疎林)(소고목(小高木)이 주(主)이고, 드문 군집으로 잡초가 잘 자라고 있음), 저목림(저복이 우선), 초원, 툰드라, 사막 등의 상관(相觀)(식물군집의 외형적 양상)으로 나눌 수 있습니다. 기후 조건에 따라 나눈 가장 큰 생태계 단위를 바이옴(biome)이라고 합니다. 육역 생태계에서 온도와 물에 따른 바이옴 구분은 [그림 5.1]과 같습니다. 또 구체적인 세계의 바이옴 분포는 [그림 5.2]와 같습니다. 열대는 비가 많은 순으로 열대다우림, 열대계절우림, 열대초원(사바나)으로 되어 있습니다.

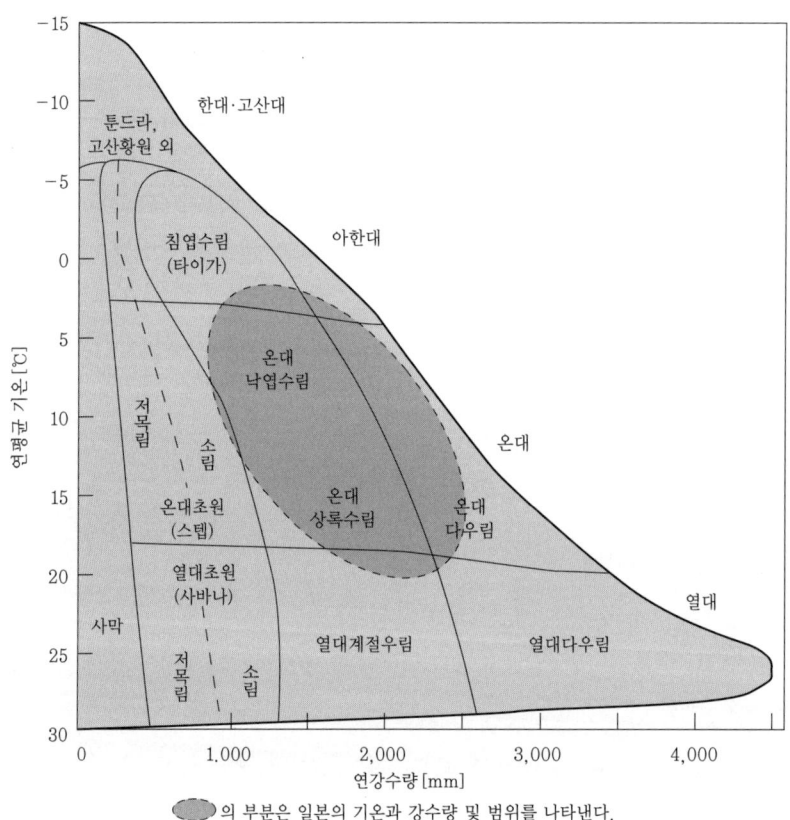

의 부분은 일본의 기온과 강수량 및 범위를 나타낸다.

[그림 5.1] 온도와 물에 따른 바이옴의 구분

[R.H.Whittaker : Communities and Ecosystems 2nd Ed., The Macmillan Company(1975)]

온대는 온대다우림, 온대상록수림, 온대낙엽수림, 온대초원(steppe)으로 되어 있습니다. 아한대는 침엽수림(taiga), 한대·고산대는 툰드라와 고산황원 등으로 되어 있습니다.

한편, 기온은 고도가 높으면 내려갑니다. 즉 해발이 높아지면 상관(相觀)도 변화합니다. 그 변화는 적도에서 극지를 향해 위도가 변화하는 것처럼 저지(低地)에서 고지(高地)로 향해도 변화합니다. 그 관계성을 모식적으로 나타낸 것이 [그림 5.3]입니다. 즉, 해발이 높아짐에 따라 위도가 높아지는 것과 같이 상관이 변화합니다. 적도 부근의 고산대와 일본의 야쿠섬(屋久島) 등에서 이러한 전형적인 변화를 볼 수 있습니다.

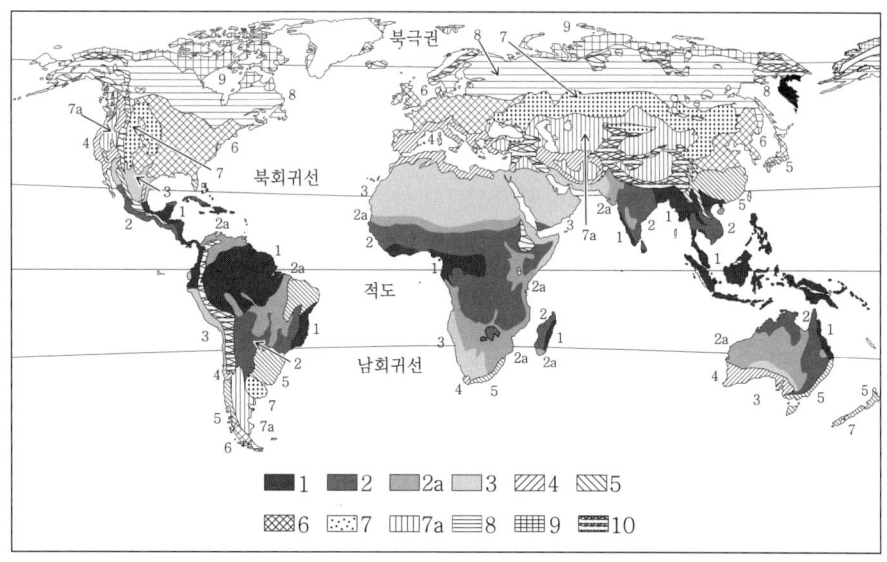

1 : 열대우림, 2 : 열대·아열대계절우림, 2a : 열대초원(사바나)·저목림, 3 : 열대·아열대 사막, 4 : 경엽수림,
5 : 난온대 상록광엽수림, 6 : 냉온대 낙엽광엽수림, 7 : 온대초원(스텝, 프레리 등), 7a : 온대·한대 사막, 황원,
8 : 아한대 침엽수림(타이가), 9 : 툰드라, 10 : 고산식생

[그림 5.2] 세계의 바이옴 분포

[H. Walter : Die Vegetation der Erde in Öko-physiologischer Betrachtung. Band 2.
Die Gemassigten und Arktischen Zonen, Gustav Fisher Verlag(1964)]

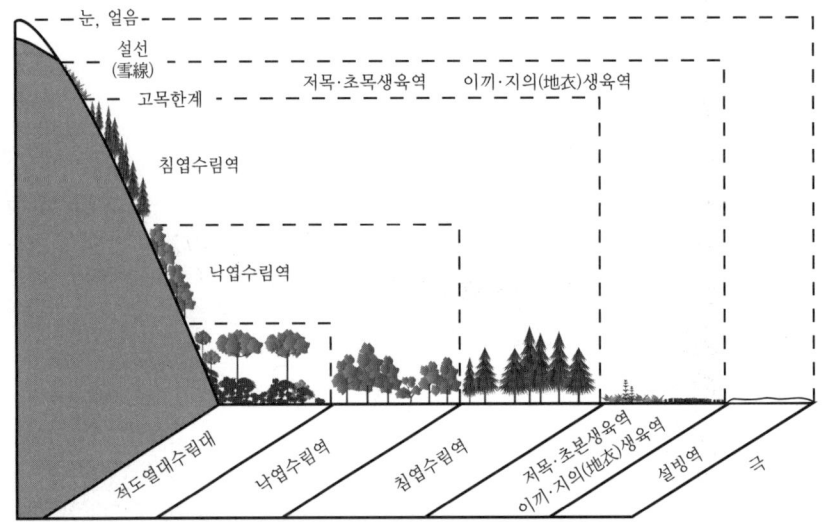

[그림 5.3] 위도와 고도에 따른 식물 분포

▶▶ 야쿠섬의 식생 수직 분포 ◀◀

야쿠섬(屋久島)은 세계 자연 유산으로 등록되어 있는 해발 2,000m의 산악섬(山岳島)으로, 수직 분포는 아열대부터 아고산대까지 명료한 식물상으로 되어 있습니다.

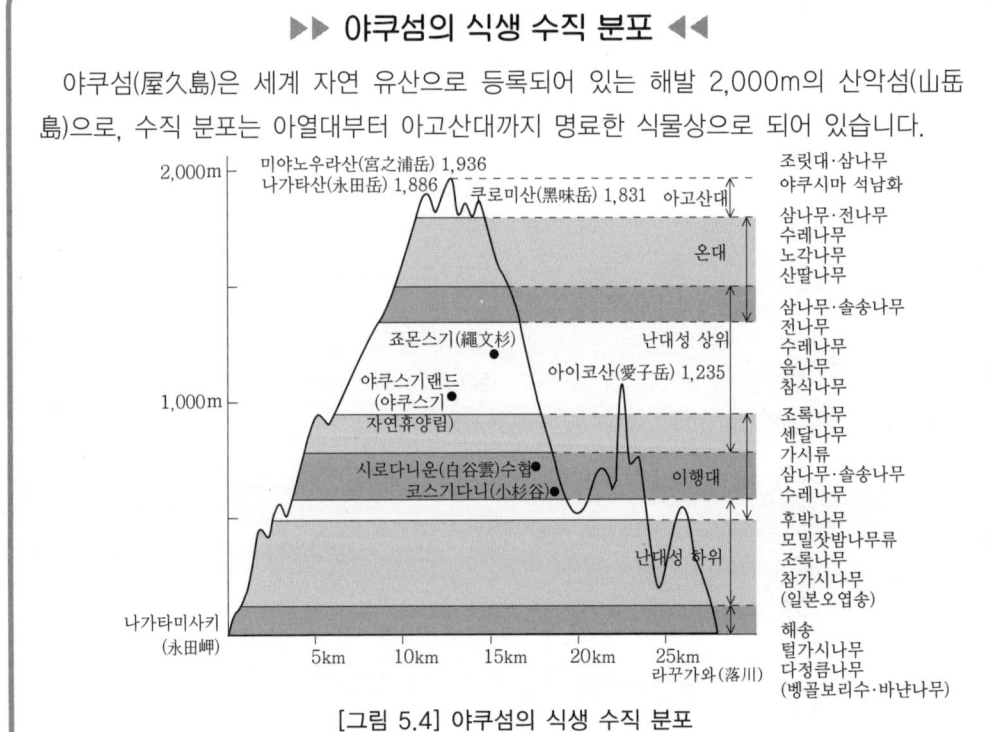

[그림 5.4] 야쿠섬의 식생 수직 분포

5.1.3 수역 생태계에서의 주요 제한요인의 예

(1) 빛

수역 생태계의 중요한 제한요인으로 빛이 있습니다. 수역에서의 생산은 주로 식물 플랑크톤 등에 따르지만, 빛은 수중을 투과할 때 람베르트-비어(Lambert-Beer) 법칙에 따라 지수함수적으로 감소합니다. 여기에서 식물 플랑크톤의 총생산량과 호흡량이 같아지는(순생산량이 0) 빛의 강도를 보상점(補償点), 이때의 수심을 보상심도(補償深度)라고 합니다[그림 5.5]. 보상점에서는 생산된 유기물 전부가 식물 플랑크톤의 호흡으로 사용됩니다. 이 때문에 외관상 유기물의 생산량은 0이 됩니다.

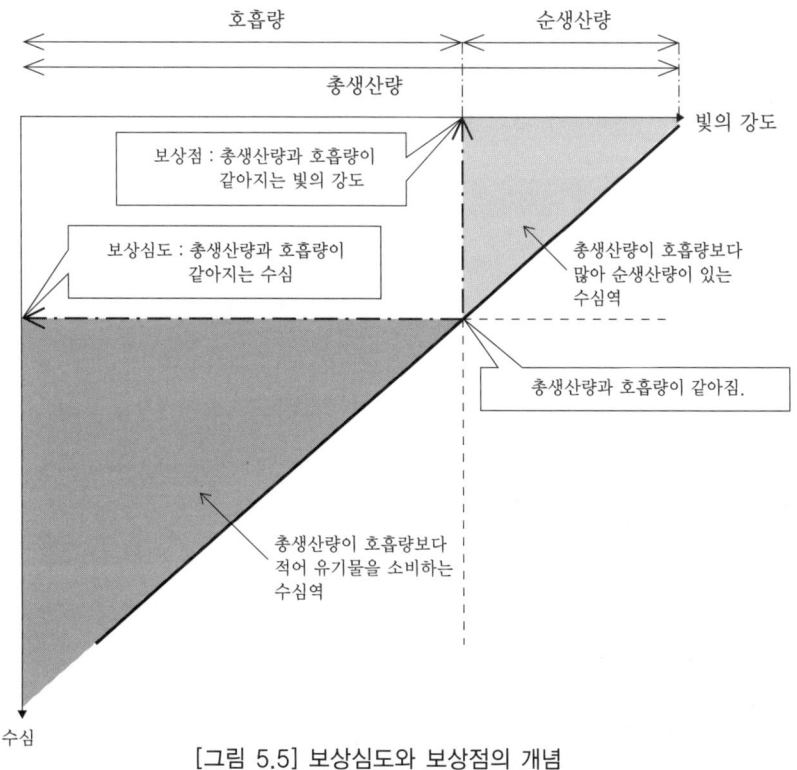

[그림 5.5] 보상심도와 보상점의 개념

> ## ▶▶ 람베르트-비어(Lambert-Beer) 법칙에 대해서 ◀◀
>
> 순용매를 투과한 빛의 강도를 I_0, 이에 용질을 더해 농도 C용액으로 만들었을 때의 투과광의 강도를 I라고 하면, 다음의 관계가 성립합니다.
>
> $$\log(I_0/I) = \varepsilon Cd$$
>
> 단, d는 빛이 투과하는 용액층의 두께, ε는 물질과 파장만으로 결정되는 흡광계수 (吸光係數)입니다.

(2) 염류

염류(영양염류)는 식물 플랑크톤이 성장하는 데 없어서는 안 될 원소입니다. 특히 인과 질소는 중요합니다. 인에 대해서는, 외양(外洋)의 인 농도는 $0.07\text{mg}/l$ 정도, 많은 호소와 하천의 인 농도는 $0.1\text{mg}/l$ 이하로, 외양과 호소 등의 식물이나 미생물의 증식과 대사 (代謝)는 인에 의해서 제한되는 경우가 많습니다. 질소에 대해서는 일반적으로 수역의 질산 이온과 암모늄 이온으로서의 질소의 농도가 낮기 때문에 식물과 미생물에게 제한요인이 되는 경우가 있습니다. 질소와 인의 농도비를 N/P비라고 합니다. 생물체의 일반적인 N/P비는 약 16 : 1이고, 하천 속의 N/P비는 약 28 : 1입니다. 이 때문에 하천 속에서는 1차 생산을 대부분 인의 제한이라고 합니다. 즉, 인의 농도에 따라 식물 플랑크톤의 증식량이 결정되는 것을 의미합니다.

(3) 수질과 생물상의 관계

수역에서는 깨끗한 물에서만 생식할 수 있는 생물이 있는 것과 같이 수질에 따라 생식하는 생물상이 다릅니다. 이 때문에 수질도 제한요인이 되며, 생물상에 따른 수질의 판정 등으로도 이용되고 있습니다. 예를 들면, 하천의 오염 상황을 판정하기 위해 4단계의 방법이 있습니다. 수질이 깨끗한(유기물의 오탁이 적은) 순서에 따르는 빈부수성(貧腐水性), β중부수성(中腐水性), α중부수성(中腐水性), 강부수성(强腐水性)의 단계입니다. 이는 [표 5.1]과 같습니다. 용존산소는 이 순서대로 줄어들고, 동물의 다양성도 이 순서대로 낮아집니다. 박테리아 수는 이 순서와 반대로 많아집니다. 이와 같이 수질의 상태에 따라 살고 있는 생물상도 달라집니다.

[표 5.1] 오수 생물계열의 각 단계의 특징

	강부수성 수역	α중부수성 수역	β중부수성 수역	빈부수성 수역
화학적 과정	환원 및 분해로 인한 부패현상이 현저하게 일어남.	수중 및 저니(底泥)의 산화과정이 나타남.	산화과정이 더욱 진행됨.	산화하지 않고 무기화가 완성된 단계
용존산소	전혀 없지만 있더라도 극히 적음.	꽤 있음.	꽤 많음.	많음.
BOD	항상 몹시 높음.	높음.	꽤 낮아짐.	낮음.
H_2S의 형성	대체로 인정됨 : 강한 황화수소 냄새가 남.	강한 황화수소 냄새는 없어짐.	없음.	없음.
수중 유기물	탄소화합물 및 고분자 질소화합물, 특히, 단백질, 폴리펩티드 및 그 고차 분해산물이 풍부하게 존재	고분자 화합물의 분해로 인한 아미노산이 풍부하게 존재	지방산 암모니아화합물이 많음.	유기물은 분해되고 있음.
저니(底泥)	흑색의 황화철이 가끔 존재 : 저니는 흑색	황화철이 산화되어 수산화철이 되기 때문에 저니는 처음에 흑색을 나타냄.		저니가 대부분 산화되고 있음.
수중 박테리아	대량으로 존재 : 때때로 1cc당 100만 이상도 있음.	박테리아 수는 아직 많음 : 통상 1cc당 10만 이하	박테리아 수 감소 : 1cc당 10만 이하	적음 : 1cc당 100 이하
생식생물의 생태학적 특징	동물은 거의 예외없이 박테리아 섭식자 ; pH의 변화에 강하게, 소량의 산소라도 견디는 혐기성 생물 ; 전부 부패독, 특히 H_2S 및 NH_3에 대해 강한 저항성을 가짐.	동물은 박테리아 섭식자가 아직 우점적이지만, 육식동물도 증가함 ; 전부 pH 및 산소의 변화에 대해 높은 적응성을 나타냄 ; NH_3에 대해서는 대체로 저항성을 갖지만, H_2S에 대해서는 꽤 약한 것이 있음.	pH의 변동 및 산소의 변동에 몹시 약함 ; 부패독에 장기간 견디지 못함.	부패성 오탁에 약함, pH의 변동, 용존산소의 변화에 약함 ; 부패 산물, 특히 H_2S에 견디지 못함.
식물	규조, 녹조, 접합조 및 고등식물은 출현하지 않음.	조류가 대량으로 발생 : 남조, 녹조, 접합조, 규조가 출현	규조, 녹조, 접합조의 많은 종류가 출현, 고조류(鼓藻類)는 여기가 주요 분포역	수중조류는 적음 : 단, 착생조류는 많음.
동물	극미한 것이 주이고, 원생동물이 우세	아직 극미한 것이 대다수를 차지함.	다종, 다양해짐.	다종, 다양
원생동물	아메바류, 편모충류, 섬모충류가 출현 ; 태양충류, 쌍편모충류, 흡관충류는 출현하지 않음.	태양충, 흡관충류가 조금씩 나타남 ; 쌍편모충은 아직 나오지 않음.	태양충, 흡관충류의 오탁에 약한 종류가 출현 ; 쌍편모충류도 출현	편모충, 섬모충류는 소수 나타날 뿐임.
후생동물	바퀴벌레, 연형동물, 곤충의 유충이 소수 출현하는 정도 ; 히드라 담수해면, 선태(蘚苔)동물, 소형 갑각류, 조개류, 어류는 서식하지 않음.	담수해면 및 선태동물은 아직 출현하지 않음 ; 조개류, 갑각류, 곤충이 출현, 어류 중 잉어, 붕어, 메기는 이곳에도 생식함.	담수해면, 선태동물, 히드라, 조개류, 소형 갑각류, 곤충의 다종다양이 출현 ; 양생류 및 어류도 다종류가 출현	곤충 유충의 종류가 많음 ; 그 외에 각종 동물이 출현

[津田松苗 : 「오수생물학」, p.70~71, 北隆館(1964)]

5.2 ┃ 생태계의 천이

시간에 따라 생태계는 어떻게 변화할까요? 여기에서는 거대한 생태계의 예로, 육역생태계와 미소생태계 천이를 들어 마이크로코즘의 천이에 대해 설명합니다.

5.2.1 육역 생태계의 천이(遷移)와 극상(極相)

(1) 식생 변화

육역 생태계의 어느 일정한 장소에서 볼 수 있는 식생의 변천을 생태천이(生態遷移)라고 합니다. 생태천이의 예로서 화산의 분화로 생긴 용암의 평원을 사례로 그 변화를 봅시다. [그림 5.6]과 같이 용암 위에서 이끼식물과 지의류가 출현하고, 토양이 형성되면서 초본식물, 저목류, 양성 고목류(양수(陽樹) : 모종이 성장하는 데 직사광선을 필요로 하는 목본), 음성 고목류(음수(陰樹) : 음지에서 적은 빛이라도 생육할 수 있는 수목)로 변화합니다. 가장 안정한 상태를 극상(極相 : 클라이맥스)이라고 합니다.

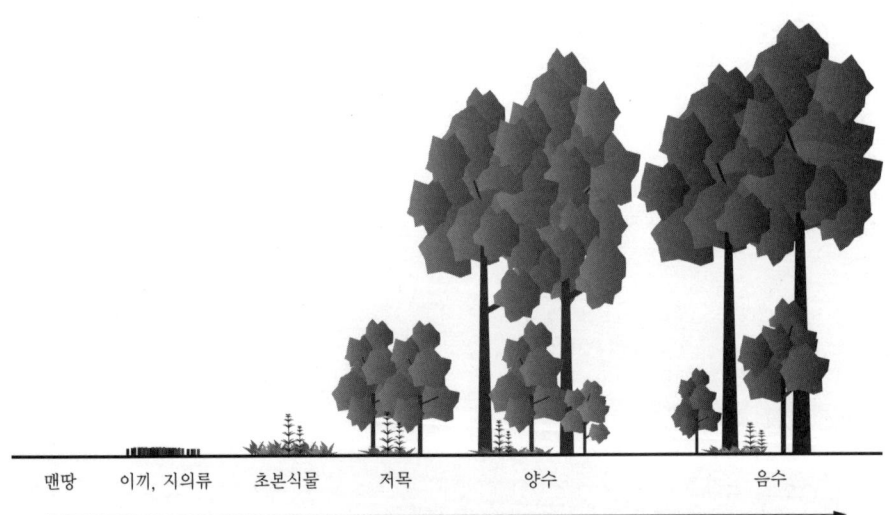

| 맨땅 | 이끼, 지의류 | 초본식물 | 저목 | 양수 | | 음수 |

천이의 흐름(시간의 흐름)

[그림 5.6] 생태천이의 흐름

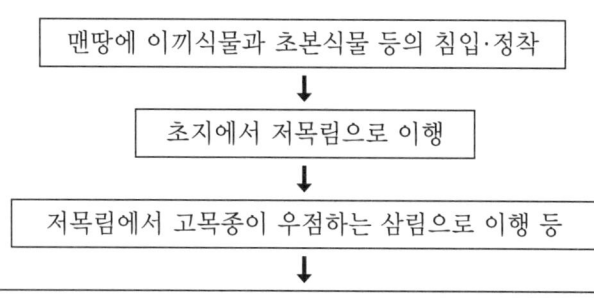

(2) 1차 천이와 2차 천이

천이에는 1차 천이와 2차 천이가 있습니다. 1차 천이란 용암류와 빙하 퇴적물 등과 같이 생물 활동을 거의 하지 않는 새롭게 형성된 기질상에서 시작하는 천이입니다. 2차 천이란 이미 존재하고 있던 식생이 인간이나 화재, 토사 붕괴 등으로 인해 교란된 장소에서 일어나는 천이입니다. 1차 천이와 2차 천이의 차이점은 초기 조건의 차이입니다. 즉 2차 천이에서는 질소 등의 영양분을 포함한 토양이 형성되어 있다는 점과 교란 이전에 그 곳에 생육하고 있던 식물의 종자와 뿌리, 줄기 등이 존재하고 있다는 점입니다. 한편, 1차 천이에서는 영양분을 포함한 토양과 식물의 종자 등이 존재하지 않는다는 점입니다.

다음으로, 천이 단계에서 종의 특징에 대해 검토해 봅시다. 천이의 초기 단계에 출현하는 것은 분산 능력이 높고, 수분이나 양분 등이 결핍된 엄격한 환경에 견딜 수 있는 종에 한합니다. 수목(樹木)을 예로 들면 양수(陽樹)는 비교적 빨리 출현합니다. 그 이유는 양수는 바람과 새에 의해 옮겨지는 소형 종자를 가지고, 새로운 장소로 빨리 흩어지고, 밝은 환경에서 빨리 성장하는 성질을 가지기 때문입니다. 구체적인 예로는, 난온대에서는 예덕나무와 머귀나무, 냉온대에서는 자작나무 등이 전형적인 양수입니다. 한편, 음수(陰樹)는 비교적 큰 종자를 가지며, 내음성에 뛰어나 경쟁력이 강하기 때문에 서서히 양수와 바뀌고, 천이의 최종 단계의 주역이 됩니다. 난온대에서는 구실잣밤나무와 떡갈나무류가, 냉온대에서는 너도밤나무류가 전형적인 음수입니다. 그리고 질소 고정균과 공생하고 있는 식물은 영양분이 적은 천이의 초기 단계에서도 생육할 수 있습니다.

(3) 천이에 따른 환경 형성 작용

천이에 따라 비생물적 요소의 변화도 일어납니다. 예를 들면, 식생의 천이에 따라 토양의 층상구조가 발달하고, 공간적인 이질성이 증가하며, 여러 종류의 토양동물이 생식할

수 있게 됩니다. 또한 천이에 따라 식물의 계층구조가 발달한 삼림으로 이행하고, 생식
가능한 동물의 종수는 증가합니다. 또, 나무의 종류와 삼림의 엽층의 분포가 다양해지고,
여러 가지 조건에서 생식할 수 있는 조류(鳥類) 등 동물종도 다양해집니다. 이것은 조류
등의 동물이 종마다 먹이를 구하는 장소가 다르기 때문입니다.

5.2.2 수역의 천이와 극상

호소나 습원 등의 수역은 시간이 지나면서 육지화되고, 초원을 지나 삼림이 됩니다.

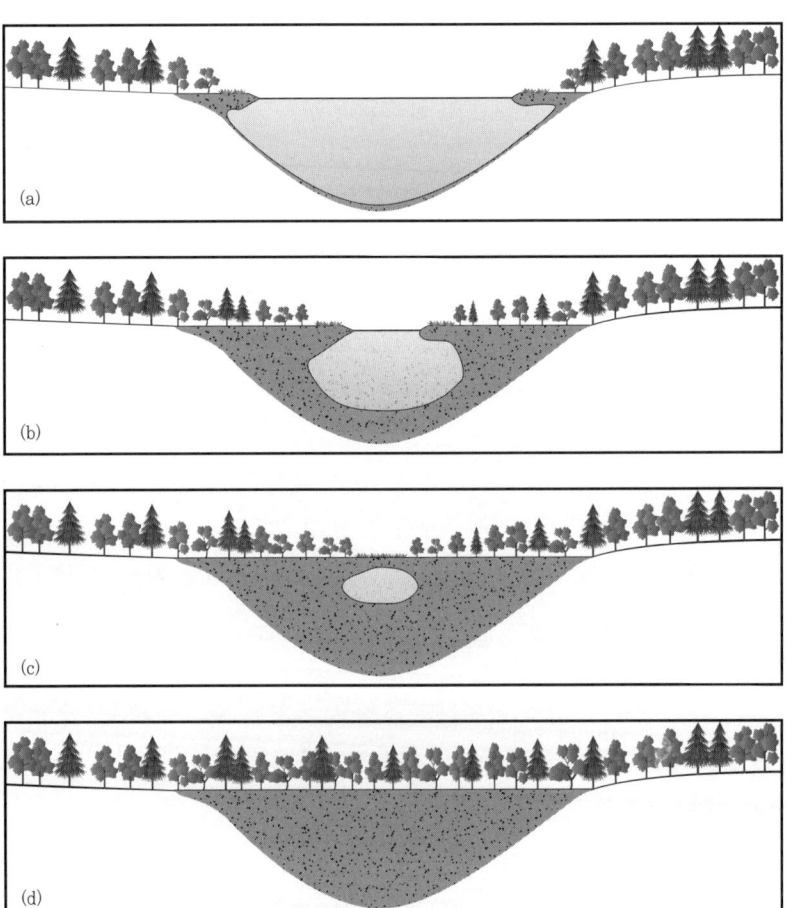

[그림 5.7] 호소의 천이

　수역의 천이는 [그림 5.7]과 같이 수역이 유수역(流水域)에서 정수역(靜水域)으로 변하면서 점점 메워집니다. 그 체제는 수초 등의 수생식물로 인한 생산량이 분해량을 넘으면 수초의 식물체가 축적되고 호저에 쌓입니다. 또 수역에서 유입된 흙모래도 퇴적됩니다. 이 과정은 자연계 본래의 부영양화 현상입니다. 그래서 호수는 습원이 되고, 결국은 삼림이 됩니다. 하천, 호소 등의 육지에 있는 수역 생태계는 천이의 도중(途中)이라 하여, 머지않아 하천과 호소도 육지화된다고 생각할 수 있습니다.

▶▶ 인위적인 부영양화란? ◀◀

　인위적인 부영양화란 인간 활동에 따라 질소나 인 등의 영양염류를 폐쇄성 수역에 배출하여, 폐쇄성 수역에서의 영양염류의 농도가 상승하고, 급격하게 부영양화를 진행시키는 것입니다. 부영양화 현상이 발생하면, 호소에서는 청분(靑粉)이나 담수 적조가 생기거나, 해역(내만)에서는 적조나 청조(靑潮) 등이 생깁니다. 이 현상에 따라 수돗물에 이취미(異臭味)가 생기거나 경관이 악화되거나, 어류가 사멸해버리기도 합니다.

5.2.3 마이크로코즘(microcosm)의 천이

　마이크로코즘이란 미생물 생태계 중의 하나입니다. 마이크로코즘을 만드는 방법은 다음과 같습니다. 플라스크 안에 물을 넣고, 그 속에 세균의 배지(培地)로 사용되는 영양원인 펩톤을 넣습니다. 그리고 이 플라스크를 24℃ 정도의 상태로 유지하고, 그 안에 야외에서 가져온 물(많은 미생물이 살고 있는)을 조금 넣습니다. 그리고 12시간 동안 형광등 빛을 쐬고, 12시간 어두운 곳에 놓아둡니다. 즉, 밤낮을 인공적으로 만들어내는 것입니다. 이렇게 하면 미생물은 어떻게 변화할까요? 마이크로코즘의 생물상(生物相) 변화는 다음 순서대로 변화합니다. 변화된 모습은 [그림 5.8]과 같습니다.

① 2일째, 박테리아가 번식하고 백탁현상이 일어납니다. 이것은 박테리아가 영양원인 펩톤에 의해 급속하게 증식하는 것입니다.
② 4일째, 탁하던 것이 옅어지고, 편모를 가진 원생동물이 발생합니다. 원생동물이 박테리아를 영양원으로 증식하기 때문에 박테리아 양이 감소하고, 박테리아로 인한 백탁은 옅어집니다.

③ 또, 며칠이 지나면 원생동물의 수가 감소합니다. 이것은 먹이(영양원)인 박테리아가 감소하기 때문입니다. 그 대신에 클로렐라가 번식하고, 물이 녹색으로 변합니다. 클로렐라는 광합성에 의해 성장할 수 있기 때문입니다.

④ 반 개월 정도 되면 클로렐라가 많이 번식하여 녹색이 진해집니다.

⑤ 이때쯤 플라스크 아래에 남조가 증가합니다. 이에 따라 클로렐라의 번식은 멈춥니다. 이것은 클로렐라와 남조의 종간경쟁으로 빛과 영양염류를 쟁탈하기 때문입니다.

⑥ 1개월 정도 지나면 플라스크 안에 바퀴벌레가 나타납니다. 바퀴벌레는 클로렐라와 남조 등의 조류를 영양원으로 하기 때문입니다.

⑦ 그 이후에는 박테리아, 원생동물, 클로렐라, 남조, 바퀴벌레 수는 일정해지고, 반년 이상 이 상태가 지속됩니다. 이것은 각각의 생물이 균형을 가지고 공생하고 있기 때문입니다.

⑧ 반년이 지나면 생물의 수는 서서히 줄어듭니다. 이것은 생물의 배설물이 환경을 오염시켜, 생물의 생육을 방해하고 생물을 죽게 만들기 때문입니다.

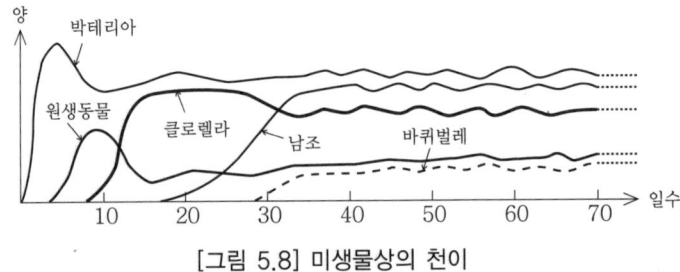

[그림 5.8] 미생물상의 천이

Q&A

Q.1 빛이 없는 심해에 어떻게 생태계가 성립되어 있는 것일까요?

A.1 표층에서의 생물의 사체 등이 영양원이 되어 생물이 살 수 있습니다.

Q.2 인공 광합성은 가능합니까?

A.2 「인공 광합성 시스템으로 가시광에 의한 물의 완전분해에 세계에서 처음으로 성공」 (http : //www.aist.go.jp/aist_j/press_release/pr2001/pr20011206_2/ pr20011206_2.html)을 참조해 주세요.

Q.3 동물은 왜 빛이 없어도 살 수 있습니까?

A.3 식물이 만들어낸 유기물을 포식하면서 살고 있기 때문입니다. 단기간이라면 살 수 있지만, 장기간 동안 빛이 없으면 식물은 사멸하고, 결국은 동물도 음식물이 없어져 사멸합니다.

Q.4 N/P비가 왜 중요합니까?

A.4 식물 플랑크톤 성장의 제한요인이 질소인지, 인인지를 판정하는 데 사용합니다. N/P비가 대체로 16보다 크면 인 제한이고, 16보다 작으면 질소 제한입니다.

Q.5 빛 이외의 수역생태계의 제한요인은 무엇입니까?

A.5 유속, 수심, 영양염류 등입니다.

Q.6 동물의 몸 성분에서 질소의 비율은 1~10%이지만, 인간의 경우 몇 %입니까?

A.6 인간의 경우 1.4%입니다.

Q.7 천이를 의도적으로 컨트롤하면, 삼림이나 동물을 늘릴 수 있다고 생각하는데 어떻습니까?

A.7 인위적으로 생태계를 컨트롤하고 있는 예는 마을 야산입니다.

Q.8 빛이 없는 동굴에서 식물은 번식할 수 없습니까?

A.8 빛이 없으면 식물은 살 수 없습니다.

Q.9 열대우림과 조엽수림의 차이의 요인은 무엇입니까?

A.9 온도, 강수량, 일조 시간 등입니다.

연습문제

1. 생태계의 제한요인에 대해서 설명해 보세요.
2. 바이옴(biome)이란 무엇인지 설명해 보세요.
3. 수역에서의 보상점과 보상심도에 대해서 설명해 보세요.
4. 육역의 생태천이에 대해 설명해 보세요.
5. 1차 천이와 2차 천이의 차이점을 설명해 보세요.
6. 호소나 습원 등의 수역의 천이에 대해서 설명해 보세요.

정리

☑ 생태계의 제한요인이란 생태계의 상태(생물체량, 개체수, 생물종, 종류수 등)를 지배하고 있는 비생물적 요인으로, 온도, 물(습도, 강수량, 적설량), 빛, 염류 등을 말합니다.

☑ 육역 생태계는 강수량과 기온, 즉 기후 구분과 깊이 관련되어 있습니다.

☑ 기후 조건(기온, 강수량 등)에 따라 나눈 가장 큰 생태계의 단위를 바이옴이라고 합니다.

☑ 수역 생태계의 중요한 제한요인으로는 빛이 있으며, 식물 플랑크톤의 총생산량과 호흡량이 같아지는(순생산량이 0) 빛의 강도를 보상점, 이때의 수심을 보상심도라고 합니다.

☑ 인, 질소 등의 염류(영양염류)는 식물 플랑크톤의 성장을 위해 반드시 필요한 원소입니다.

☑ 어느 일정한 장소에서 볼 수 있는 식생의 천이를 생태천이(生態遷移)라고 합니다.

☑ 생태천이에서 가장 안정한 상태를 극상(極相 : 클라이맥스)이라고 합니다.

☑ 1차 천이란 용암류나 빙하 퇴적물 등과 같이, 생물 활동을 거의 볼 수 없는 새롭게 형성된 기질상에서 시작하는 천이입니다.

☑ 호소나 습원 등의 수역은 시간이 지나면 머지않아 육지화되고, 초원을 지나 삼림이 됩니다.

── 이 장의 **목적** ──

이 장에서는 인간 활동이 관여하고 있는 생태계인 도시생태계와 농지생태계를 골라 각각의 특징을 설명합니다. 다음으로 인간 활동에 기인하는 환경문제의 전체상에 대해 설명합니다. 특히 자연생태계와 관계있는 환경문제인 종(種)의 멸종, 생물다양성의 감소, 외래종(이입종)의 문제, 화학물질이 생태계에 미치는 영향에 대해서 설명합니다.

6.1 인간 활동이 관여하는 생태계

자연생태계에 인간의 손이 닿은 생태계를 예로 들면 도시생태계와 농지생태계가 있습니다. 이들 생태계에서는 인간의 활동에 따라 새로운 물질과 에너지 흐름이 생깁니다.

6.1.1 도시생태계

도시란 인구가 집중되어 있고 정치, 행정, 경제라는 인간 활동이 모인 곳으로, 도시생태계의 특징은 다음과 같습니다.

- 도시생태계는 인간 활동에 따른 물질과 에너지를 포함하고, 인간 및 생물적 요소의 구조적, 기능적인 면을 합친 것이다.
- 인간이 자연을 개변하고 인공화시킨다.
- 도시에는 각지에서 다량의 물질과 에너지, 그리고 정보가 모인다.
- 도시는 자립할 수 없고, 외부와의 물질과 에너지의 상호관계가 전제되며, 자기 완결을 할 수 없다.
- 인간 활동과 도시의 기능을 유지하기 위해서는 다량의 물질과 에너지가 필요하다.
- 도시생태계의 생물상의 특징은 자연생태계에 비해 종류 수가 적고, 생물다양성이 낮으며, 귀화(歸化) 동식물 등 도시 특유의 종이 출현하는 것이다.

6.1.2 농지생태계

농지는 인간에게 음식물을 공급하는 데 없어서는 안 될 존재입니다. 다만, 자연을 개변하여 농지를 개발하고, 농작물을 생산하는 것은 본래의 자연생태계와는 다릅니다. 농지생태계의 특징은 다음과 같습니다.

- 농지는 삼림과 초원생태계의 생산층을 인위적으로 제거한 장소이기 때문에 천이의 극히 초기 단계라고 할 수 있다.
- 농지에 식재한 초본과 과수 등의 품종은 생장이 빠르고, 가식부(可食部)의 비율이 크며, 자란 키(높이)가 낮은 것이 특징이다.
- 재배는 비료와 농약의 대량 살포를 전제로 하고 있다.
- 농작업의 대부분은 농지의 천이를 정지시키기 위해 쓰인다. 예를 들면, 밭갈이나 제초제를 뿌리는 것은 정착한 초목 등을 제거하는 것이고, 살균제나 살충제를 뿌리는 것은 먹이 사슬을 끊어 천이를 정지시키는 것이다.
- 수확량을 증가시키기 위해서 비료, 농약, 기계력이 투입되고 있다. 예를 들면, 근대 농업은 수확량을 2배로 만들기 위해 비료와 농약, 기계력을 10배 투입하고 있다. 따라서 수확량을 4배, 8배로 만들기 위해서는 비료 등을 각각 100배, 1,000배로 투입해야 한다.

6.2 인간 활동에 기인하는 환경문제

6.2.1 환경문제 발생의 메커니즘

환경문제의 전체상으로서, 환경문제 발생의 근본적인 원인과 그 체제는 [그림 6.1]과 같습니다. 인간은 토지를 개변하여 도시, 농지 등으로 인간 활동의 범위를 확대하고 있습니다. 또, 산업혁명 이후 급속하게 진행된 산업 활동에 따라 공업제품과 농작물을 대량 생산하고 있습니다. 또한 자동차, 철도, 항공기 등의 교통 수단의 발달로 물자의 이동량이 증가함과 동시에 일상생활에서도 물질과 에너지를 대량 소비하고 있습니다. 이와 같은 인간 활동에 따라 토지 개변이 진행되어, 지금까지의 자연생태계는 파괴되고, 그와 함께 삼림파괴, 종의 멸종, 생물다양성 감소 등의 환경문제가 발생하고 있습니다. 또, 물질 순환의 관점에서는 대기오염물질, 수질오탁물질, 화학물질 등의 환경오염물질의 배출과 폐기물이 증대하고, 기존의 물질 순환에 영향을 주어 대기오염, 수질오탁, 화학물질오염 등이 발생하고 있습니다.

- 토지 개변(도시, 농지 등 인간 활동 범위의 확대)
- 산업 활동(공업과 농업에 따른 대량 생산)
- 이동, 교통(이동량의 증대)
- 일상생활(물적 풍부함의 증대와 함께 대량 소비)

토지·지형의 개변
- 자연생태계의 파괴 → 삼림파괴, 종의 멸종, 생물다양성의 감소
물질 순환
- 대기오염물질, 수질오탁물질, 화학물질 등의 환경오염물질의 배출, 폐기물의 증대
  → 기존의 물질 순환에 영향을 줌 → 대기오염, 수질오탁, 화학물질오염 등
에너지
- 에너지 소비의 증대 → 태양 에너지 이상의 양을 사용(화석연료, 원자력)
  → 에너지 흐름의 증대 → 지구온난화, 열섬 현상 등

[그림 6.1] 환경문제 발생의 근본적인 원인과 그 체제

에너지 흐름의 관점에서는 에너지 소비가 증대하고, 태양 에너지 이상의 에너지량을 사용(화석연료, 원자력)함에 따라 에너지 흐름이 증대하고 있습니다. 그 부작용으로 이산화탄소 등의 온실효과 가스 농도가 상승하고, 지구온난화가 진행되고 있습니다. 또 도시부에서는 에너지 배출량이 증가함에 따라 열섬 현상이 문제되고 있습니다.

6.2.2 환경문제 구분

현재, 환경문제라고 불리는 것으로는 [표 6.1]과 같은 문제가 있습니다. 지구환경문제는 지구 규모의 환경문제가 있고, 지구온난화, 오존층 파괴, 해양오염, 야생생물종의 감소, 유해폐기물의 국경 이동, 산성비, 사막화, 열대림의 감소가 있습니다. 자연환경문제는 자연생태계와 관련된 문제로 자연생태계 파괴, 생물다양성의 감소, 종의 멸종, 외래종 등이 있습니다. 생활환경문제는 인간의 생활환경과 관련된 문제로, 이른바 공해라고 불리는 문제로서 대기오염, 수질오탁, 토양오염, 소음, 진동, 지반 침하 및 악취 등을 들 수 있습니다. 화학물질문제는 인간이 만들어낸 화학물질로 인한 환경문제로 다이옥신, 석면, 내분비교란물질(환경 호르몬) 등을 들 수 있습니다. 폐기물 문제는 인간의 산업 활동과 함께 발생하는 필요 없는 물질에 관한 문제이고, 법률적으로는 산업폐기물, 일반폐기물로 분류됩니다.

특히, 생태계와 깊게 관련된 환경문제로는 [표 6.1]의 진한 글씨로 나타낸 지구온난화, 오존층의 파괴, 해양오염, 야생생물종의 감소, 유해폐기물의 국경 이동, 산성비, 사막화, 열대림의 감소, 자연생태계의 파괴, 생물다양성의 감소, 종의 멸종, 외래종, 내분비교란물질(환경호르몬) 등을 들 수 있습니다.

이들 환경문제의 카테고리를 영향범위와 영향기간에 따라 구분한 것이 [표 6.2]입니다 (p.3의 [그림 0.3] 참조). 예를 들면, 지구온난화와 같은 지구환경문제의 영향범위는 지구 전체이고, 이는 후세에까지 영향을 미칠 수 있습니다. 자연환경문제는 일반적으로 그 영향범위가 지역적이고, 영향기간은 지구환경문제와 비교하면 비교적 단기라고 할 수 있습니다. 생활환경문제는 소음문제와 같이 영향범위와 기간이 다른 환경문제와 비교하면 짧다고 할 수 있습니다. 화학물질문제는 화학물질의 특성에 따라 영향범위와 영향기간이 다릅니다. 폐기물 문제는 물질의 이동과 관련되기 때문에 생활환경문제보다 영향범위가 넓다고 할 수 있습니다.

[표 6.1] 환경문제

구 분	구체적인 예
지구환경문제	**지구온난화, 오존층 파괴, 해양오염, 야생생물종의 감소, 유해폐기물의 국경이동, 산성비, 사막화, 열대림 감소**
자연환경문제	**자연생태계의 파괴, 생물다양성의 감소, 종의 멸종, 외래종 등**
생활환경문제	대기오염, 수질오탁, 토양오염, 소음, 진동, 지반 침하 및 악취 등
화학물질문제	다이옥신, 석면, **내분비교란물질(환경호르몬)** 등
폐기물 문제	산업폐기물, 일반폐기물

주) 진한 글씨는 특히 자연생태계에 크게 영향을 미치는 문제

[표 6.2] 환경문제를 영향범위와 영향기간으로 구분

구 분	영향범위	영향시기
지구환경문제	지구 전체	먼 미래까지
자연환경문제	지역	현재부터 가까운 미래
생활환경문제	생활공간	현재
화학물질문제	생활공간에서 지구 전체에 미침.	현재부터 먼 미래
폐기물 문제	생활공간에서 지역	현재부터 가까운 미래

6.3 ▮ 생태계에 깊게 관련된 환경문제

여기에서는 생태계에 깊게 관련된 환경문제로서 종의 멸종, 생물다양성의 감소, 외래종(이입종) 문제, 화학물질이 생태계에 미치는 영향에 대해 설명합니다.

6.3.1 종의 멸종

(1) 종의 멸종 현상

현재 인간 활동에 따라 일어나고 있는 종의 멸종은 과거와는 비교할 수 없는 속도가 되었습니다. 1600~1900년의 멸종 속도는 1년에 0.25종이었지만, 1900~1960년에는 1년에 1종, 1960~1975년에는 1년에 1,000종, 1975년 이후에는 1년에 40,000종으로 종의 멸종 속도는 계속해서 급격히 상승하고 있습니다. 인간 활동으로 인한 종의 멸종 원인을 [표 6.3]에 정리했습니다.

구체적으로 세계의 삼림은 급격하게 감소하고 있습니다. 특히, 열대우림 지역에서는 목재 수요의 증가와 고무, 기름야자, 바나나 등의 플랜테이션 농업의 번성으로 이 지역의 생물다양성은 현저하게 감소했습니다. 이같이 생물다양성이 풍부한 지역에서 파괴의 위기에 직면한 곳은 핫 스폿(hot spot)이라 불리며, 그 분포는 [그림 6.2]와 같이 적도를 중심으로 온 세계에 산재되어 있습니다.

[표 6.3] 인간 활동으로 인한 종의 멸종 원인

구 분	내 용
생활환경의 상실	개발 등으로 인한 삼림 수림의 벌채로 인해 생태계는 소멸한다.
종의 생식 조건의 악화	삼림의 주변부를 빼앗김에 따라 건조화가 진행되고, 그것을 견디지 못하는 종류는 사멸한다. 또, 먹이 사슬의 상위 동물은 피식자의 감소로 영향을 받는다.
생식지의 분단화	삼림의 전체 면적은 어느 정도 확보되었더라도, 삼림 벌채, 경작지와 목장 조성, 철도와 도로 부설 등으로 생식지가 분단되면 생물의 개체군은 분단되고, 복수의 소집단이 된다. 이 때문에 소집단 간에서의 유전자 교류가 일어나지 않게 되어 멸종에 박차를 가한다.
인간 남획, 불법 포획	인간의 남획에 따른 야생생물의 개체수 감소, 감소한 개체수의 종에 대한 희소가치화에 따라 불법 포획이 증가한다.
외래종으로 인한 압력	외래종의 이입으로 재래생물 중에는 큰 압력을 받고 있는 종이 있다.
지구 환경의 급속한 변동	지구온난화로 인한 기후변화, 건조화의 진행에 따른 생식생육 환경의 급격한 변화로 영향을 받는다.

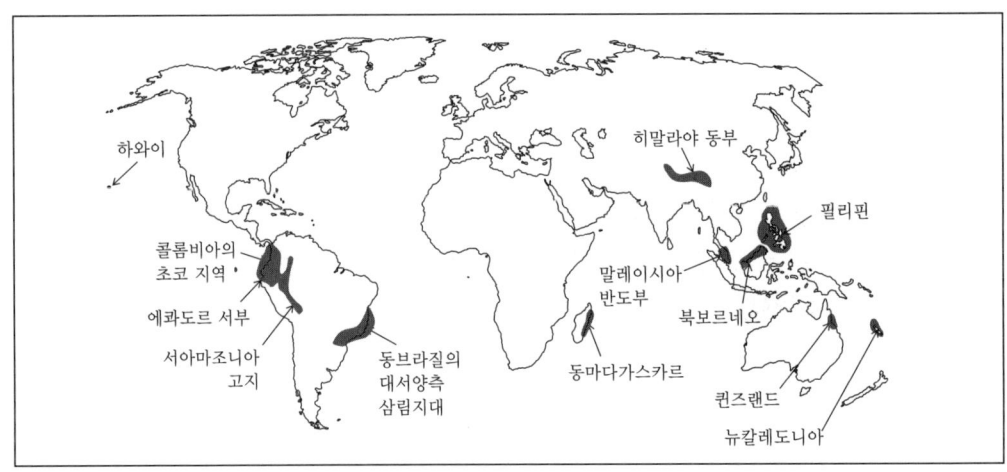

[그림 6.2] 핫 스폿의 분포

[松本忠夫편저 : 「생명환경과학 I」, p.229, 방송대학교육진흥회(2005)]

(2) 레드 데이터 북(red data book)

이러한 상황에 대해서 국제자연보호연합(IUCN)은 멸종 위기에 직면한 생물 리스트(레드 리스트)와 자료집(레드 데이터 북)을 작성하고 있습니다. 또, 일본 환경성과 각 지방자치체에서도 레드 데이터 북 등을 작성하고 있습니다. 이 중 환경성의 생물종 위기 상황에 관한 카테고리는 [표 6.4]와 같습니다.

[표 6.4] 레드 데이터 북의 카테고리

카테고리	정 의
멸종(EX)	일본에서는 이미 멸종되었다고 생각되는 종
야생멸종(EW)	사육과 재배에서만 존속하고 있는 종
멸종위구 I류(CR+EN)	[멸종위구IA류(CR)] 머지않아 멸종 위험성이 극히 높은 종 [멸종위구IB류(EN)] IA류 정도는 아니지만 머지않아 멸종 위험성이 높은 종
멸종위구 II류(VU)	멸종 위험이 증대하고 있는 종
멸종위구(NT)	현 시점에서는 멸종위험도가 낮지만, 생식 조건의 변화에 따라 「멸종위구」로준 이행할 가능성이 있는 종
정보부족(DD)	평가할 만한 정보가 부족한 종
멸종할 우려가 있는 지역개체군(LP)	지역적으로 고립하고 있는 개체군으로, 멸종할 위험성이 높은 것

멸종의 진행은 멸종, 야생멸종, 멸종위구, 준멸종위구 순으로 되고 있습니다.

레드 리스트 등에 대해서는 생물다양성 정보센터의 멸종위구종 정보(http : //www. biodic.go.jp/site_map/site_map.html)를 참조해 주세요.

6.3.2 생물다양성

(1) 생물다양성의 관점

생물다양성의 관점으로는 생태계의 다양성, 종의 다양성, 유전적 다양성이 있습니다. 각 내용은 [표 6.5]와 같습니다. 생태계의 관점에서 보면 생물의 상호작용부터 구성되는 여러 가지 생태계가 존재하고, 종의 관점에서는 여러 가지 생물종이 존재하는 것입니다. 또 유전자의 관점에서 보면 같은 종이라도 다른 유전자를 많이 가지고 있다는 것입니다.

[표 6.5] 생물다양성의 관점

다양성의 관점	내 용
생태계	여러 가지 생물의 상호작용부터 구성되는 여러 가지 생태계가 존재함.
종	여러 가지 생물종이 존재함.
유전자	종은 같더라도 가지고 있는 유전자가 다름.

(2) 생물다양성의 가치

생물다양성의 가치는 [표 6.6]과 같습니다. 생물다양성의 가치로는 사용적 가치, 비사용적 가치, 생태계의 기능에서 오는 가치가 있습니다.

[표 6.6] 생물다양성의 가치 구분

구 분	내 용
사용적 가치 (직접적인 가치 : 유용 물을 가져오는 것)	• 생산적 사용가치(시장을 통하는 것) : 재목, 수지, 어획물, 의약품, 천연염료, 천연향료 등 • 소비자적 사용가치(시장을 통하지 않는 것) : 전통적인 식료, 연료, 약, 공작 재료, 건물 자재 등 • 예비적 사용가치(나중에 이용하기 위해 남겨둔 것) : 유전자 자원 등
비사용적 가치	인간의 정신생활에서 존중되는 가치이다. 사람들의 감성과 정신생활로 혜택을 가져온다. 예를 들면, 야생조류관찰(野生鳥類觀察), 에코 투어리즘, 관광 등의 자원, 그리고 학술자원, 애니미즘(자연신앙)의 대상으로의 가치
생태계의 기능에서 얻는 가치	생태계 서비스 (산소 제공, 공기 정화, 수질 정화, 생물 유체의 분해, 오탁물 분해 등)

사용적 가치는 직접적인 유용한 가치를 가져오는 것으로, 이른바 경제적인 가치가 있다고 할 수 있습니다. 비사용적 가치는 인간의 정서성을 풍부하게 하는 가치라고 할 수 있습니다. 생태계의 기능에서 오는 가치는 인간이 살아가기 위해 필요한 것을 제공하고 있다고 할 수 있습니다. 구체적으로는 산소 제공, 공기 정화, 수질 정화 등입니다. 이 기능이 없으면 인간은 살아갈 수 없습니다. 우리가 평소에는 그다지 의식하지 못하지만 매우 중요한 기능이라고 할 수 있습니다.

(3) 생물다양성 보전 방안

1) 생물다양성 조약

전 세계에서 생물다양성의 감소 문제를 대처하기 위해 1992년 5월 「생물다양성 조약」이 만들어졌고, 2002년 8월까지 일본을 포함한 184개 국이 이 조약에 가맹했으며, 세계의 생물다양성을 보전하기 위한 구체적인 방안을 검토하고 있습니다. 자세한 내용은 http : //www.biodic.go.jp/cbd.html을 참조해 주세요.

2) 생물다양성 국가 전략

일본의 생물다양성 보전과 지속 가능한 이용에 관한 기본 방침과 국가가 행해야 할 시책의 방향을 정한 것입니다. 제3차 생물다양성 국가 전략에서는 다음 4가지 항목을 기본 전략으로 하고 있습니다.

① 생물다양성을 사회에 침투시킴.

② 지역에서 인간과 자연의 관계를 재구축함.

③ 숲, 마을, 강, 바다의 관계를 확보함.

④ 지구 규모의 시야를 가지고 행동함.

자세한 내용은 생물다양성 센터의 웹사이트(http://biodic.go.jp/nbsap.html) 등을 참조해 주세요.

6.3.3 외래종

외래종(이입종)이란 어떤 이유(인위에 한하지 않음)에 의해 대상이 되는 지역과 개체군 안으로 외부에서 들어온 개체종입니다. 외래종은 재래 생물종과 생태계에 여러 가지 영향을 미칠 우려가 있습니다. 그 예로 아마미 제도(奄美諸島)와 오키나와현의 몽구스, 오가사와라 제도(小笠原諸島)의 산양, 브라운에놀과와 같이 재래종의 멸종을 부르는 데 중대한 영향을 주는 것도 있습니다.

일본에서는 이입종 대책을 위한 「외래생물법」이 2004년 6월에 공포되었습니다. 외래생물법(특정 외래생물로 인한 생태계 등에 관련된 피해를 방지하기 위한 법률)은 외래생물로 인해 생태계 등에 미치는 영향을 방지하기 위한 법률로, 해외에서 들어온 이입생물로 인해 일본의 생태계, 인간의 생명과 건강, 농림수산업에 주는 피해를 방지하기 위해 사육, 재배, 보관 또는 양도, 수입 등을 금지함과 동시에 국가 등에 의한 방제 조치(防除措置) 등을 취하는 것입니다.

이 법률에서는 생태계 등에 피해를 주는 생물을 특정외래생물로 규정하고, 사육, 재배, 양도, 운반, 수입, 해외로의 방출 등을 규제하고 있습니다. 위반한 경우에는 벌칙 규정도 있습니다. 또한 생태계 등에 미치는 피해가 명백하지 않아도, 그 혐의가 있는 것은 미판정 외래생물이라 규정하여 수입을 신고해야 합니다. 자세한 내용은 외래생물법에 대한 웹사이트(http://www.env.go.jp/nature/intro/index.html) 등을 참조해 주세요.

6.3.4 화학물질이 생태계에 미치는 영향

최근 인류는 생활 향상을 위해 5만 종 이상의 화학물질을 제조하고 이용해왔습니다. 그리고 매년 [표 6.7]과 같이 신규 화학물질로서 약 300종류가 「화학물질의 심사 및 제조 등의 규제에 관한 법률」(화심법)을 토대로 신고되고 있습니다. 그러나 화학물질 중에는 환경에 방출됐을 때 내분비 교란, 암 유발 등 생명체를 위협하는 물질도 있습니다. 적정한 관리가 이루어지지 않을 경우, 환경이나 생물체에의 잔류성이 강한 화학물질(잔류성 유기 오염물질 등)은 먹이 사슬을 통해 생물계로 확산됩니다. 그 영향으로 생태계(야생생물, 생물다양성)에 미치는 영향, 인간의 건강에 미치는 영향 등을 생각할 수 있습니다.

[표 6.7] 「화학물질심사법」에 따르는 신규 화학물질 신고 상황

연 도	1991	1992	1993	1994	1995	1996	1997	1998	1999	2000	2001	2002	2003
신고 건수	269	276	229	227	296	320	325	352	323	373	322	292	362
제조	209	213	170	157	223	215	245	274	246	291	253	213	272
수입	60	63	59	70	73	105	80	78	77	82	69	79	90

1975~2000년도 : 경제산업성 제조산업국 화학물질 관리과 화학물질안전실 자료
2001~2003년도 : 환경성 총합 환경정책국 환경보건부 기획과 화학물질 심사실 자료

화학물질이 미치는 영향의 예로 생태계를 통한 생물농축이 있습니다. 생물농축은 생물이 외계에서 들어온 물질을 체내에 고농도로 축적하는 현상으로, 축적성이 있는 물질이 먹이 사슬을 통해 고농도가 됩니다. 축적성이 있는 물질의 예로는 DDT(Dichloro-DiphenylTrichroethane), BHC(Benzene HexaChloride), 유기수은, PCB(Poly-Chlorinated Biphenyl), 방사성 물질 등입니다.

DDT의 생물농축의 예는 [표 6.8]과 같습니다. 수중에 있는 DDT는 먹이 사슬을 통해 최종적으로 50만 배까지 농축됩니다. 생물농축의 이미지는 [그림 6.3]과 같으며 생물의 체내로 들어간 화학물질이 배출·분해되기 어렵기 때문에, 영양단계가 높아짐에 따라 생물 체내의 화학물질의 농도가 높아지는 현상입니다.

[표 6.8] DDT의 생물농축

영양단계	DDT의 잔류량[ppm]*
물	0.00005
플랑크톤	0.04
피라미 1종(silverside minnow)	0.23
피라미 1종(sheephead minnow)	0.94
꼬치고기 1종(포식어)	1.33
동갈치 1종(포식어)	2.07
왜가리(작은 동물을 포식)	3.57
제비갈매기(작은 동물을 포식)	3.91
재갈매기(잡식성)	6.00
물수리의 알	13.8
비오리(물고기를 포식)	22.8
가마우지(대형 물고기를 포식)	26.4

*DDT+DDD+DDE(모두 유독성), 동물 전체의 무게에 관한 ppm
[E. P. 오담 : 「기초생태학」 p.114. 培風館(1991)]

화학물질의 대책에 관한 국제적 방안으로 잔류성 유기오염물질의 국제적 방안이 있습니다. 잔류성 유기오염물질이란 환경에서는 분해되기 어렵고, 생물 체내로 축적되기 쉬운 성질을 가진 유해한 유기화학물질입니다. 대표적인 물질로 살충제의 DDT나 전기 절연체, 열교환 매체의 PCB 등이 있습니다.

국제적인 방안으로 2001년 5월에 「잔류성 유기오염물질에 관한 스톡홀름 조약」(POPs 조약)이 채택되었으며, 일본에서는 2002년 8월에 이 조약에 참가했습니다[표 6.9].

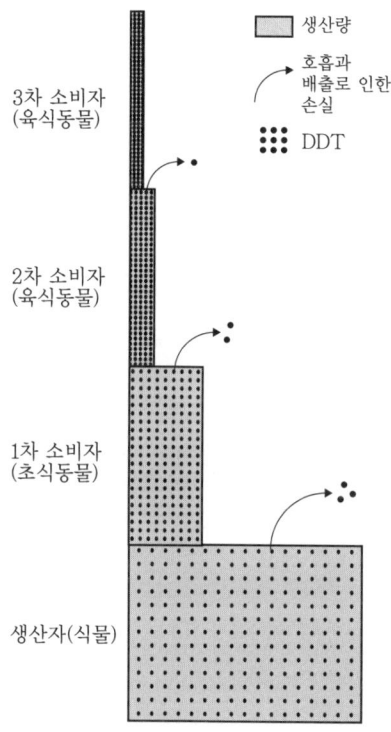

[그림 6.3] 생물농축의 이미지

[표 6.9] 잔류성 유기 오염물질에 관한 스톡홀름 조약의 대상이 된 물질

물질명	용도	대응
알도린(aldorin)	살충제	제조, 사용 원칙 금지
딜드린	살충제	제조, 사용 원칙 금지
엔드린	살충제	제조, 사용 원칙 금지
클로르데인	살충제	제조, 사용 원칙 금지
헵타클로르	살충제	제조, 사용 원칙 금지
톡사펜	살충제	제조, 사용 원칙 금지
미렉스	살충제	제조, 사용 원칙 금지
헥사클로로벤젠	살충제	제조, 사용 원칙 금지
PCB	절연체, 열매체	제조, 사용 원칙 금지
DDT	살충제	제조, 사용 원칙 제한
다이옥신		배출 삭감
헥사클로로벤젠		배출 삭감
PCB		배출 삭감

또, 1998년 쯤에 큰 문제가 된 내분비교란물질(환경 호르몬) 문제가 있습니다. 내분비
교란물질은 인공적으로 만들어진 화학물질이 생체 내에 들어가 본래의 정당한 호르몬 작
용에 영향을 미칠 우려가 있는 물질입니다. 물질로는 살충제, 제초제, 플라스틱 가소제
(可塑劑) 등이 있습니다. 이와 같은 내분비교란물질의 보기는 [표 6.10]과 같습니다.

[표 6.10] 내분비교란물질의 예

생 물		장 소	영 향	추정되는 원인물질	보고한 연구자 등
패류	대수리	일본 해안	웅성화(雄性化), 개체수의 감소	유기주석화합물	Horiguchi et al.(1994)
어류	무지개 송어	영국 하천	자성화(雌性化), 개체수의 감소	노닐페놀, 인축(人畜) 유래 여성호르몬 *판정되지 않음	영국 환경청(1995, 1996)
	미꾸라지 (잉어의 일종)	영국 하천	자웅동체화	노닐페놀, 인축 유래 여성호르몬 *판정되지 않음	영국 환경청(1995, 1996)
	연어	미국 오대호	갑상선 과다형성, 개체수 감소	불명	Leatherland(1992)
파충류	악어	미국 플로리다주 호수	수컷의 생식기의 왜소화, 알의 부화율 저하, 개체수 감소	호수 내로 유입된 DDT 등 유기염소계 농약	Guillette et al.(1994)
조류	갈매기	미국 오대호	자성화, 갑상선의 종양	DDT, PCB *판정되지 않음	Fry et al(1987) Moccia et al.(1986)
	포스터 제비 갈매기	미국 미시간호	알의 부화율 저하	DDT, PCB * 판정되지 않음	Kubiak(1989)
포유류	바다표범	네덜란드	개체수 감소, 면역기능 저하	PCB	Reijinders(1986)
	흰돌고래	캐나다	개체수 감소, 면역기능 저하	PCB	De Guise et al.(1995)
	사자	아메리카	정소(精巢)이상, 정자수 감소	불명	Facemire et al.(1995)
	양	오스트리아 (1940년대)	사산(死産) 다발, 기형 발생	식물 에스트로겐 (클로버 유래)	Bennetts(1946)

[大島康行, 高橋正征, 松本忠夫, 淺島誠, 原澤英夫編 : 「理科年表」 환경편, p.125, 丸善(2003)]

그럼, 화학물질이 생태계에 미치는 영향을 사전에 어떻게 평가합니까? 화학물질 위험
관리의 예는 [그림 6.4]와 같습니다. 이 예는 화학물질이 환경에서 어느 정도 확산되는지
에 대한 모니터링과 화학물질의 독성 등의 영향을 파악하는 독성 시험이 중심입니다.

독성 시험으로는 인간의 건강에 미치는 영향을 시험하는 축적성 평가와, 동식물에게 미치는 영향을 시험하는 생태독성평가 등이 있습니다. 생태독성평가에서는 먹이 사슬의 각각의 단계에 미치는 영향을 조사합니다. 즉, 생산자(식물 등), 1차 소비자(초식동물), 고차 소비자(육식동물)에게 미치는 영향을 살펴봅니다.

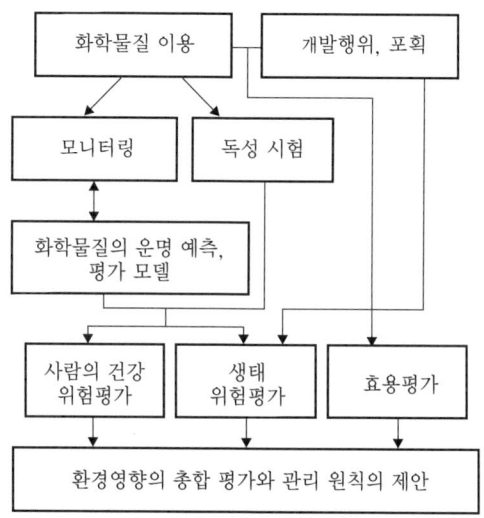

[그림 6.4] 화학물질의 위험관리의 예

생태독성평가에는 아래와 같은 시험이 있습니다.
• 조류(藻類) 생장 방해 시험(생산자에게 미치는 영향)
• 물벼룩류 급성 유영 저해 시험(1차 소비자에게 미치는 영향)
• 어류 급성 독성 시험(고차 소비자에게 미치는 영향)
이 중 물벼룩류 급성 유영 저해 시험의 내용은 [표 6.11]과 [그림 6.5]와 같습니다. 시험 대상물질의 농도를 바꾼 시험용액을 작성하고, 물벼룩을 각각의 시험용액에 48시간 넣고 유영 저해를 관찰합니다.

[표 6.11] 물벼룩류 급성 유영 방해 시험

항 목	내 용
생물종	물벼룩 생후 24시간 이내의 유체
시험매체	천연수 / 조정수(調整水) 등
시험농도	등비급수로 5농도 이상
연수	각 농도에 4무리, 20마리/구
시험조건	18~22℃±1℃, 48시간
조명	12~16시간의 명기(明期)
관찰	행동이상 및 생사
검사	수온, pH, 용존산소, 시험물질농도
결과 산출	50% 유영 저해 농도

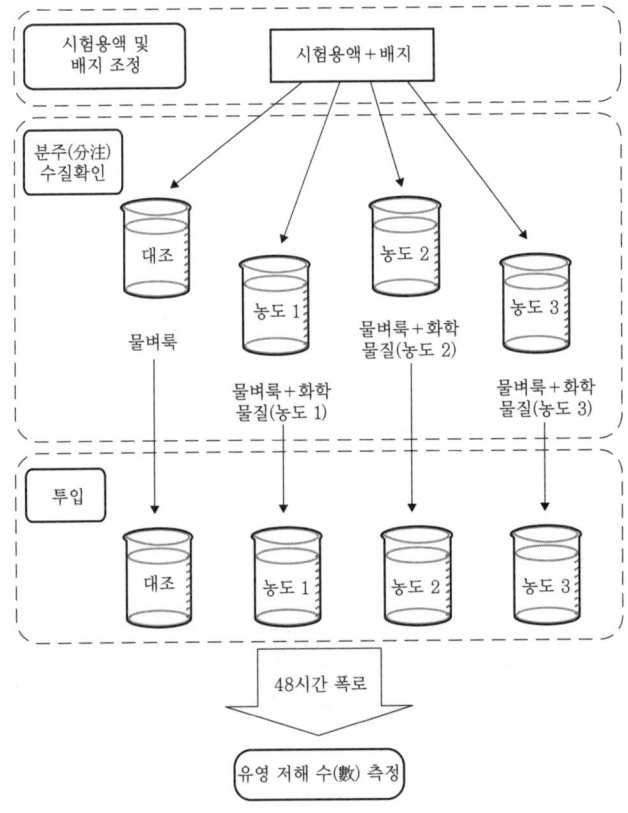

[그림 6.5] 물벼룩류 급성 유영 저해 시험의 개요

▶▶ 화학물질의 위험 순위 ◀◀

화학물질의 위험 순위의 예는 [그림 6.6]과 같습니다. 객관적으로 평가하면 가장 위험한 것은 흔히 볼 수 있는 흡연인 것을 알 수 있습니다. 환경 대책도 과학적 데이터를 토대로 침착하게 대응할 필요가 있습니다.

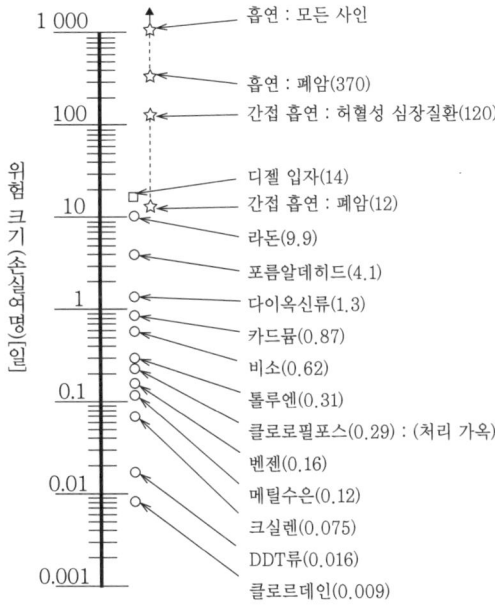

[그림 6.6] 화학물질의 위험 비교

[鈴木基之 : 「환경공학」, p.67, 방송대학교육진흥회(2003)]

Q&A

Q.1 종은 왜 근친교배하면 멸종합니까?

A.1 격리된 작은 집단 중에서 근친교배를 반복하면 유전적 다양성이 감소하고, 환경 변화에 대응하는 힘이 약해집니다. 또 숨어 있던 유해한 유전자가 움직여 번식과 성장을 하는 데 좋지 않은 영향을 미치기 때문에 멸종할 위험성이 높습니다.

Q.2 외래종의 구체적 대책은 무엇입니까?

A.2 유해한 외래생물의 사육, 재배, 양도, 운반, 수입, 야외로 방출하는 것 등의 규제입니다. 구제(驅除) 등도 이루어지고 있습니다.

Q.3 지구온난화 방지를 위해서 우리가 할 수 있는 일은 무엇일까요? 국가의 대안은 무엇입니까?

A.3 지구온난화 방지를 위해서 우리가 할 수 있는 것으로 전국 지구온난화 방지 활동 추진 센터(http://www. jccca. org/)에서 다음과 같은 것을 제안하고 있습니다.

① 냉방 온도를 1℃ 높게, 난방 온도를 1℃ 낮게 설정한다.

② 주 2일, 왕복 8km 차를 운전하지 않는다.

③ 1일 5분 공회전을 멈춘다.

④ 대기 전력을 50% 삭감한다.

⑤ 가족 전원이 샤워하는 시간을 하루에 1분씩 줄인다.

⑥ 목욕하고 남은 물은 세탁할 때 사용한다.

⑦ 밥솥의 보온을 꺼둔다.

⑧ 가족이 같은 방에서 지내며, 난방과 조명의 이용을 20% 줄인다.

⑨ 쇼핑백을 가지고 다니고, 포장을 절약할 수 있는 야채를 고른다.

⑩ 텔레비전 방송을 골라 하루에 1시간 텔레비전 이용을 줄인다.

국가는 지구온난화 대책 추진법 등을 기초로 온난화 대책 방안을 실시하고 있습니다.

Q.4 미나마타병은 생물농축이 그 원인입니까?

A.4 미나마타병은 생물농축이 원인이 됩니다. 공장 폐수에 포함되어 있던 메틸수은이 물고기에 생체 농축되어, 이것을 다량으로 섭취한 주민이 미나마타병에 걸렸습니다.

Q.5 같은 종이라도 아종(亞種)은 존재합니까? 그것은 유전자의 차이입니까?

A.5 아종(Subspecies)은 생물의 분류 구분이고, 종의 하위 구분입니다. 생물의 특성을 결정하는 것은 유전자이기 때문에 유전자의 차이입니다.

Q.6 열대우림에는 왜 많은 종이 생식·생육하고 있습니까?

A.6 강수량이 많고, 연간 기온이 높으며 생물 생산량이 많은 것이 특징입니다. 생물종이 왜 많은지에 대해서는 많은 설이 있습니다. 유력한 설로 자원 분할설, 종자 섭식설, 중규모 교란설, 피난 장소설이 있습니다. 자세한 것은 [松本忠雄 편 : 「집단과 환경의 생물학」, 일본방송출판협회(2003)] 등을 참조해 주세요.

Q.7 인간이 사라지거나 인간 활동이 다른 동물과 동등하면 온난화는 일어나지 않습니까?

A.7 IPCC(기후 변동에 관한 정부간 패널)의 제4차 보고에서는 현재 과학적 지견을 토대로 하면 인간의 경제 활동으로 온난화가 진행되었을 가능성이 높고, 온난화가 인간 활동에 미치는 영향과 깊게 관계되어 있음을 결론지었으며, 세계적인 합의를 얻었기 때문에 인간이 없어지면 온난화는 종식(終熄)된다고 추측할 수 있습니다.

Q.8 생물농축에서는 농축에 맞게 분해 속도가 느려집니까?

A.8 농축에 따라 분해 속도가 느려진다고는 생각할 수 없습니다. 체외로 배출되기 어렵고(체내로 축적되기 쉬움), 난분해인 것부터 농축이 진행됩니다.

Q.9 유전적 다양성의 이점은 무엇입니까?

A.9 인간의 관점에서 보면 사용적 가치(직접적인 가치 : 유기물을 가져오는 것)가 크다고 생각됩니다. 예를 들면, 유전적 다양성이 있으면 코시히카리(벼의 종류)보다도 더 맛있는 쌀을 품종 개발할 가능성이 높습니다.

Q.10 온난화가 원인이 되어 감소하고 있는 종은 무엇입니까?

A.10 예를 들면, 미래에는 일본에서 너도밤나무의 감소 등을 예상하고 있습니다.

Q.11 다이옥신의 증상은 무엇입니까?

A.11 만성 독성으로는 최기성(催奇性), 발암성, 간독성, 면역 독성, 생식기능 이상 등이 있습니다.

연습문제

1. 도시생태계의 특징에 대해서 설명해 보세요.
2. 농지생태계의 특징에 대해서 설명해 보세요.
3. 인간 활동에 기인하는 환경문제에 대해서 설명해 보세요.
4. 종의 멸종에 대해서 설명해 보세요.
5. 생물다양성의 세 가지 관점에 대해서 설명해 보세요.
6. 외래종(이입종)의 정의와 그 영향에 대해서 설명해 보세요.
7. 생물농축에 대해서 구체적인 예를 들어 설명해 보세요.

정리

☑ 인간 활동이 관여하고 있는 대표적인 생태계의 예로 도시생태계와 농지생태계가 있습니다.

☑ 도시생태계는 인간 활동에 따른 물질과 에너지를 포함한 인간 및 생물적 요소의 구조적, 기능적인 면을 합친 것입니다. 도시는 자립할 수 없고, 외부와의 물질과 에너지의 상호관계를 전제로 도시의 인간 활동과 도시의 기능 유지를 위해서 다량의 물질과 에너지를 필요로 합니다.

☑ 농지생태계는 삼림과 초원생태계 천이의 극히 초기 단계라고 합니다. 농작업의 대부분은 농경지의 천이를 정지시키기 위해 쓰이고, 비료나 농약의 대량 살포를 전제로 하고 있습니다. 이 때문에 수확량의 증대를 위해서 대량의 비료와 농약, 그리고 기계력의 투입이 필요합니다.

☑ 환경문제 발생의 근본적인 원인은 인간에 따른 토지 개변(도시, 농지 등 인간 활동 범위의 확대)과 산업 활동(공업과 농업으로 인한 대량 생산), 이동, 교통(이동량의 증대), 일상생활(물적 풍부함의 증대에 따른 대량 소비)입니다.

☑ 인간 활동에 따라 일어나고 있는 종의 멸종은 1975년 이후 1년에 40,000종이며, 종의 멸종 속도는 급격히 상승하고 있습니다. 종의 멸종을 줄이기 위해서 국제자연보호연합(IUCN)과 일본의 환경성, 도도부현 등의 지방자치체는 멸종 위기에 처해 있는 생물 리스트(레드 리스트)와 자료집(레드 데이터 북)을 작성하고 있습니다.

☑ 생물다양성의 관점으로는 생태계의 다양성, 종의 다양성, 유전적 다양성이 있습니다. 또 생물다양성의 가치로는 사용적 가치, 비사용적 가치, 생태계의 기능에서 오는 가치가 있습니다.

☑ 외래종(이입종)이란 어떤 이유(인위에 한하지 않음)로 인해 대상 지역과 개체군 안으로 외부에서 들어온 개체종으로, 외래종은 재래 생물종과 생태계에 여러 가지 영향을 미칠 우려가 있습니다.

☑ 환경과 생물체에 잔류성이 강한 화학물질(잔류성 유기오염물질 등)이 먹이 사슬을 통해 생물계로 확산되고 있습니다. 그 영향으로 생태계(야생생물, 생물다양성)에 미치는 영향, 인간의 건강에 미치는 영향 등이 있습니다. 실례로 생물농축을 들 수 있습니다.

제Ⅱ부

환경생태학 응용편

제7장 환경영향평가

제8장 자연환경 보전기술

제9장 생태계와 신에너지

제10장 환경학습과 시민활동

제11장 환경 분야의 업무와 자격 및 환경윤리

다음 장부터는 환경생태학의 응용편으로 자연환경(생태계)과 관련된 환경보전대책 등에 대해 설명합니다. 이 책에서는 [표 II.1]과 같이 환경보전에 대한 기술적인 대책으로 환경영향평가, 자연환경보전기술, 신에너지, 시민 차원의 대응으로서 환경 학습과 시민 활동에 대해, 또 자연환경을 보전하는 일이나 그것과 관련된 자격과 환경윤리에 대해 설명합니다. 이들 항목의 상호 위치관계를 이해하기 위해 이 주체와 대상이 되는 공간의 범위를 [그림 II.1]에 나타냈습니다.

[표 II.1] 환경생태학 응용편의 내용

항 목	개 요
환경영향평가 (환경 어세스먼트)	개발 행위로 인해 환경에 미치는 영향을 미리 예측·평가하고, 개발로 인한 영향을 회피하고 저감시키기 위한 순서입니다. 제7장에서 설명합니다.
자연환경보전기술	환경을 보전 또는 창출하기 위한 기술입니다. 제8장에서 설명합니다.
신에너지	화학연료의 사용량과 이산화탄소의 배출량을 삭감하기 위한 재생 가능한 에너지입니다. 제9장에서 신에너지, 특히 바이오매스 에너지에 대해 설명합니다.
환경학습, 시민활동	환경에 깊은 관심을 갖고, 보전 활동을 자주적으로 하는 것이 환경보전과 연결됩니다. 제10장에서 설명합니다.
환경 분야의 의무와 자격 및 환경윤리	환경생태학의 실천으로 환경생태학과 관련된 의무와 자격 및 환경 윤리에 대해 제11장에서 설명합니다.

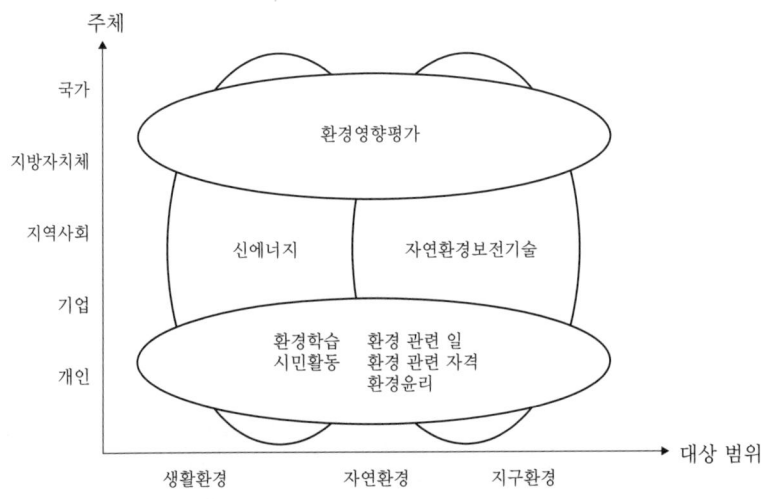

[그림 II.1] 응용편 항목 간의 관련성

이 장에서는 자연환경을 보호하는 기술로 환경영향평가(환경 어세스먼트)에 대해서 설명합니다. 환경영향평가는 인간의 개발 행위로 인해 자연활동(생태계) 등에 미치는 영향을 억제하는 기술입니다. 환경영향평가의 역사, 절차 및 대상이 되는 환경요소의 개요에 대해 설명하고, 구체적인 생태계에 관한 환경영향평가의 기술적 내용에 대해 설명합니다. 또, 환경영향평가 수법의 활용 사례에 대해서도 설명합니다.

7.1 환경영향평가의 개요

7.1.1 환경영향평가란?

환경영향평가(환경 어세스먼트 ; Environmental Impact Assessment)란 도로나 댐 등의 개발로 인한 자연환경의 파괴와 생활환경에 미치는 영향을 미연에 방지하고, 개발 행위로 인해 환경에 미치는 영향을 미리 예측·평가하며, 개발로 인해 미치는 영향을 회피·저감하기 위한 절차입니다. 즉, 개발 사업으로 인해 환경에 미치는 영향을 최소한으로 억제하기 위해 사업을 실시하기 전 미리 환경보전에 대해 검토를 해두는 절차입니다. 구체적으로 개발 행위를 하는 장소를 심사하고, 개발 행위의 내용과 장소의 상황을 감안하여 개발 행위의 영향을 예측하고 평가합니다. 또한 그 결과를 공표하고, 이에 대한 행정 절차를 밟고 시민 등에게 의견을 구합니다. 그러면 개발 행위를 한 사업자는 이들의 의견을 반영하여, 개발을 하고, 환경보전 대책을 실행합니다. 필요에 따라 사업 완료 후 환경 모니터링을 하기도 합니다.

7.1.2 환경영향평가제도의 역사

일본의 환경영향평가제도의 역사는 [표 7.1]과 같습니다. 환경영향평가는 미국에서

[표 7.1] 일본의 환경영향평가법 제정 경과

연도	항 목	비 고
1969	미국에서 국가환경정책법(NEPA) 제정	세계 최초의 환경 어세스먼트 제도
1972	각종 공공사업과 관련된 환경보전 대책에 대해 각의양해(閣議了解)	공공사업에 한하고, 어세스먼트 제도를 도입했다.
1981	구 환경영향평가법안을 국회에 제출	1983년에 폐안이 됨.
1984	「환경영향평가의 실시에 대해서」의 각의 결정	법률이 아닌 행정지도에 따라 제도화함.
1993	환경기본법 제정	환경 어세스먼트를 법적으로 자리매김함.
1997	환경영향평가법을 제정	환경 어세스먼트의 법제화
1999	환경영향평가법을 시행	

시작했습니다.

일본에서는 1972년 공공사업에 환경영향평가를 처음 도입하였습니다. 그 후 1997년에 환경영향평가법이 제정되고, 1999년부터 시행되었습니다.

7.1.3 환경영향평가법

환경영향평가는 법률과 조례를 토대로 실시합니다. 비교적 대규모인 사업은 국가의 환경영향평가법에 따라 실시합니다. 국가의 환경영향평가법에 해당하지 않는 사업에 대해서는 조례로써 지방공공단체가 독자적으로 실시합니다. 아래에 환경영향평가법을 토대로 환경영향평가에 대해 설명합니다.

환경영향평가법은 환경에 현저하게 영향을 미칠 우려가 있는 사업에 대해 실시하고, 환경에 미치는 영향을 사전에 조사하고, 예측 및 평가하며 그 결과를 공표하여 지역주민 등의 의견을 듣고 충분한 환경보전책을 강구할 것을 정한 법률입니다. 이 법률로 환경영향평가를 의무화한 사업은 환경에 크게 영향을 미칠 우려가 있다고 인정한 사업입니다. 자세한 내용은 「환경 어세스먼트 제도의 줄거리」(일본환경성) 등을 참조해 주세요 (http://www.env.go.jp/policy/assess/2-loutline/).

(1) 대상사업

환경영향평가법의 대상사업은 [표 7.2]와 같이 13개 분야의 사업과 항만계획으로 되어 있고, 제1종 사업과 제2종 사업으로 구분되어 있습니다. 제1종 사업은 반드시 환경영향평가를 실시할 필요가 있는 사업이고, 제2종 사업은 환경영향평가를 실시할지 안 할지를

[표 7.2] 환경영향평가법을 토대로 한 대상사업

대상사업		제1종 사업 (반드시 환경 어세스먼트를 행하는 사업)	제2종 사업 (환경 어세스먼트가 필요할지 필요하지 않을지 판단하는 사업)
1. 도로	고속도로	전부	
	수도 고속도로 등	4차선 이상인 것	
	일반 국도	4차선 이상, 10km 이상	4차선 이상, 7.5~10km
	녹자원 간선임도	폭 6.5m 이상, 20m 이상	폭 6.5m 이상, 15~20m
2. 하천	댐, 둑	담수(湛水)면적 100ha 이상	담수면적 75~100ha
	방수로, 호소개발	토지개변 면적 100ha 이상	토지개변 면적 75~100ha
3. 철도	신칸센(新幹線) 철도	전부	
	철도, 궤도	길이 10km 이상	길이 7.5~10km
4. 비행장		활주로 길이 2,500m 이상	활주로 길이 1,875~2,500m
5. 발전소	수력발전소	출력 3만kW 이상	출력 2.25만~3만 kW
	화력발전소	출력 15만kW 이상	출력 11.25만~15만 kW
	지열발전소	출력 1만kW 이상	출력 7,500~1만 kW
	원자력발전소	전부	
6. 폐기물 최종처분장		면적 30ha 이상	면적 25~30ha
7. 매립지, 간척			
8. 토지구획정리사업		면적 100ha 이상	면적 75~100ha
9. 신주택시가지개발사업		면적 100ha 이상	면적 75~100ha
10. 공업단지조성사업		면적 100ha 이상	면적 75~100ha
11. 신도시기반정비사업		면적 100ha 이상	면적 75~100ha
12. 유통업무단지조성사업		면적 100ha 이상	면적 75~100ha
13. 택지조성사업(「택지」에는 주택지, 공장용지도 포함)			
	주택·도시기반 정비기구	면적 100ha 이상	면적 75~100ha
	지역진흥정비공단	면적 100ha 이상	면적 75~100ha
항만계획*		매립지, 굴입(掘込) 면적의 합계 300ha 이상	

*항만계획에 대해서는 항만 환경 어세스먼트의 대상이 된다.

개별적으로 판단하는 사업입니다.

(2) 환경영향평가법 절차의 흐름

환경영향평가는 사업을 실시하기 위한 한 가지 절차입니다. 환경영향평가법을 토대로 한 환경영향평가 절차의 흐름은 [그림 7.1]과 같습니다.

절차의 흐름은 크게 방법서, 준비서, 평가서로 나뉩니다. 방법서는 환경영향평가를 실시하기 위한 수법에 관한 내용을 기재한 도서(이른바 조사실시계획서)입니다. 준비서는 환경영향평가 작업을 한 결과의 중간 보고서이고, 평가서는 환경영향평가의 최종 보고서입니다.

중요한 점은 방법서, 준비서의 단계에서 도도부현 지사와 일반인의 의견을 환경영향평가에 반영시킬 수 있다는 점입니다.

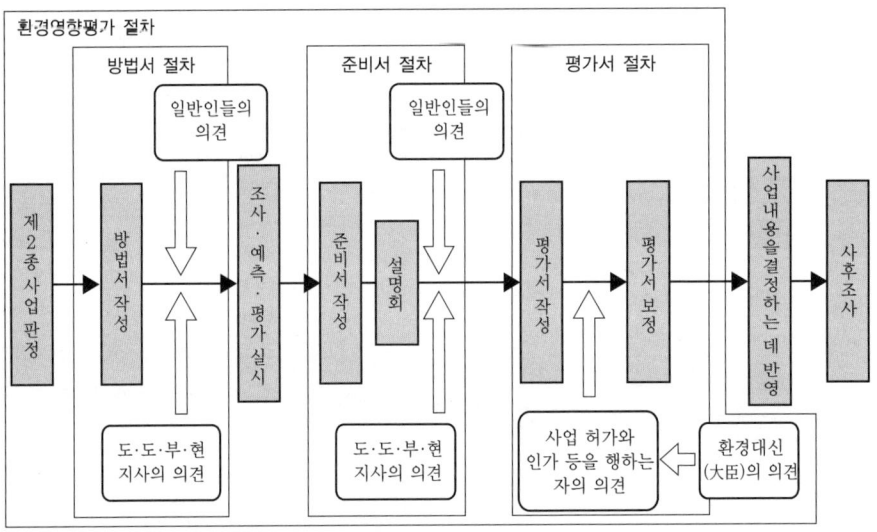

[그림 7.1] 환경영향평가법을 토대로 한 환경영향평가 순서

(3) 환경영향평가법의 대상인 환경요소

그럼 환경영향평가법의 환경영향평가에서는 어떤 항목을 예측·평가하고 있는 것일까요? 환경영향평가법에서는 [표 7.3]과 같은 환경요소가 정해져 있습니다. 즉, 「환경의 자연적 구성요소의 양호한 상태 유지」, 「생물다양성 확보 및 자연환경 체계적 보전」, 「인간과 자연의 풍부한 접촉」, 「환경부하」로 구분하고 있습니다.

[표 7.3] 환경영향평가법의 대상인 환경요소

구 분	중구분	소구분
환경의 자연적 구성요소의 양호한 상태 유지	대기환경	대기질, 소음, 진동, 악취, 기타
	수환경	수질, 저질(底質), 지하수, 기타
	토양환경, 그 밖의 환경	지형, 지질, 지반, 토양, 기타
생물의 다양성 확보 및 자연환경의 체계적 보전	식물, 동물, 생태계	
인간과 자연의 풍부한 접촉	경관, 체험 활동 장소	
환경부하	폐기물, 온실효과가스 등	

▶▶ 지방자치체의 환경영향평가제도 ◀◀

환경영향평가 조례에 따라 독자적으로 환경영향평가를 실시하고 있는 지방자치체
는 [표 7.4]와 같습니다(2007년 4월 1일 현재). 각각의 자치체에서는 독자적 환경영
향평가를 실시하고 있기 때문에 해당되는 사업자는 지방자치체의 환경부국과 상담하
고, 환경영향평가를 실시할 필요가 있습니다.

[표 7.4] 지방자치체의 환경영향평가제도

지방 공공 단체명	명 칭	분포 연월일	시행 연월일	지방 공공 단체명	명 칭	분포 연월일	시행 연월일
홋카이도	홋카이도 환경영향평가 조례	H10.10.26	H11.6.12	오카야마현	오카야마현 환경영향평가 등에 관한 조례	H11.3.19	H11.6.12
아오모리현	아오모리현 환경영향평가 조례	H11.12.24	H12.6.23				
이와테현	이와테현 환경영향평가 조례	H10.7.15	H11.6.12	히로시마현	히로시마현 환경영향평가에 관한 조례	H10.10.6	H111.6.12
미야기현	미야기현 환경영향평가 조례	H10.3.26	H11.6.12				
아키타현	아키타현 환경영향평가 조례	H12.7.21	H13.1.4	야마구치현	야마구치현 환경영향평가 조례	H10.12.22	H11.6.12
야마가타현	야마가타현 환경영향평가 조례	H11.7.23	H12.4.1	도쿠시마현	도쿠시마현 환경영향평가 조례	H12.3.28	H13.3.27
후쿠시마현	후쿠시마현 환경영향평가 조례	H10.12.22	H11.6.12	카가와현	카가와현 환경영향평가 조례	H11.3.19	H11.6.12
이바라키현	이바라키현 환경영향평가 조례	H11.3.19	H11.6.12	에히메현	에히메현 환경영향평가 조례	H11.3.19	H11.6.12
토치기현	토치기현 환경영향평가 조례	H11.3.19	H11.6.12	고치현	고치현 환경영향평가 조례	H11.3.26	H11.10.1
군마현	군마현 환경영향평가 조례	H11.3.15	H11.6.12	후쿠오카현	후쿠오카현 환경영향평가 조례	H10.12.24	H11.12.23
사이타마현	사이타마현 환경영향평가 조례	H10.12.25	H11.6.12	사가현	사가현 환경영향평가 조례	H11.7.5	H12.8.1
치바현	치바현 환경영향평가 조례	H10.6.19	H11.6.12	나가사키현	나가사키현 환경영향평가 조례	H11.10.19	H12.4.18
도쿄도	도쿄도 환경영향평가 조례	H14.7.3	H15.1.1	쿠마모토현	쿠마모토현 환경영향평가 조례	H12.6.21	H13.4.1
카나가와현	카나가와현 환경영향평가 조례	H10.12.22	H11.6.12	오이타현	오이타현 환경영향평가 조례	H11.3.16	H11.9.15
니이타현	니이타현 환경영향평가 조례	H11.10.22	H12.4.22	미야자키현	미야자키현 환경영향평가 조례	H12.3.29	H12.10.1
후쿠야마현	후쿠야마현 환경영향평가 조례	H11.6.28	H11.12.27	카고시마현	카고시마현 환경영향평가 조례	H2.3.28	H12.10.1
이시카와현	고향 이시카와의 환경을 지키고 보존하는 조례	H16.3.23	H16.4.1	오키나와현	오키나와현 환경영향평가 조례	H12.12.27	H13.11.1
				삿포로시	삿포로시 환경영향평가 조례	H11.12.14	H12.10.1
후쿠이현	후쿠이현 환경영향평가 조례	H11.3.16	H11.6.12	센다이시	센다이시 환경영향평가 조례	H10.12.16	H11.6.12
야마나시현	야마나시현 환경영향평가 조례	H10.3.27	H11.6.12	사이타마시	사이타마시 환경영향평가 조례	H15.3.14	H17.4.1
나가노현	나가노현 환경영향평가 조례	H10.3.30	H11.6.12	치바시	치바시 환경영향평가 조례	H10.9.24	H11.6.12
기후현	기후현 환경영향평가 조례	H11.3.16	H11.6.12	요코하마시	요코하마시 환경영향평가 조례	H10.10.5	H11.6.12
시즈오카현	시즈오카현 환경영향평가 조례	H11.3.19	H11.6.12	카와사키시	카와사키시 환경영향평가에 관한 조례	H11.12.24	H12.12.1
아이치현	아이치현 환경영향평가 조례	H10.12.18	H11.6.12				
미에현	미에현 환경영향평가 조례	H10.12.24	H11.6.12	나고야시	나고야시 환경영향평가 등에관한 조례	H10.12.22	H11.6.12
시가현	시가현 환경영향평가 조례	H10.12.24	H11.6.12	교토시	교토시의 환경영향평가 등에 관한 조례	H10.12.21	H11.6.12
교토부	교토부 환경영향평가 조례	H10.10.16	H11.6.12				
오사카부	오사카부 환경영향평가 조례	H10.3.27	H11.6.12	오사카시	오사카시 환경영향평가 조례	H10.4.1	H11.6.12
효고현	효고현 환경영향평가 조례	H9.3.27	H10.1.12	고베시	고베시의 환경영향평가 등에 관한 조례	H9.10.1	H10.1.12
나라현	나라현 환경영향평가 조례	H10.12.22	H11.12.21				
와카야마현	와카야마현 환경영향평가 조례	H12.3.27	H12.7.1	히로시마시	히로시마시 환경영향평가 조례	H11.3.31	H11.6.12
톳토리현	톳토리현 환경영향평가 조례	H10.12.22	H11.6.12	키타큐슈시	키타큐슈시 환경영향평가 조례	H10.3.27	H11.6.12
시마네현	시마네현 환경영향평가 조례	H11.10.1	H12.4.1	후쿠오카시	후쿠오카시 환경영향평가 조례	H10.3.30	H112.3.29

「환경의 자연적 구성요소의 양호한 상태 유지」는 이른바 대기, 물, 토양 등에 관한 항목으로, 생활환경 항목이라고 할 수 있습니다. 「생물의 다양성 확보 및 자연환경의 체계적 보전」은 동식물과 생태계에 관한 항목으로, 이 책에서 다루고 있는 중심 과제입니다. 「인간과 자연의 풍부한 접촉」은 레크리에이션에 관한 항목이고, 「환경부하」는 인간 활동이 환경에 미치는 영향에 관한 항목입니다.

7.2 환경영향평가의 기술적 내용

구체적인 환경영향평가의 방법을 봅시다. 여기에서는 이 책의 주제인 생태계에 관한 환경요소인 「생물의 다양성 확보 및 자연환경의 체계적 보전」, 즉 식물, 동물, 생태계를 대상으로 한 조사, 예측, 평가의 기술적 내용에 대해 설명합니다.

육역에서의 개발을 예로 들어 봅시다. 일본 간토(關東)지방의 구릉지(사토야마 지역)에서 주택을 조성하는 것을 생각하여 식물, 동물, 생태계에 대한 환경영향평가에 대해 검토합니다. 사업 실시 구역은 대지와 구릉지, 곡저평야(谷底平野)가 포함된 지역으로 주위에는 상수리나무·졸참나무 군집, 삼목, 노송나무 식림이 우점하고, 논과 저수지가 존재하는 자연환경입니다. 사업 종류는 택지 조성 등의 지면개발(地面開發) 사업으로, 사업실시 구역의 면적은 100ha, 개변구역의 면적은 40ha 정도입니다.

다음으로 동식물 및 생태계의 예측, 평가에 대해 순서대로 설명합니다.

기본적인 순서는 다음과 같습니다.

① 지역의 개황 조사
② 사업 내용 분석과 환경영향요인을 파악하고, 환경요소의 변화 매트릭스를 작성
③ 동식물 및 생태계에 미치는 영향을 정리
④ 환경영향평가의 항목 선정과 조사, 예측, 평가수법 선정
⑤ 상세히 조사하고 환경영향평가의 항목 예측 실시
⑥ 환경보전조치 검토
⑦ 평가 실시

7.2.1 지역의 개황 조사

사업대상지역의 생태계에 대해서 지역 개황을 조사하고, 전국적인 관점 및 광역적인 관

점에 위치한 것을 파악하고, 사업실시지역 및 그 주변지역의 생태계 특성을 파악합니다.

조사방법으로는 현지답사, 기존 자료조사 및 전문가 등의 의견을 청취하는 것 등이 있습니다. 조사내용은 [표 7.5]와 같습니다. 이에 따라 환경과 생물군집의 관계를 개괄적으로 파악합니다. 구체적으로는 식물, 동물, 생태계의 기반이 되는 환경을 지도상으로 정리하고, 생태계의 유형을 구분합니다. 유형을 구분한 이미지는 [그림 7.2]와 같습니다.

다음으로 대상지역의 생태계 구조를 정리합니다. 즉, 비생물적 요소와 생물적 요소(먹이 사슬, 생물군집의 다양성, 구성종의 생태적 지위 등)의 관계에 대해 정리합니다.

[그림 7.3]은 먹이사슬을 정리한 예입니다.

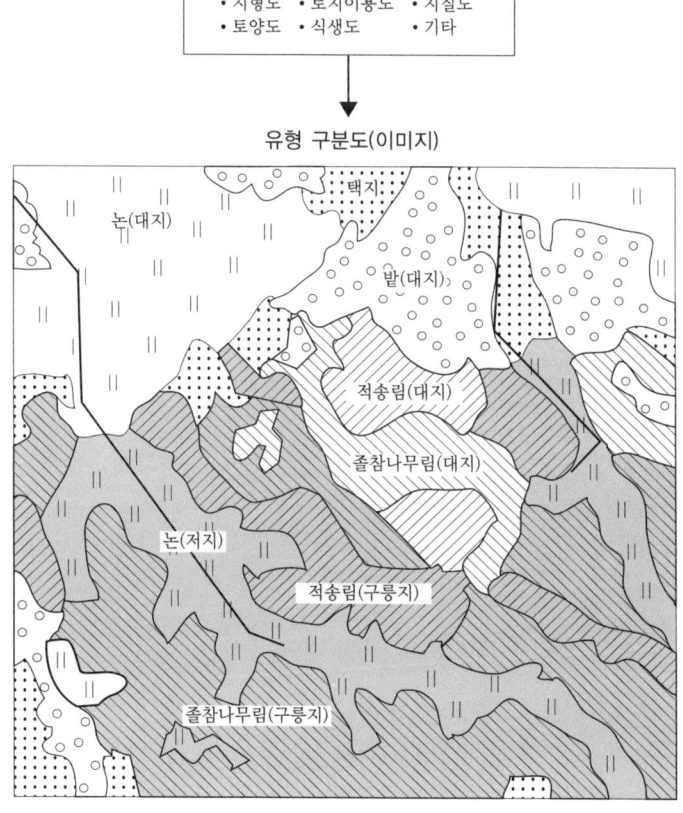

[그림 7.2] 유형을 구분한 작업 이미지

[표 7.5] 생태계의 조사내용

구 분	조사 항목
식물	식물상, 식생
동물	동물상
대기환경	온노(기온, 수온), 습도, 강수량, 바람(풍향, 풍속), 대기질
수환경(水環境)	수질, 저질, 지하수
토양환경, 기타 환경	지형, 지질, 토양, 경사도
기타	토지 이용 등

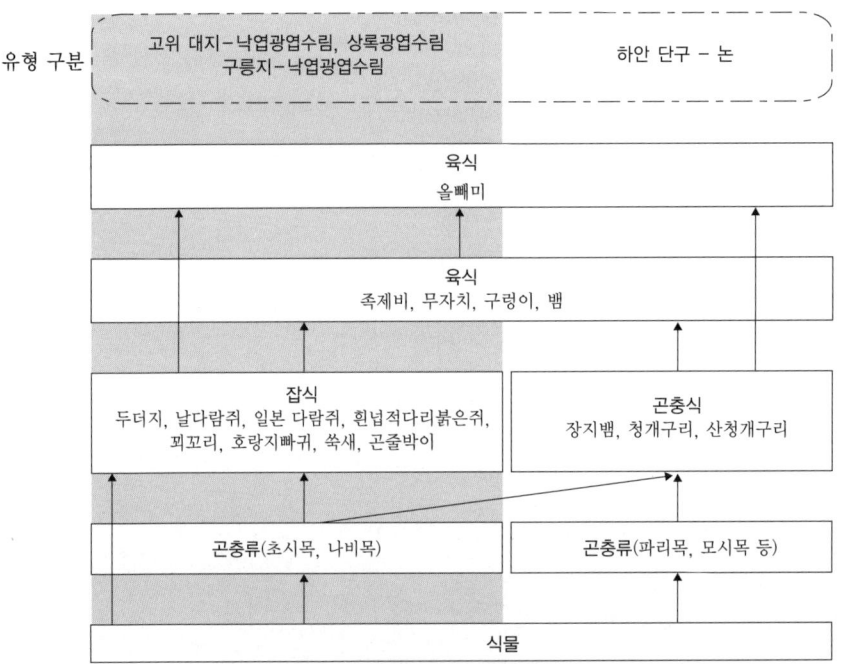

[그림 7.3] 먹이사슬(식물망)을 정리한 예

7.2.2 환경영향요인 파악

사업 내용을 정리하고, 사업의 환경영향요인을 파악합니다. 사업의 환경영향요인의 예는 [표 7.6]과 같습니다. 사업의 환경영향요인은 공사 실시 시기, 건설물이 완공되어 존재하고 있는 시기 및 건설물을 이용하고 있는 시기로 나눌 수 있습니다. 각각의 시기에 어떤 사업 요인이 환경에 영향을 미치는지를 파악합니다.

예를 들면, 공사 실시 시기에는 토지 조성 공사, 삼림 벌채, 건설기계 가동 등이 있고, 건설물 완공 시에는 식생 개변, 지형 개변, 공작물 존재, 도로의 존재 등이 있고, 건설물 이용 시에는 자동차 주행, 사람의 출입 등이 있습니다.

[표 7.6] 사업의 환경영향요인

시 기	구체적인 영향요인
공사 실시 시	조성 공사, 삼림 벌채, 건설기계 가동 등
건설물 완공 시	식생 개변, 지형 개변, 공작물 존재, 도로 존재 등
건설물 이용 시	자동차 주행, 사람의 출입 등

[표 7.7] 환경영향요인과 환경요소 변화의 관계에 대한 예

환경요소	영향요인	공사 실시 단계						존 재				공 용	
	생태계에 영향을 주는 환경요소의 변화	조성공사	삼림벌채	기계가동	차량통행	조명설치	사람의출입	식생개변	지형개변	공작물의존재	도로의존재	자동차주행	사람의출입
대기환경	대기오염물질 발생			○	○							○	
	소음 발생			○	○							○	
	진동 발생			○	○							○	
	미기상의 변화							○	○				
수환경	물이 탁해짐	○	○					○	○				
	물의 양 변화							○	○				
	지하수위 변화							○	○				
토양 환경 등	지형 변화	○							○				
	표층 침식, 토양 유출	○	○					○	○				
	토사 유입·퇴적	○	○					○	○				
	토양의 건조화	○	○					○	○				
생물군집	식생 변화	○	○					○	○				
	삼림·초지의 소실·감소	○	○					○					
	생식장소의 분단							○	○		○		
	생물종의 사멸, 도피	○	○					○	○				
	이입종 등의 침입										○		
	답압(踏壓) 발생						○						○
	도굴, 포획, 살상												○
	모이를 주어 길들임												○
기타	일조량 증가	○	○					○	○				
	야간의 빛 조건 변화					○							

주) ○는 관련성이 있는 것을 나타냄.

사업 내용과 공사 장소 등에 따라 환경영향요인은 다릅니다. 이들의 환경영향요인에 따라 생태계에 미치는 환경요소의 변화를 검토합니다. 예를 들면, 조성공사에 의해 물의 탁해짐, 지형 변화, 표층 침식, 토양 유출, 토사 유입, 퇴적, 토양 건조화, 식생 변화, 삼림과 초지의 소실 및 감소, 생물종의 사멸 및 도피, 일조량의 증가 등이 있습니다. 이들을 정리해서 환경영향요인과 환경요소 변화의 관련성을 나타낸 매트릭스를 작성합니다. [표 7.7]에 매트릭스의 예를 나타냈습니다. 이 표에서 ○ 표시는 관계가 있는 것을 나타냅니다. 당연한 것이지만 공사 내용과 건설하는 건물의 내용에 따라 이들의 관계는 다릅니다.

7.2.3 변화하는 환경요소와 유형과의 관련성 파악

7.2.1항에서 구분한 유형과 7.2.2항에서 정리한 사업에 따라 변화하는 환경요소의 관련성을 검토합니다. 즉 사업에 따른 환경 변화와, 어떤 유형의 생태계에 영향을 미치는지를 검토합니다. 환경요소의 변화와 생태계 유형의 관련성을 정리한 예는 [표 7.8]과 같습니다.

[표 7.8] 환경요소의 변화와 생태계 유형의 관련성

유형 및 중요한 환경 \ 환경요소의 변화	대기환경				수환경		토양환경 등					생물군집					기타	
	대기오염물질 발생	소음 발생	진동 발생	미기상 변화	물의 탁함 발생	물의 양 변화	지하수위의 변화	지형 변화	표층 침식·토양의 유출	토사 유입·퇴적	토양의 건조화	식생 변화	삼림·초지의 소실 및 감소	생식장소의 분단	생물종의 사멸 및 도피	이입종 등의 침입	일조량의 증가	야간의 빛조건 변화
구릉지-낙엽광엽수림	○	○	○	○			○	○	○		○	○	○	○	○	○		○
고위대지-상록광엽수림	○	○	○				○	○	○		○	○	○	○	○	○		○
고위대지-낙엽광엽수림	○	○	○				○	○	○		○	○	○	○	○	○		○
하안단구-논	○	○	○		○	○	○	○	○		○							○
초지				○														
방치 논 잡초 군집	○	○	○	○			○	○	○		○	○			○			○
저수지					○	○	○	○	○		○		○	○	○			

주) ○는 관련성이 있는 것을 나타냄.

7.2.4 생태계에 미치는 영향 파악

대상지역에 미치는 영향, 특히 대상지역의 동물 생식지나 생태계 구조 및 기능에 미치는 영향의 크기를 검토하고, 생태계의 환경영향평가를 실시할 때 중점을 두어야 할 측면을 검토합니다. [그림 7.4]는 사업이 생태계에 미치는 영향의 흐름을 예로 나타낸 것입니다. 예를 들면, 사업의 시행으로 삼림이 벌채되면 삼림이 감소하거나 소실되고, 초원과 나지(裸地)가 증가하며 도시형 생물과 이입종이 증가할 것을 예측할 수 있습니다. 또, 삼림생물의 생식환경이 변화함에 따라 삼림의 생물군집에 미치는 영향을 예측할 수 있습니다. 이같이 환경영향요인을 분석하고, 환경요소의 변화를 파악하며 생물군집에 미치는 영향을 예측합니다.

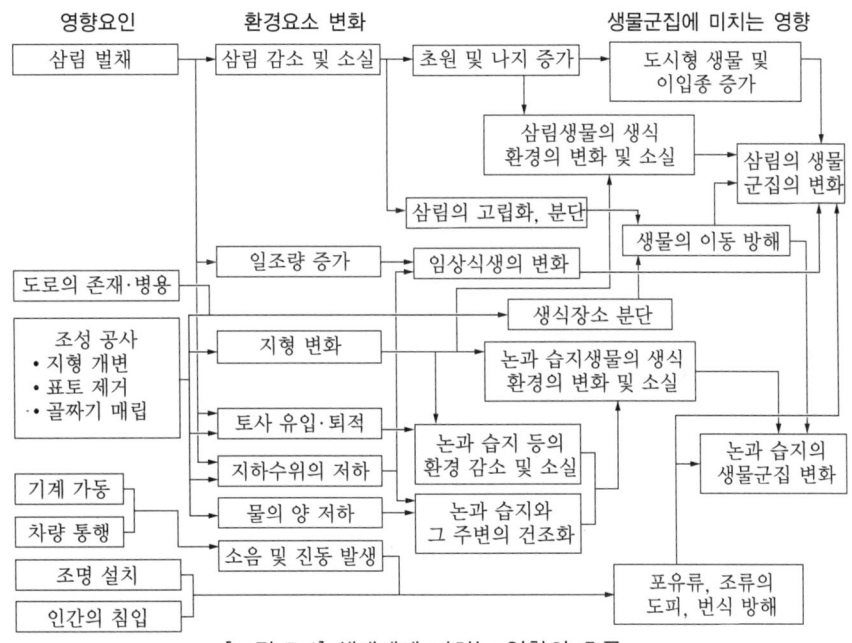

[그림 7.4] 생태계에 미치는 영향의 흐름

7.2.5 주목종(注目種), 군집의 추출

모든 생태계의 변화를 예측·평가하는 것은 거의 불가능합니다. 이 때문에 중요한 생태계 요소에 대해 예측·평가를 하는 것이 일반적입니다. 그래서 생태계에 미치는 영향을 파악하기 위해서 적절한 주목종과 군집을 추출합니다. 추출하는 경우의 관점은 다음과 같습니다.

- 지역의 영양단계의 상위에 위치하는 종
- 대상지역에서 영향을 받는 면적이 크고, 지역의 종의 다양성을 유지하는 데 중요하게 생각되는 생물종과 군집

• 면적으로는 작더라도 그 환경에 의존하는 생물종과 군집
• 복합환경을 필요로 하는 생물종과 군집

예를 들면, [표 7.9]와 같은 주목종(注目種)과 군집을 들 수 있습니다.

[표 7.9] 주목종의 선정과 그 이유의 예

선정종	관 점	선정 이유
올빼미	상위성	행동권이 넓어 삼림을 번식, 휴식하는 장소나 사냥터로 폭넓게 이용함과 동시에 초원과 밭도 사냥터로 이용하기 때문에 식생 개변, 토지 이용 개변으로 인한 영향을 예측하는 데 적합하다.
산청개구리	전형성	수역과 삼림역을 연속으로 이용하기 때문에 삼림과 밭, 습지 등의 감소, 소실 및 도로 건설로 인한 수환경과 삼림환경의 분단으로 인한 영향을 예측하는 데 적합하다.
얼레지	특수성	양호한 생육으로는 수분 조건이 중요하고, 수환경의 변화를 예측하는 데 적합하다.

7.2.6 예측

(1) 예측방법

올빼미의 조사·예측 흐름을 예를 들어 설명합니다. 사업으로 인해 올빼미에게 미치는 영향을 검토하는 흐름은 [그림 7.5]와 같습니다. 영향 내용은 삼림의 감소와 단편화로 인해 생식장소에 미치는 영향, 임상식생의 변화로 인해 사냥터에 미치는 영향, 도로 공용 등의 이동 방해에 따른 것 등이 있습니다. 이것을 토대로 [그림 7.6]의 예측 흐름을 예측합니다. 우선, 올빼미의 생식장소의 분석과 생식상황(둥지 상황, 번식상황 등)을 현지조사합니다. 이들의 조사결과를 토대로 사업으로 인한 올빼미에게 알맞은 서식지 소실의

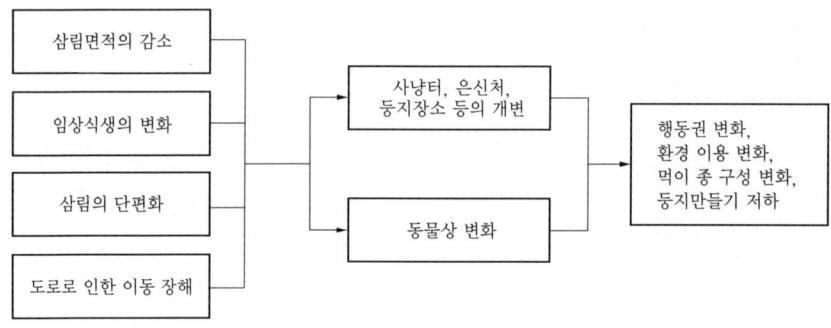

[그림 7.5] 올빼미에게 미치는 영향 검토

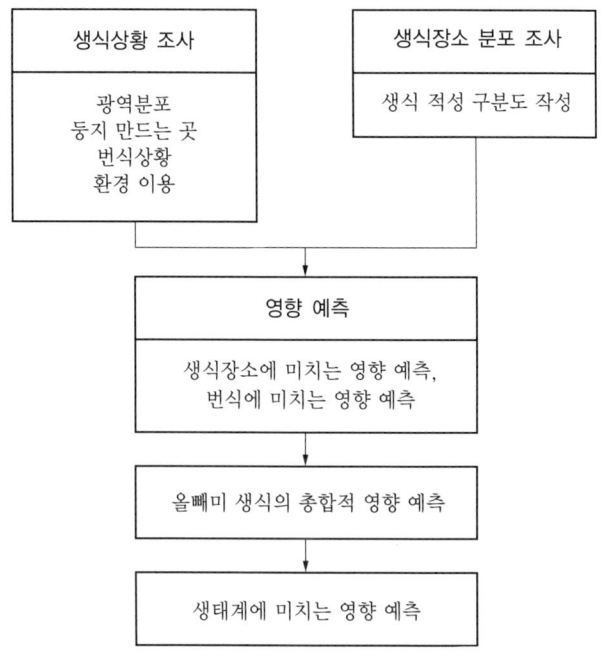

[그림 7.6] 올빼미의 조사예측 순서

정도와 남아 있는 삼림의 분포상황을 분명히 밝히고, 생식지의 변화와 번식에 미치는 영향을 예측합니다.

(2) 예측결과

사업 실시에 따라 올빼미와 포식·피식관계에 있는 생물에게도 영향을 주기 때문에 올빼미도 영향을 받을 것이라고 생각합니다. 또, 올빼미의 개체수가 변화함으로써 포식압(捕食壓)이 변화되어 피식동물에게도 영향이 있다는 것을 예측할 수 있습니다.

또, 사업 실시로 인해 삼림수직구조가 변화하기 때문에 알맞은 생식지가 축소, 단편화되고, 올빼미 생식지의 질이 저하된다고 예측할 수 있습니다. 그뿐만 아니라 삼림구조의 변화는 올빼미와 경쟁관계에 있는 동물에게도 영향을 준다고 예측할 수 있습니다.

7.2.7 환경보전조치

환경영향평가에서 사업으로 인해 환경에 미치는 영향을 줄이는 절차를 환경보전조치라고 합니다. 환경보전조치는 크게 회피, 저감, 대상(代償)으로 구분할 수 있습니다.

　환경보존조치 개요는 [표 7.10]과 같습니다. 회피는 행위(환경영향요인이 되는 사업행위)의 전체 또는 일부를 실행하지 않음으로써 영향을 회피하는(발생시키지 않는) 것입니다.

[표 7.10] 환경보전조치의 개요

구 분	내 용
회피	행위(환경영향요인이 되는 사업행위)의 전체 또는 일부를 실행하지 않아 영향을 회피하는 (발생시키지 않는) 것
저감	어떤 수단으로 영향요인 또는 영향의 발현을 최소한으로 억제하는 것 또는 발현한 영향을 어떤 수단으로 복원하는 조치라고 할 수 있다. 저감에는 「최소화」, 「수정」, 「경감/소실」이란 환경보전조치가 포함된다.
대상 (代償)	소실하거나 영향을 받는 환경(생태계)에 어울리는 가치의 장소나 기능을 새롭게 창출하여 전체의 영향을 완화시킨다.

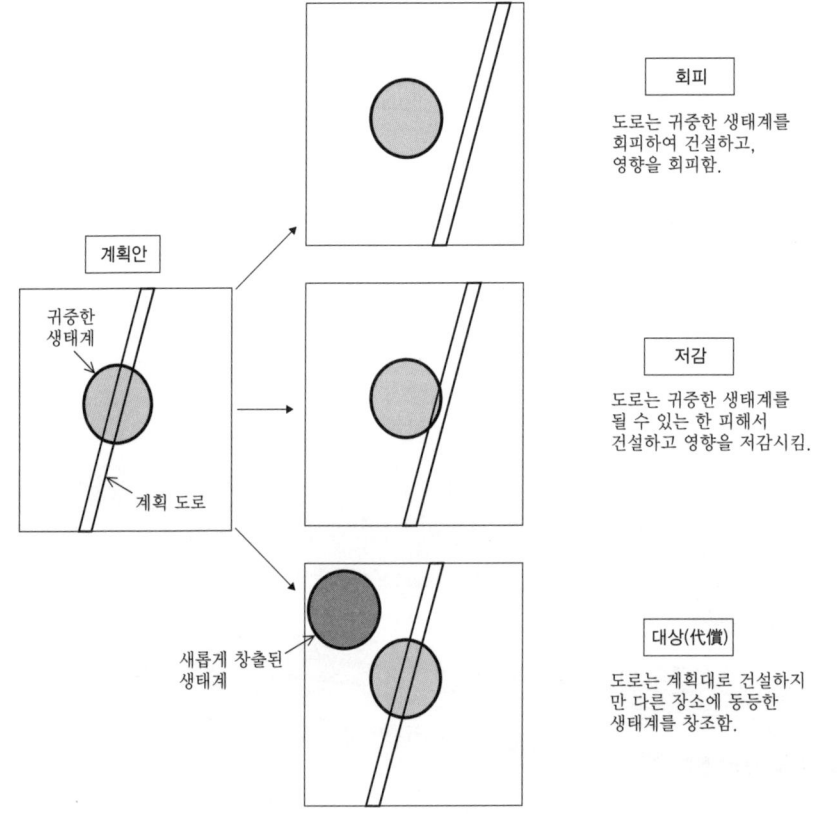

[그림 7.7] 환경보전조치의 사고방식

저감은 어떤 수단으로 영향요인 또는 영향의 발현을 최소한으로 억제하는 것 또는 발현한 영향을 어떤 수단으로 복원하는 조치입니다. 저감에는 「최소화」, 「수정」, 「경감/소실」이라는 환경보전조치가 포함됩니다. 대상(代償)은 소실하거나 영향을 받은 환경(생태계)에 상당하는 가치의 장소나 기능을 새롭게 창출하여 전체에 미치는 영향을 완화시키는 것입니다.

이번 사례를 예로 들어 설명하면 [그림 7.7]과 같습니다. 올빼미 등의 생식과 같은 중요한 생태계가 계획상 도로에 있을 때, 회피의 경우는 도로 계획을 변경하여 올빼미 등의 생태계에 영향을 미치지 않는 루트로 변경합니다. 저감의 경우에는 될 수 있는 한 생태계에 영향을 적게 주는 루트로 합니다. 대상(代償)의 경우에는 루트는 계획대로 하고 다른 장소에 새로운 생태계를 창출합니다.

덧붙여 말하면, 다음 장에서 환경보전기술에 대해 상세히 설명합니다.

7.2.8 평가방법

생태계에 관한 평가는 채용한 환경보전조치를 실시함에 따라 예측한 영향을 충분히 회피하거나 저감할 수 있는지 없는지에 대해서 사업자의 견해를 분명히 하고 행합니다. 현재 생태계의 다양성과 기능의 가치를 총합적으로 표현할 수 있는 방법이 확립되어 있지 않기 때문에 평가의 기준으로는 「주목종, 군집의 생식·생육을 망가뜨리지 않는 것」, 「생물종, 군집의 다양성을 망가뜨리지 않는 것」 등을 생각할 수 있습니다.

7.3 환경영향평가를 이용한 업무 사례

도로 건설로 인한 동식물의 환경영향평가 조사의 예는 아래와 같습니다.

7.3.1 업무의 개요

이 일은 어느 지역에 도로를 건설할 때 3가지의 루트안을 생각해서 각각의 루트가 동식물 등의 자연환경에 주는 영향을 예측하여, 루트 선정의 기초적인 데이터를 얻는 것이 목적입니다. 이 일의 전체 스케줄은 [표 7.11]과 같습니다. 1월에 조사를 시작해 다음 해 3월까지 1년 3개월 정도의 일입니다. 우선 사업계획을 분석하고, 조사항목 및 조사계획을 세웁니다. 다음으로 대상지역의 대개의 상황을 기존자료와 현지답사를 통해 조사합니다. 그 다음 조사결과를 분석하고, 사업계획과 대조한 후 그 영향을 예측하고, 다른 요소를 감안하여 최적의 루트를 제안합니다.

[표 7.11] 전체 조사 스케줄

	1월	2월	3월	4월	5월	6월	7월	8월	9월	10월	11월	12월	1월	2월	3월
사업 특성 파악	←		→												
지역 대개의 상황 조사	←		→												
조사항목 선정		←	→												
식물 현지조사			←								→				
동물 현지조사				←											→
현지조사결과 정리							←								→
영향예측											←				→
루트 평가														←	→

아래에 현지조사방법, 조사결과 정리, 예측평가 방법에 대해 설명합니다.

7.3.2 조사방법

현지조사는 [그림 7.8]과 같은 루트안부터 조사대상범위 설정과 조사방법, 공정 등을 결정하는 것부터 시작합니다. 다음으로 조사대상범위인 식물과 동물에 대해서 현지조사를 실시합니다.

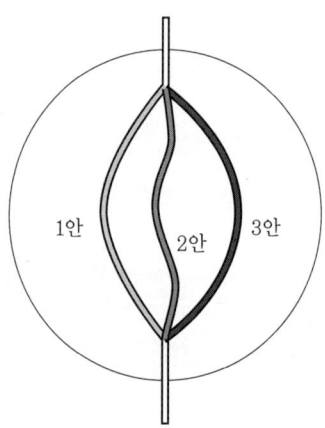

[그림 7.8] 루트 안과 조사범위

조사범위는 [그림 7.8]과 같이 각 루트안의 중심선부터 대략 한쪽의 범위가 200m 포함되도록 설정합니다. 그 이유는 도로에서 한쪽의 범위가 100m이면 직접적, 간접적으로 공사와 개변에 영향을 미칠 수도 있고, 또, 그 범위부터 100m 주변 자연을 조사하면 예측하지 못한 영향의 발생에도 대체적으로 대응할 수 있다고 생각하기 때문입니다.

단, 조류는 다른 생물에 비해 특히 이동 능력이 높기 때문에 보다 넓은 조사범위가 필요하고, 실질적으로도 이 조사범위보다도 넓은 범위가 필요합니다.

[표 7.12] 동식물의 현지조사 방법

조사항목	조사방법	조사시기	조사규모(1기당) [인·일]
식물상	답사하고 확인종을 작성함. 주목종이 확인된 경우에는 확인 지점과 개체수 등을 기록함.	춘기(3~5월) 하기(6~8월) 추기(9~11월)	6
식물군락	기존의 지형도와 식생도 및 항공사진 등으로 상관을 파악함. 현지조사로는 대표적인 식생장소에서 사각형구를 설치하고, Brawn-Blanquet의 전추정법으로 인한 식생조사를 실시함.	춘기(4~5월) 하기(7~8월) 추기(10~11월)	8
곤충류	[임의 채집] 스위핑이나 비팅(두드림법)에 따른 임의 채집과 목격이나 울음소리로 확인하는 센서스를 함. [베이트 트랩] 먹이(베이트)를 넣은 컵을 설치해 곤충을 채집함. [라이트 트랩] 수은 등을 사용해 야간에 곤충을 채집함. 주목종이 확인된 경우에는 확인 지점과 개체수 등을 기록함.	춘기(3~5월) 하기(6~8월) 추기(9~11월)	8
양생·파충류	답사에 따라 확인종을 작성함. 주목종이 확인된 경우에는 확인 지점과 개체수 등을 기록함.	춘기(4~5월) 하기(6~8월) 추기(9~11월)	8
조류(鳥類)	라인 센서스(5라인)를 실시하고 장소마다 조류의 출현상황을 조사함. 주목종이 확인된 경우에는 확인 지점과 개체수 등을 기록함.	춘기(3~5월) 하기(6~8월) 추기(9~11월) 동기(12~2월)	8
포유류	답사를 하고, 개체의 목격과 필드 사인(배설물, 발자국 등)을 확인함. 소형 포유류는 마우스 트랩을 이용해 포획조사를 함. 주목종이 확인된 경우에는 확인 지점과 개체수 등을 기록함.	춘기(3~5월) 하기(6~8월) 추기(9~11월) 동기(12~2월)	8

동식물의 현지조사 내용은 [표 7.12]와 같습니다. 조사는 사계절(춘하추동) 실시하는 것이 원칙입니다. 단, 동기에 활동하지 않는 동물과 생육을 확인할 수 없는 식물은 동기에 조사를 실시하지 않습니다. 조사규모는 조사대상의 면적과 동식물의 생식생육 상황을 상정하여 결정합니다.

7.3.3 조사결과

조사결과의 한 가지 예로, 현재 식생도와 주목 동식물의 확인상황을 [그림 7.9]와 [그림 7.10]에 나타냈습니다. 공공사업의 경우 많은 사람들에게 조사결과를 발표하므로 일반인들도 이해하기 쉽도록 조사결과를 표현하는 것이 중요합니다.

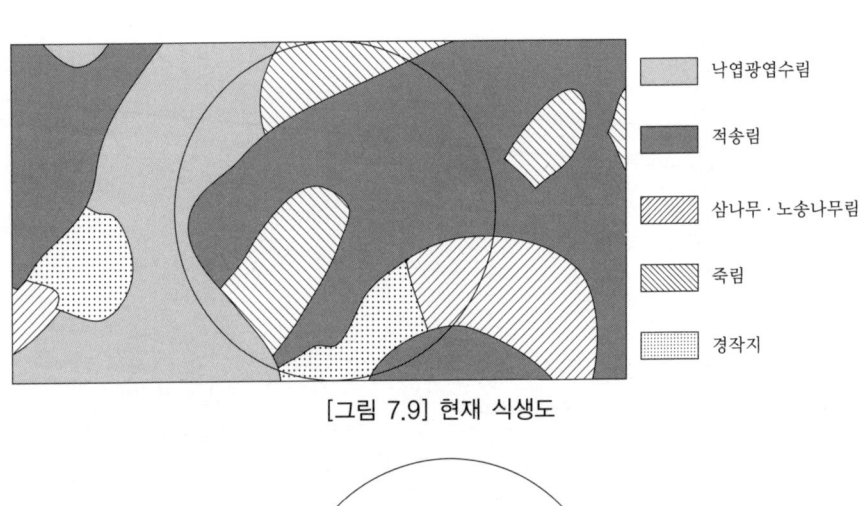

낙엽광엽수림

적송림

삼나무 · 노송나무림

죽림

경작지

[그림 7.9] 현재 식생도

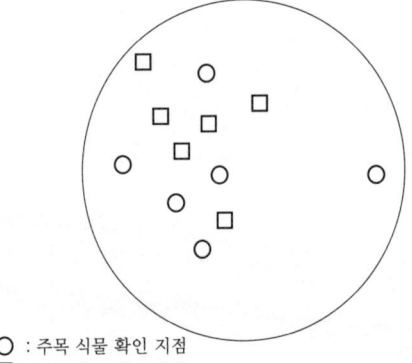

○ : 주목 식물 확인 지점
□ : 주목 동물 확인 지점

[그림 7.10] 주목 동식물의 분포상황

7.3.4 영향예측과 루트 평가

사업계획과 조사결과를 서로 맞춰 각 루트에 미치는 영향을 예측합니다. 주목종과 도로 계획안을 서로 맞춘 도면의 이미지는 [그림 7.11]과 같습니다. 계획도로에 가까운 장소에 확인된 주목종(注目種)에 대해서 도로 건설의 영향이 예측됩니다. 최종적으로 도로의 루트는 동식물만으로 결정할 수 있는 것이 아니기 때문에 [표 7.13]과 같이 사회환경, 사업비, 지형지질 등을 종합적으로 감안하여 결정합니다(여기에서는 지형지질 등에 대한 설명은 생략합니다). 본 조사로 건설비는 약간 비싸지만 자연환경과 사회환경에 미치는 영향이 적은 3안이 채택되었습니다.

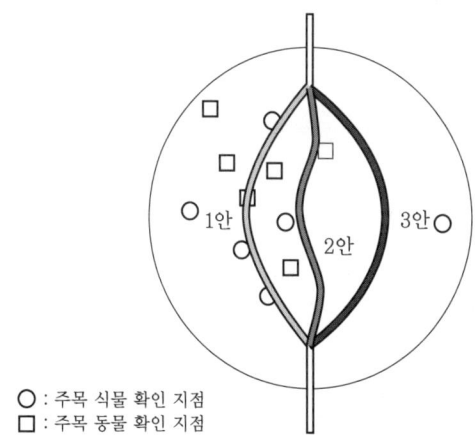

○ : 주목 식물 확인 지점
□ : 주목 동물 확인 지점

[그림 7.11] 주목종과 도로 계획안의 위치 관계

[표 7.13] 종합 평가 결과의 개요

안	특히 주목해야 할 동식물의 상황	사회환경에 미치는 영향	예상 공사비
1안	식물은 멸종위구IB류(EN)인 ○○, 멸종위구Ⅱ류(VU)의 △△의 생육이 확인되었다. 양생·파충류는 XX가 확인되었다. 조류는 멸종위구Ⅱ류(VU)의 ○○의 둥지나무(營巢木)가 확인되었다.	유형문화재, 천연기념물, 묘지, 사찰, 민가의 영향이 크다.	싸다.
2안	식물은 멸종위구IA류(CR)인 ○○, 멸종위구IB류(EN)인 △△, 시의 조례 지정종인 □□의 생육이 확인되었다.	일부 민가와 공민관에 미치는 영향이 있다.	비싸다.
3안	양생·파충류는 ○○이 확인되었다.	영향은 적다.	중간

Q&A

Q.1 일본에서 환경영향평가법의 실적은 몇 건 있습니까?

A.1 환경영향평가법으로 절차를 밟은 건수는 2007년 3월말 시점에서 169건입니다. 자세한 내용은 일본 환경성의 웹사이트 「어세스먼트 사례 통계 정보(http://www.env.go.jp/policy/assess/3-3statistic/index.html)를 참조해 주세요.

Q.2 산청개구리(슐레겔청개구리)란 어디에서 생식하는 개구리입니까?

A.2 일본 혼슈이남(本州以南), 시코쿠지방, 큐슈지방에 분포하고 있습니다. 몸의 길이가 4~5cm이고, 청개구리류 중에서는 소형 종입니다. 이름은 네덜란드의 레이덴왕립자연사박물관의 관장이었던 헤르만 슐레겔에서 유래합니다.

Q.3 환경영향평가는 마지막에 누가 평가합니까?

A.3 환경영향평가는 사업자가 합니다만, 실제로 사업을 실시할 수 있는지 없는지는 인·허가(認許可)권자의 판단으로 정해집니다.

Q.4 환경영향평가의 실시 주체는 누구입니까?

A.4 사업자입니다.

Q.5 환경영향평가는 왜 시작했습니까?

A.5 20세기 후반 개발 규모가 확대되고, 환경파괴의 영향이 커짐으로써 시작되었습니다.

연습문제

1. 환경영향평가란 무엇인지 간단히 설명해 보세요.
2. 환경영향평가제도의 역사에 대해서 간단히 설명해 보세요.
3. 환경영향평가의 절차에 대해서 간단히 설명해 보세요.
4. 환경영향평가법에서 정한 예측 평가하는 환경요소의 구분에 대해서 설명해 보세요.
5. 동식물 및 생태계의 예측 및 평가에 대한 기본적인 순서에 대해서 설명해 보세요.
6. 환경보전조치의 사고방식에 대해서 설명해 보세요.

정리

☑ 환경영향평가(환경 어세스먼트)란 인간의 도로나 댐 등의 개발행위로 인한 자연환경의 파괴와 생활환경에 미치는 영향을 미연에 방지하며, 이러한 개발행위로 인해 환경에 미치는 영향을 미리 예측·평가하고, 개발로 인해 미치는 영향을 회피·저감시키기 위한 절차입니다.

☑ 일본에서는 1972년 공공사업에 환경영향평가가 도입되었고, 1997년에 환경영향평가법이 제정되었으며, 1999년부터 시행되었습니다.

☑ 환경영향평가법에서 그 실시가 의무화되는 사업은 규모가 큰 사업으로 환경에 영향을 미칠 우려가 있다고 판단되는 사업입니다.

☑ 환경영향평가 절차의 흐름은 크게 방법서, 준비서, 평가서로 나뉩니다.

☑ 방법서는 환경영향평가를 실시하기 위한 수법에 관한 내용을 기재한 도서입니다.

☑ 준비서는 환경영향평가 작업을 한 결과의 중간 보고서입니다.

☑ 평가서는 환경영향평가의 최종 보고서입니다.

☑ 방법서, 준비서의 단계에서 도·부·현(都府縣) 지사와 일반인의 의견을 환경영향평가에 반영시킬 수 있습니다.

☑ 예측 평가하는 환경요소는 "환경의 자연적 구성요소의 양호한 상태 유지", "생물다양성의 확보 및 자연환경을 체계적으로 보전", "인간과 자연과의 풍부한 접촉", "환경부하"로 구분됩니다.

☑ "생물다양성의 확보 및 자연환경의 체계적 보전"에는 식물, 동물, 생태계가 포함되어 있습니다.

☑ 동식물 및 생태계의 예측과 평가에 대한 기본적인 순서는 다음과 같습니다.
① 지역의 개황조사
② 사업내용 분석과 환경영향요인 파악 → 환경요소의 변화 매트릭스 작성
③ 동식물 및 생태계에 미치는 영향 정리
④ 환경영향평가의 항목 선정과 조사, 예측, 평가수법 선정
⑤ 상세히 조사하고 환경영향평가의 항목 예측 실시
⑥ 환경보전조치 검토
⑦ 평가 실시

이 장의 목적

제7장에서도 환경보전조치에 대해서 접했지만, 이 장에서는 보다 구체적인 자연환경 보전기술에 대해서 설명합니다. 인간 활동으로 개변된 자연을 원래 상태나, 보다 좋은 상태로 되돌리기 위해 자연환경을 보전하기 위한 기본적인 사고방식, 자연환경보전기술 및 구체적인 사례로 수환경(水環境) 보전에 대해서 설명합니다.

8.1 자연환경보전이란?

8.1.1 자연환경보전의 이념

가까운 곳에 있는 자연의 감소나 지구환경문제 등 자연환경에 관련된 문제를 극복하고, 후손에게 양호한 환경을 물려주기 위해서는 다음과 같은 정신이 중요합니다.

- 자연의 구조를 제대로 이해한다.
- 자연으로부터 겸허히 배운다.
- 자연을 공유한다.

(1) 자연의 구조를 제대로 이해함

자연은 사람에게 여유와 평안이라는 정신적인 풍부함을 주는 것과 동시에 많은 혜택도 줍니다. 자연은 치밀한 구조로 이루어져 있고, 인간은 자연의 이치에 맞는 행동을 할 필요가 있습니다. 그러기 위해서는 자연의 구조를 제대로 이해할 필요가 있습니다.

(2) 자연으로부터 겸허히 배움

인간은 자연의 구조로부터 독립해서 생존할 수 없습니다. 이 때문에 인간은 삶의 기반인 자연으로부터 겸허히 배울 필요가 있습니다. 그러므로 인간과 자연과의 교류를 한층 강하게 할 필요가 있습니다.

(3) 자연을 공유함

현대인의 사용가치와 자산가치로 자연을 구별하거나 독점해서는 안 됩니다. 우리의 후손과 모든 생물들이 자연을 공유할 필요가 있습니다.

8.1.2 자연환경보전기술의 목적과 유의점

위의 기본 이념을 토대로 한 자연환경보전기술의 목적은 "생태계 전체의 질적 향상과 개선"이라고 할 수 있습니다. 자연환경보전기술을 적용하는 데 유의해야 할 점은 다음과 같습니다.

- 생태계 전체를 본다.
- 지역 환경의 특성을 중시한다.

(1) 생태계 전체를 바라봄

하나의 생물종과 인간의 관점에서 바라본 쾌적성만을 목적으로 해서는 안 됩니다. 왜냐하면, 하나의 생물종이 단독으로 생육하고 생식하는 것은 불가능하기 때문입니다. 즉, 먹이사슬 등 다른 생물과의 관계와 비생물적 요소가 있기 때문에 살 수 있는 것입니다. 그렇기 때문에 생물의 다양성과 환경의 다양성에 배려할 필요가 있습니다.

예를 들면, 반딧불과 잠자리가 생식할 수 있는 하천환경의 복원과 창조를 생각해 봅시다. 반딧불과 잠자리의 생식만 목적으로 하고, 다른 생물을 배려하지 않는다면 어떻게 될까요? 반딧불과 잠자리만이 날아다니는 환경이 되고, 곧이어 반딧불과 잠자리도 사멸해 버립니다. 왜냐하면 반딧불과 잠자리는 제2장에서도 설명했듯이 많은 생물의 먹이사슬이 있기 때문에 살 수 있었던 것입니다. 이 때문에 반딧불 이외의 생물에게도 생식하고 생육할 수 있는 하천환경을 복원하고 창조하지 않으면 안 됩니다.

(2) 지역 환경의 특성을 중시함

지역의 생태계는 그 지역의 비생물적 요소와 생물적 요소로 존재하고 있습니다. 지역마다 자연환경의 특성이 다르지만, 기본적으로는 그 지역의 기후와 토양 등에 적합한 동식물이 생식·생육하고 있습니다. 자연환경보전기술을 적용할 경우, 이런 지역마다 생물의 생태적인 특징을 배려하고, 자연환경 특성에 맞게 지역의 소재와 종을 활용하고, 그 지역 생태계 전체의 질을 향상시키고 개선할 필요가 있습니다. 예를 들면, 너도밤나무림이 아무리 멋지더라도 평지의 도시부에, 산지에 생육하는 너도밤나무를 심을 수 있는 녹화는 별로 없습니다. 즉, 그 지역의 잠재 자연식생(그 환경의 기후를 토대로 한 이론적인 식생)에 맞는 녹화를 할 필요가 있습니다.

8.1.3 자연환경보전기술의 구분

환경보전기술의 사고방식으로는 보존, 복원, 창조가 있습니다. 각각의 개요는 [표 8.1], 적용해야 할 환경 상태는 [그림 8.1]과 같습니다. 보존은 산간지와 같은 자연환경이 풍부한 지역에서 그 상태를 유지하는(아무것도 하지 않는) 것입니다. 복원은 도시 교외와 같이 어느 정도 개발이 진행된 지역에서 자연환경의 질을 될 수 있는 한 떨어트리지 않거나 개변한 후에 자연환경을 복원하는 것입니다. 예를 들면, 이식, 기존 표토에 의한 녹화 등입니다. 창조는 도시부와 같이 자연환경이 거의 남아 있지 않은 지역이나 자연을 이미 잃어버린 곳에서 적극적으로 자연환경을 창조하는 기술입니다.

이들의 기술을 엄밀하게 구분할 수는 없지만, 다음 절 이후부터는 복원, 창조 기술과 보존 기술로 나누어 설명합니다.

[표 8.1] 자연환경보전기술의 구분

사고방식	개 요	주된 적용지역
보존	자연환경이 양호하게 존재하고 있는 지역에서 그 상태를 유지하는(아무것도 하지 않는) 것	산간지
복원	자연환경의 질을 될 수 있는 한 떨어트리지 않음. 혹은 개변한 후에 자연환경을 복원하는 것. 예를 들면 이식, 기존 표토에 의한 녹화 등	도시 교외
창조	자연이 이미 없어진 곳에서 적극적으로 자연환경을 창조함.	도시부

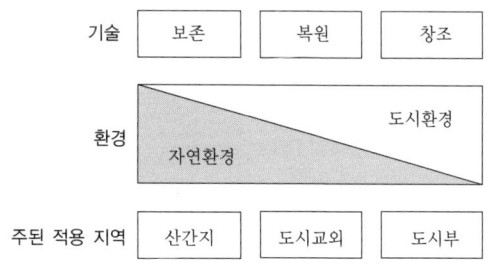

[그림 8.1] 자연환경보전기술 적용의 개념

8.2 | 복원과 창조 기술

8.2.1 지역의 소재와 종을 활용하는 기술

자연환경의 복원과 창조에 대해서는 될 수 있는 한 현장 발생재와 같은 지역의 것을 사용하는 것이 바람직합니다. 다른 지역의 생물종을 가지고 들어오는 것은 그 지역 고유의 종을 교란시킬 우려가 있기 때문에 되도록 피해야 합니다.

예를 들면, [그림 8.2]와 같이 해당 장소에서의 표토를 이용하는 것을 생각할 수 있습니다. 즉, 개변할 부분의 표토에 흙을 덮어 활용하고, 표토 속에 포함되어 있는 지역의 종자에 따라 법면(法面 : 토목공사에서 절토(切土), 성토(盛土) 등에 따라 할 수 있는 경사면)을 녹화하거나 기존 수목을 이식하는 등 그 지역의 종을 활용할 필요가 있습니다.

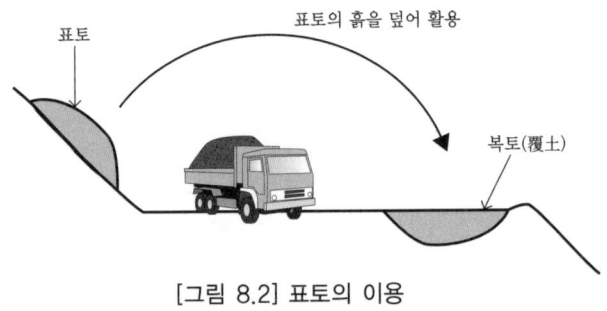

[그림 8.2] 표토의 이용

8.2.2 자연 복원과 창조 기술

(1) 숲의 재생 기술

도시부 등에서 식림 등에 따라 새로운 숲을 창조하는 경우에는 현재 식생 등을 감안함과 동시에 시간의 변화를 고려하고, 10년 후, 20년 후 또는 100년 후의 모습을 생각하면서 계획할 필요가 있습니다. 좋은 예로 일본 동경의 메이지신궁(明治神宮)의 숲은 원래 들판이었던 곳에 1915~1921년에 걸쳐 식목되었던 것이지만 현재는 자연림으로 착각할 정도로 성장했습니다.

일반적으로 삼림은 [그림 8.3]과 같이 고목층, 아고목층, 저목층, 초본층 등의 다층구조(계층구조)로 이루어져 있고, 식생을 복원할 때는 각 층에 다양한 식물이 생육할 수 있도록 배려할 필요가 있습니다. 즉 임록의 식물군집(소매 군락, 망토 군락), 풀숲, 초지, 습지, 강변, 소림(疎林), 밀도가 짙은 숲 등 다양한 식생이 되도록 유의합니다.

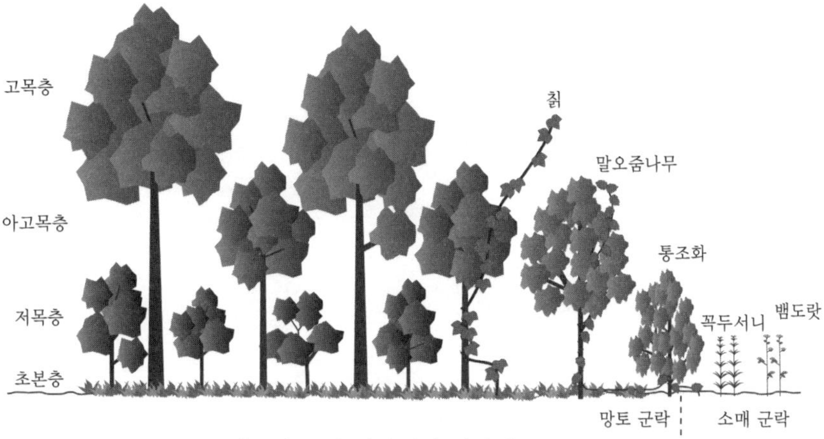

[그림 8.3] 일반적인 삼림의 구조

(2) 법면(法面) 녹화

식생을 복원하고 창조(녹색을 증가시킴)하는 기술로 법면 녹화가 있습니다. 법면 녹화 기술의 예로서, 식생 토양과 식생 매트는 [그림 8.4]와 [그림 8.5]와 같습니다. 이들은 토양과 매트에 종자와 비료 등을 미리 배합하여, 신속하게 법면 등에 식생을 만들어내는 기술입니다.

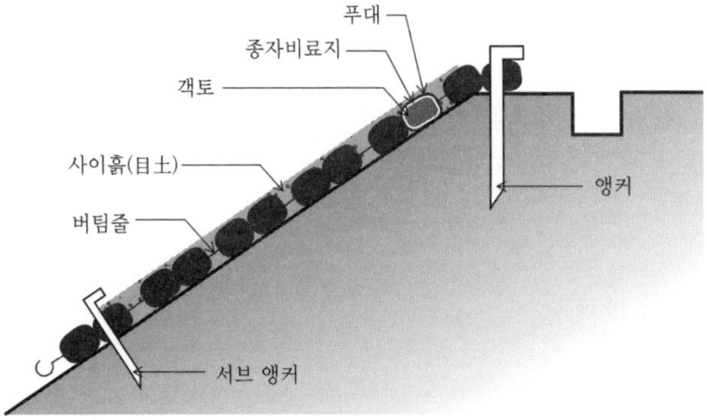

[그림 8.4] 식생 토양

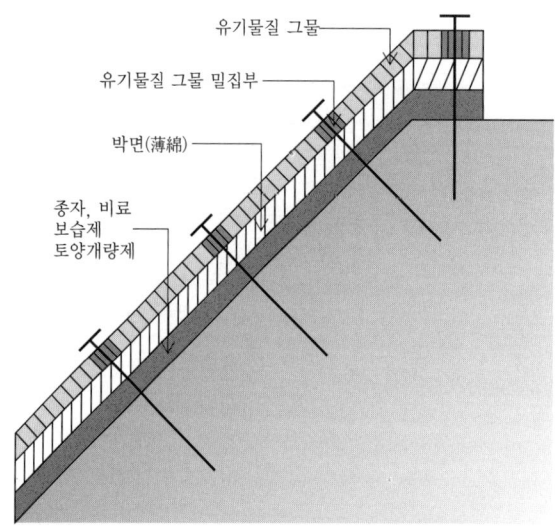

유기물질 그물

유기물질 그물 밀집부

박면(薄綿)

종자, 비료
보습제
토양개량제

[그림 8.5] 식생 매트

8.2.3 수변(水邊) 복원과 창조 기술

수변은 많은 동물에게 중요한 환경입니다. 수변에는 자연 상태의 하천과 못, 호소와 연못, 습지와 해안선 외에 인위적인 논과 용수로, 유지(溜池)와 저수지 등도 포함되어 있습니다.

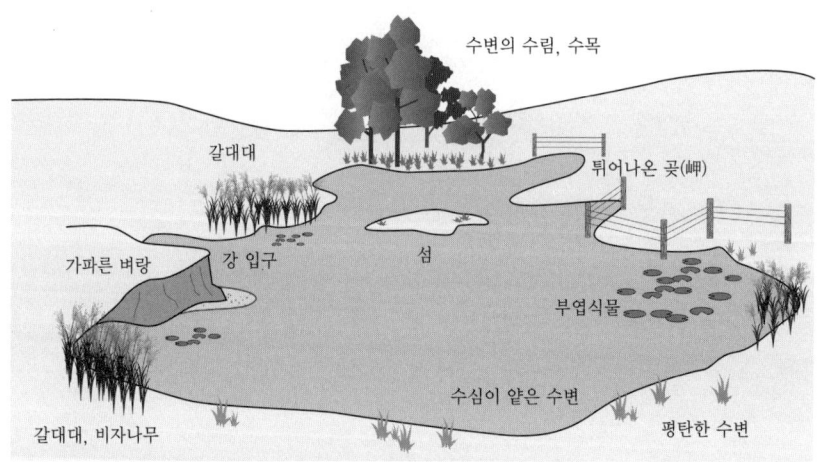

수변의 수림, 수목

갈대대

튀어나온 곳(岬)

가파른 벼랑

강 입구

섬

부엽식물

갈대대, 비자나무

수심이 얕은 수변

평탄한 수변

[그림 8.6] 다양한 수변

　이 수변은 어류, 양생(兩生), 파충류, 곤충류, 조류 등의 서식지, 산란지, 먹이 구하는 장소로 중요합니다. 수변 환경의 정비는 [그림 8.6]과 같이 수역과 육역의 접점을 다양하게 하는 것이 중요합니다. 수변의 다양성을 확보함으로써 환경 변화에 맞는 식생을 회복하고, 다양한 동물이 생식할 수 있게 됩니다.

　하천에서는 [그림 8.7], [그림 8.8], [그림 8.9], [그림 8.10]과 같이 직선적 형상이 아닌 굴곡, 사행(蛇行), 망상(網狀), 분기(分岐) 등 여러 가지 형상의 하도(河道)가 생김에 따라 육역생물과 수역생물의 접점이 많아지고, 번식과 피난장소로 중요한 환경이 만들어집니다. [그림 8.11]과 같이 인위적으로 여울(수심이 얕은 장소)과 늪(수심이 깊은 곳)에 돌무더기를 만들어, 다종다양한 수생생물이 생식·생육할 수 있도록 만듭니다.

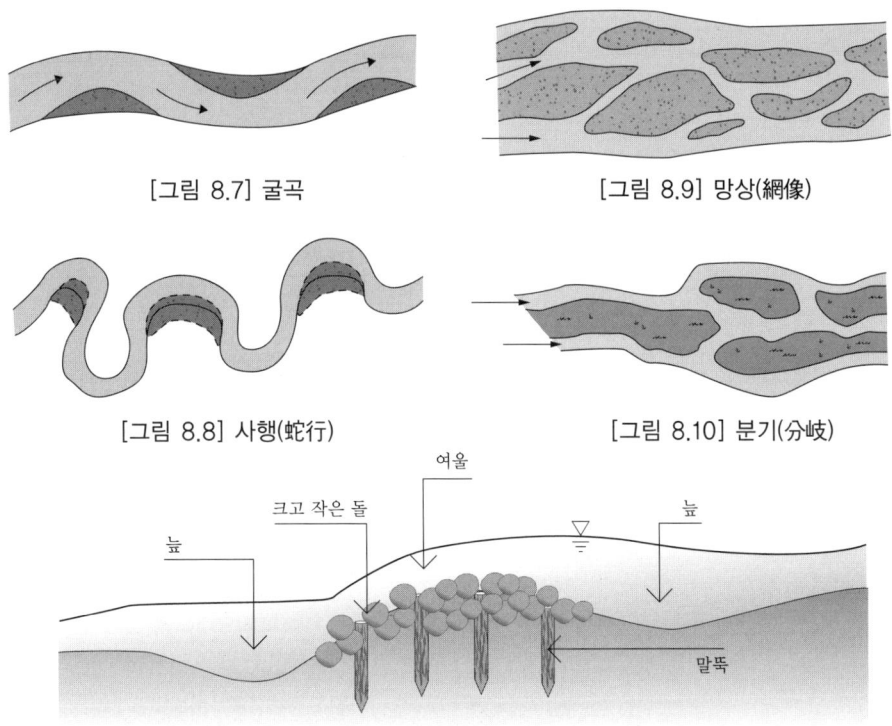

[그림 8.7] 굴곡

[그림 8.9] 망상(網像)

[그림 8.8] 사행(蛇行)

[그림 8.10] 분기(分岐)

[그림 8.11] 인위적인 돌무더기

또, [그림 8.12]와 같이 갈대 등의 수생식물로 이루어진 호안을 만듦에 따라, 많은 동식물의 생식생육 환경을 창조할 수 있습니다.

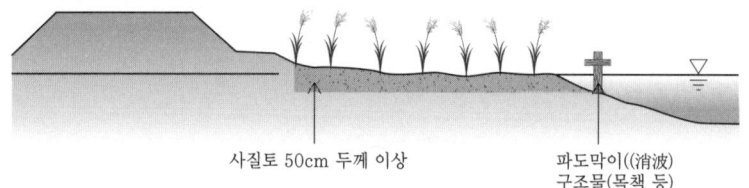

사질토 50cm 두께 이상   파도막이((消波) 구조물(목책 등)

[그림 8.12] 갈대군락으로 인한 식생 호안

8.2.4 다양성을 복원하고 창조하는 기술

앞에서 생물다양성에서도 설명했지만 생물종의 다양성은 매우 중요합니다. 많은 생물이 살고 있는 것은 그 생태계가 그만큼 강하기 때문입니다. 예를 들면, 다양성이 적은 삼림에 특정 수종(樹種)에 의해 삼림이 구성되어 있고, 그 수종을 먹어버리는 곤충 등이 많이 발생하면 그 수종은 단기간에 시들고, 삼림은 황폐해지며, 나아가 토양까지 빗물로 흘러내려 갈 수도 있습니다. 반면에 다종의 수종으로 구성된 삼림이라면 많은 생물이 살 수 있고, 특정 곤충 등이 많이 발생하기 어렵고, 삼림이 황폐해질 가능성은 적습니다.

다양한 환경을 복원·창조하는 경우, 생물의 생활양식에 배려할 필요가 있습니다. 특히, 동물의 경우 산란, 둥지나 보금자리, 먹이 구하는 장소, 은신처, 보금자리 등 여러 장소를 필요로 합니다. 이 때문에 지형과 식생의 다양성을 확보함과 동시에 수변 환경의 존재도 중요합니다.

(1) 디자인·소재 기술

다양성을 복원·창조하기 위한 디자인과 소재의 관점에서 [표 8.2]와 같은 점에 유의할 필요가 있습니다. 기본적으로는 복잡하고 다공질(多孔質)인 환경으로 만드는 것이 중요합니다.

[표 8.2] 다양성을 확보하기 위한 디자인·소재 기술의 관점

관 점	유의점
디자인	• 직선을 피하고, 곡선과 불규칙한 선과 곡면으로 만듦. • 완급(緩急), 고저(高低), 요철(凹凸), 조밀(粗密), 명암(明暗), 대소(大小) 등을 맞추어야 함.
소재	• 될 수 있는 한 자연 소재와 현장의 재료를 사용함. • 될 수 있는 한 다공질 재료를 사용함.

▶▶ 여울과 늪에 대해서 ◀◀

    자연 하천에서 흐름이 빠르고 얕은 곳을 여울이라고 하고, 흐름이 잔잔하고 깊은 곳을 늪이라고 합니다. 여울과 늪의 특징은 [표 8.3]과 [그림 8.13]에 나타냈습니다. 흐름 속도가 빠른 곳은 비교적 큰 돌이 많고, 늪에는 작은 돌과 모래, 때로는 뻘흙이 쌓여 있습니다.

[표 8.3] 강의 형태 단위 특징

부분 항목	급류	평류	늪	강변
수면의 파도	하얀 파도	잔물결	파도 없음	하얀 파도, 파도 없음
물밑	보이지 않음	보임	보임	–
돌의 크기	돌	자갈	모래, 자갈, 돌	돌, 모래
돌의 배열	부석	침석	침석, 부석	침석, 부석
유속	대	중	소	소
수심	얕음	얕음	깊음	얕음
강폭	소	대	중	–
지표 곤충	먹파리애하루살이 흰부채 하루살이 광택날도래류	무늬하루살이	검은얼굴쇠 측범잠자리 어리장수잠자리	꼬리하루살이 메추리강도래

주) 가라앉는 돌(침석)이란 아랫부분이 강 밑의 모래와 뻘흙 속에 푹 묻힌 상태의 돌이며, 부석(浮石)은 고정되지 않고 강 밑에 겹겹이 쌓여 돌 사이에 틈이 있는 상태의 것을 가리킴.
[小泉淸明 : 「강과 호수의 생태」, p.83, 共立出版](1971)]

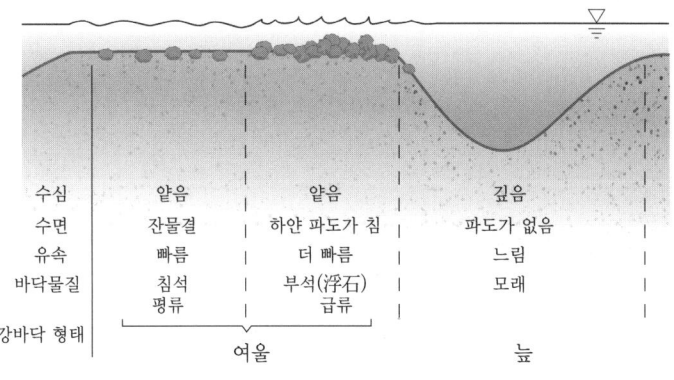

[그림 8.13] 여울과 늪의 특징

(2) 다공질 환경

구멍과 틈이 많은 잡다한 환경은 정연한 환경보다 생물의 생식 밀도도 높고, 다양한 생물이 생식하기 쉽습니다. 즉 구멍과 틈은 동물들의 보금자리 장소, 은신처, 먹이 구하는 장소 등으로 활용됩니다. 구멍과 틈의 크기도 크고, 작은 것 여러 가지가 있는 것이 바람직합니다. 예를 들면 [그림 8.14]와 같이 여러 가지 크기와 형태의 돌무더기를 들 수 있습니다. 돌과 돌 사이에는 많은 공간이 생겨 그곳에 다종식물이 살거나, 곤충류가 생식하거나 합니다. 하천과 호소 등의 수역에서도 사석(捨石), 사롱(蛇籠) 등을 설치함에 따라 다공질 환경을 만들 수 있습니다. 사석은 자연석 등을 강바닥에 설치하는 방법입니다 [그림 8.15]. 사롱은 대나무, 철선 등을 그물로 짜서 원통 모양의 바구니를 만들어, 그 안에 크고 작은 돌과 쪼개진 돌을 채워 넣고 호안에 설치합니다[그림 8.16]. 그곳은 새우 등의 혈거성(穴居性) 생물의 생식지가 됩니다. 모두 다공질 환경으로 만들어 다양한 수생 생물이 살 수 있도록 하는 기술입니다.

[그림 8.14] 돌무더기 이미지

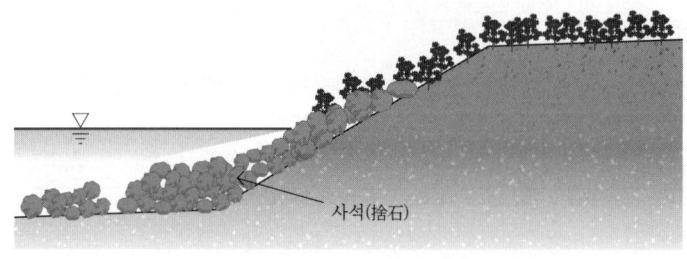

사석(捨石)

[그림 8.15] 사석(捨石)

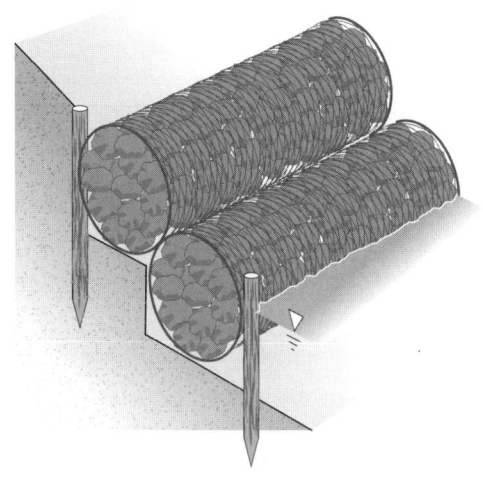

[그림 8.16] 사롱(蛇籠)

(3) 수변이나 임록 등의 이행대(移行帶 : 에코 톤) 창출

이행대란 수역과 육역 간의 수변과 삼림과 초원의 임록부와 같이 몇 개의 환경요소가 겹치는 환경을 말합니다. 이행대는 생물의 중요한 생식생육 환경입니다. 환경을 보전하는 경우에는 이행대 창출에 배려가 필요합니다.

8.2.5 실시 사례

복원과 창출 기술 실시의 예로 하천에서 다자연형 하천 만들기, 또 도로의 사례로 에코로드에 대해 설명합니다.

(1) 다자연형 하천 만들기

다자연형 하천 만들기란 "하천 전체의 자연의 구성을 시야에 넣고, 지역 생활과 역사·문화와의 조화도 배려하며, 하천이 본래 가지고 있는 생물의 생식, 생육, 번식 환경 및 다양한 하천의 풍경을 보전하고, 창출하기 위해 하천을 관리하는 것"이라고 일본의 국토교통성에서 정의하고 있습니다. 나가노현(長野縣) 오오마치시(大町市)의 사례는 [그림 8.17]과 [그림 8.18]과 같습니다. 이 사례는 어류의 생식환경을 개선하고, 시민이 강을 즐길 수 있도록 이루어졌습니다. 또 요코하마시(横浜市)의 사례는 [그림 8.19]와 같습니다. 이 사례는 주변 환경을 배려한 하천 개수로 행해졌습니다.

하천의 사례	사례 구분	배려기술의 적용 단계	구상, 설계, 시공, 유지관리
○ 다자연형 강[목공침상(木工沈床), 항책공(杭栅工), 공석적(空石積) 등 전통적 공법에 따른 강의 개수]		시공 지역	교외
○ 나가노현 오오마치시 시나노강 수계 노구카와강		대상 생물종	어류

배경 목적	노구카와(農具川)강은 닝카(仁科) 3호(湖)(아오키(靑木)호수, 나카쓰나(中綱)호수, 키쟈키(木崎)호수)를 원류로 하고 있는 물의 양, 수온, 수질이 안정된 청류(淸流)로 은어, 산천어 등 어류가 풍부하게 생식하고 있는 강폭 8m 정도의 강이고, 농업용수로 활용되고 있다. 그러나 본 지역의 싱류에서 도로포장 정비와 함께 이루어진 강의 개수에 따라, 콘크리트로 인한 직선화나 여울과 늪의 소멸로 인해 어류의 생식지가 악화되었다. 　여기에서 본 지역의 개수는 나무와 자연석 주체 공법에 따라 자연적인 강의 보전을 계획하고, 어류의 생식환경을 배려했다. 주민 모두가 즐길 수 있도록 배려한 것이고, 근처에 사는 아이들의 물놀이 공간이 되었다. 　이 지역은 오오마치시의 동부에 해당하고, 논 지대 중에 민가가 산재되어 있는 지역이다.
내용	<시공 시기> 1983~1988년도 <시공 내용> ◆ 규모　　시공 연장 우안(右岸) 925m, 좌안(左岸) 890m ◆ 대상 생물　철갑상어, 산천어, 은어 등의 어류로 다자연형 강을 만들었다. ◆ 공법 등　·목공침상(木工沈床), 항책공(杭栅工), 공석적(空石積) 등의 공법을 사용하여 강폭에 변화를 주었다. 　　　　　·자연석으로 인공 여울과 돌무더기를 설치하여 강바닥의 평탄화를 피했다. 　　　　　·강과 친해질 수 있도록 20% 경사의 흙을 제방으로 만들고, 공사 직후에는 경사면을 안정시키기 위한 클로버 종자를 뿌렸다. **목공침상(木工沈床) 단면도** ·낙엽송을 사각 격자에 짜 맞추어 이것을 우물 격자 모양으로 여러 층을 겹쳐, 안을 큰 돌로 채운다. ·물 속에 가라앉혀 강바닥의 세굴을 방지하고, 돌에 수초가 껴 빈틈이 물고기의 생식지가 된다. **항책공(杭栅工) 단면도** ·말뚝을 등간격으로 박아, 목책을 만들어 안을 크고 작은 돌로 채운다. ·경사면의 세굴을 방지하고 어류의 생식지가 된다. <결과>물고기가 풍부한 하천이었지만, 하천 개수 후에도 그 수는 줄지 않고, 호안에는 잡초가 무성해지고, 자연 하천에 가까운 형태로 복원되었다.
유의점 등	·어류를 배려한 공법에 대해 구체적인 방법이 없고, 설계 단계에서 현지 어협(漁協)과 유식자에게 의견을 듣고 반영했다. ·나무와 자연석이 주 재료이고 특히, 나무(낙엽송의 간벌재)는 노후화(老朽化)되어 썩기 때문에 유지 관리에 노력과 시간이 든다.
사업주체 : 나가노현 토목부 하천과	

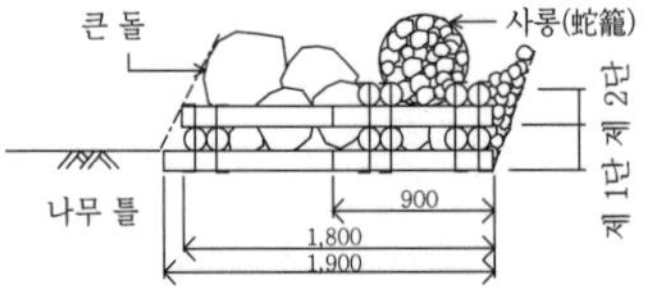

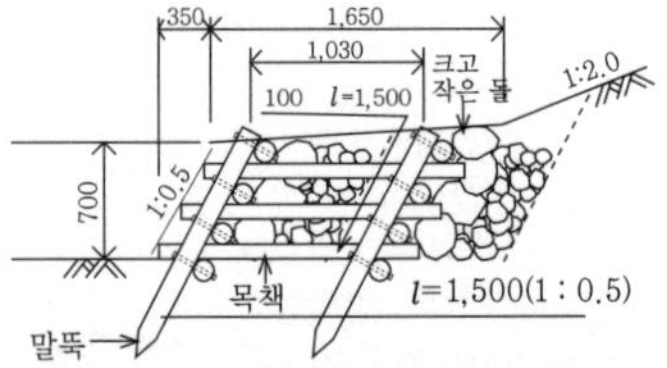

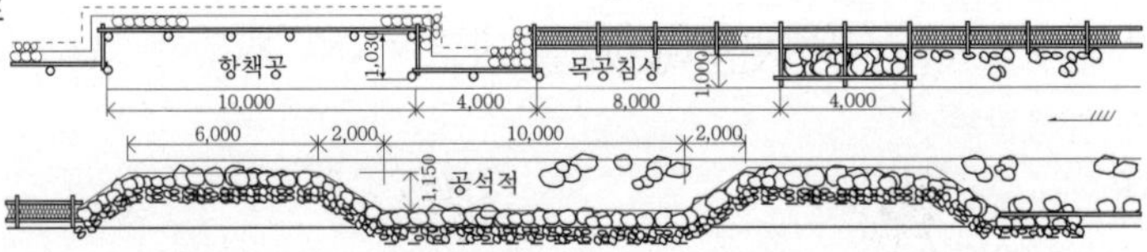

[그림 8.17] 나가노현 오오마치시의 사례

[카나가와현(神奈川顯) 환경부 환경정책과 :「친환경 기술 100 사례」, p.68, 카나가와현 환경부 환경정책과(1996)]

내용

어류의 생식 환경을 배려하고 공석적(空石積), 목공침상(木工沈床) 등의 전통적 공법으로 개수된 노구카와(農具川)강

▲ 늪 입구

▲ 상지공(床止工)과 어도(魚道)

▲ 항구공(杭構工)

▲ 목공침상(木工沈床)

[그림 8.18] 나가노현 오오마치시의 사례

[카나가와현(神奈川顯) 환경부 환경정책과 : 「친환경 기술 100 사례」, p.69, 카나가와현 환경부 환경정책과(1996)]

하천의 사례	사례구분	배려기술의 적용 단계	구상, 설계, 시공
○ 다자연형 하천 (주변의 자연환경을 배려한 하천의 개수)		시공 지역	교외
○ 카나가와현 요코하마시 미도리구 미호쵸 츠루미강 수계 우메다강		대상 생물종	식물, 어류

배경·목적	수변의 자연환경을 배려하고, 생태계를 보전·보호하고, 개수 후의 자연 복원 및 주변 경관과의 조화를 목적으로 만들었다. 우메다강은 1급 하천 츠루미강의 지류(支流)이고, 유역 내에서 꽤 많은 부분은 수림지와 농지가 되었고. 시내의 하천 중에서도 가장 자연도가 높은 강 폭 8.6~14.0m의 강이다.

내용	<시공 시기> 1987~1993년도
	<시공 내용>
	◆ 규모 시공연장 900m
	◆ 대상 생물 버들개, 미꾸라지, 참붕어, 송사리 등의 어류를 배려하여, 다자연형 강을 만들었다.
	◆ 공법 등 •강바닥에 저수로와 여울, 늪을 만듦과 동시에 낙차공(落差工)은 자연의 급류를 본보기로 한 사로공(斜路工 : 木工沈床)으로 하고, 물고기가 거슬러 올라갈 수 있는 구조로 만들었다.
	       •저수로는 식생 롤(야자의 섬유를 튜브 형태의 네트로 충전한 것)로 뿌리를 굳게 했다.
	       •강변에는 고마리, 덩굴모밀, 미나리, 줄 등의 식생을 복원함과 동시에 호안의 천단부에 흙으로 경사면을 만들고, 식생을 회복했다.
	       •구하천의 사행부(蛇行部)는 직선화를 될 수 있는 한 피하고, 현존하는 자연삼림 보전을 위해 버드나무를 식생한 사롱(蛇籠)에 의한 완경사 사행 호안으로 만들었다.

	식생 롤에 따라 수제부(水際部)를 보호(1991년도 시공 부분)
	〈결과〉 이미 식생이 회복되고 있다.

유의점 등	•저수로 배후의 강바닥이 세굴되는 경우가 있기 때문에 "식생매트" 등으로 보호해야 한다. •유역 내에 인접한 초등학교와 지역의 의견을 수렴하여 기본 구상을 책정했다.
사업주체 : 요코하마시 하수도국 하천부 하천설계과	

[그림 8.19] 요코하마시의 사례

[카나가와현(神奈川顯) 환경부 환경정책과 : 「친환경 기술 100 사례」, p.72, 카나가와현 환경부 환경정책과(1996)]

(2) 에코로드

에코로드(eco-road)는 조사, 계획 단계부터 설계, 시공, 관리 단계까지 자연환경보전을 세심하게 배려한 도로로, 이콜로지(ecology)와 로드(road)를 합친 일본식 영어입니다. 에코로드의 이미지는 [그림 8.20]과 같습니다. 자연환경을 최소한으로 개변하는 적절한 노선을 선정합니다. 또, 동물 생식지의 분단 방지를 위해 다리와 터널을 많이 만들거나 동물용 횡단구조물을 설치하여 동물의 이동을 돕는 등 많은 연구를 합니다. 이동로 확보에 대해서는 8.3.2에서 설명합니다.

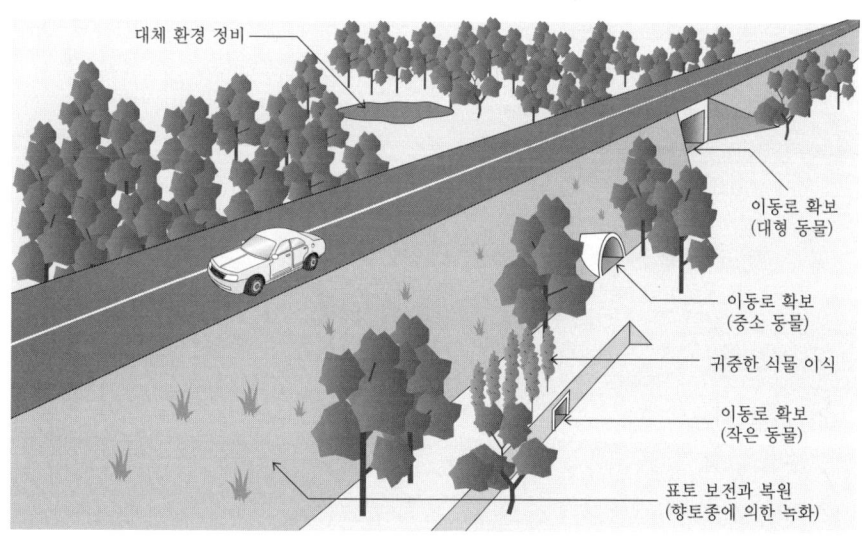

[그림 8.20] 에코로드의 이미지

8.3 │ 보존 기술

8.3.1 행동범위 배려

동물의 행동범위는 종류에 따라 크게 다릅니다. 이 때문에 동물의 이동범위를 배려하고, 자연환경의 보존범위를 검토할 필요가 있습니다. 따라서 지역 생물의 행동상황 등을 조사하여 영향이 없도록 해야 합니다. 동물은 보금자리나 둥지 이외에도 행동권 안의 외적이나 인간으로부터 몸을 지키기 위한 장소가 필요합니다. 일반적으로는 틈, 패인 곳, 수목, 덤불 등 여러 환경을 보존할 필요가 있습니다. [그림 8.21]은 생물의 행동권 조사 결과를 나타낸 것입니다. 보존 대상인 생물의 활동범위를 생각할 필요가 있습니다.

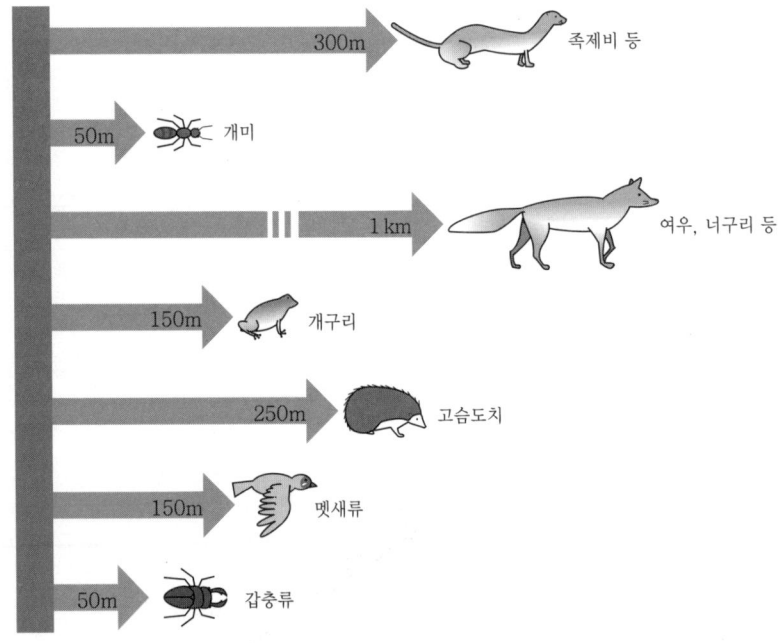

[그림 8.21] 동물 생활권의 예

8.3.2 이동경로 확보

동물은 먹이 구하기, 둥우리·보금자리, 급수 등을 위해 여러 가지 행동을 취합니다. 이 때문에 각각의 장소로 이동하기 위한 이동경로가 필요합니다. 다음에서는 육역과 수역을 나누어 설명합니다.

[그림 8.22] 컬버트 박스(culvert box)

(1) 육역

육역의 이동경로를 확보하는 기술의 예는 다음과 같습니다.

- 컬버트 박스(culvert box)
- 육교(overbridge)
- 비탈길이 있는 배수로

[그림 8.23] 육교

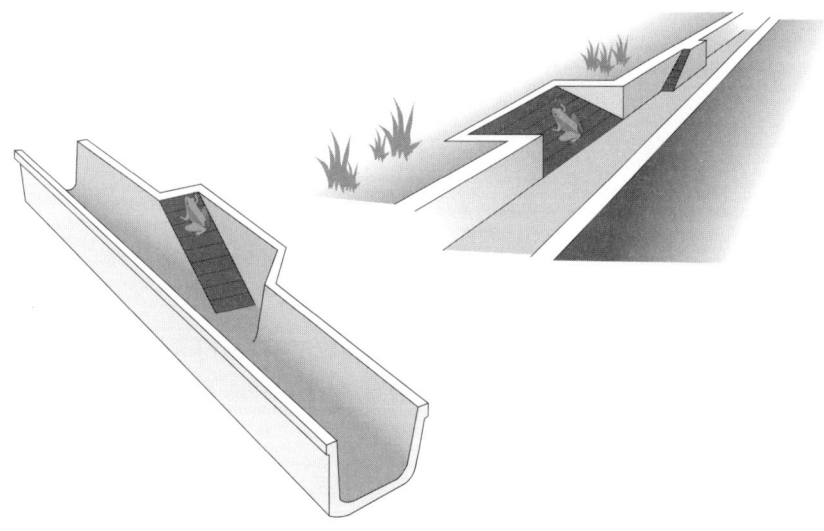

[그림 8.24] 비탈길이 있는 배수로

컬버트 박스는 [그림 8.22]와 같이 도로가 수로를 가로지르거나 입체 교차에서 다른 도로를 걸치거나 할 때 설치된 상자 모양의 구조물입니다. 이것을 포유류 등의 이동경로로 사용합니다. 육교는 [그림 8.23]과 같이 고속도로 등으로 인해 분단된 구간을 잇는 다리입니다. 비탈길이 있는 배수로는 [그림 8.24]와 같이 통상 도로로 부설된 배수로에 작은 동물이 떨어지면 그곳에서 탈출할 수 없는 경우가 많은 것을 감안하여, 작은 동물이 자기 힘으로 오를 수 있도록 비탈길을 설치한 것입니다.

(2) 수역(하천)

하천에서는 하도(河道)에서 어류가 쉽게 이동할 수 있도록 [그림 8.25]와 같이 계단식, 비탈길식, 데니어(denier)식, 도벽식 등의 어도를 설치합니다. 이것은 어도(魚道) 내에서 유속에 완급하게 하도록 만들어 어류가 거슬러 올라가기 쉽도록 설계했습니다.

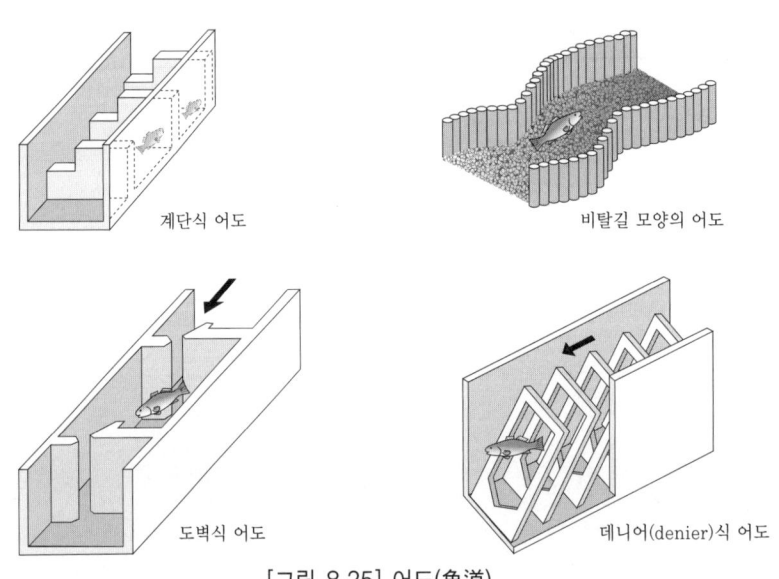

계단식 어도   비탈길 모양의 어도

도벽식 어도   데니어(denier)식 어도

[그림 8.25] 어도(魚道)

8.3.3 인간과의 거리 확보

동물은 인간과 거리를 두고 생활하고 있기 때문에 보존하고자 하는 경우, 될 수 있는 한 인간이 이용하는 부분과 거리를 두든지, 차폐물을 설치하는 등 인간과의 거리를 확보할 필요가 있습니다. 인간과 거리를 둔 예는 [그림 8.26]과 같습니다.

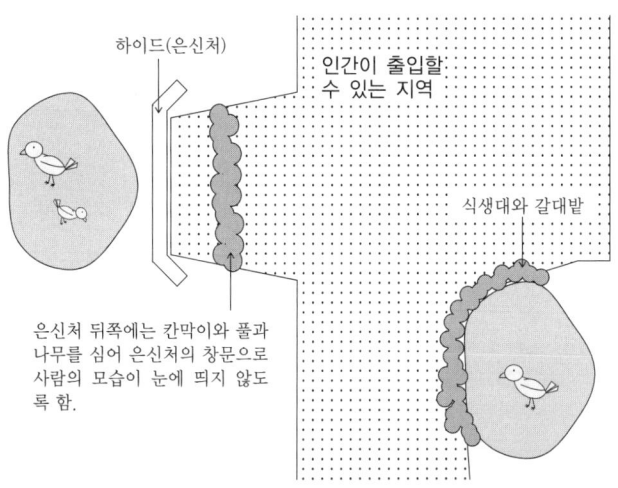

하이드(은신처)

인간이 출입할
수 있는 지역

식생대와 갈대밭

은신처 뒤쪽에는 칸막이와 풀과
나무를 심어 은신처의 창문으로
사람의 모습이 눈에 띄지 않도
록 함.

[그림 8.26] 인간과 거리를 둔 예

8.3.4 보존할 공간의 형상

생물이 생식, 생육하는 공간을 확보하는 데는 [그림 8.27]과 같은 배려가 필요합니다.

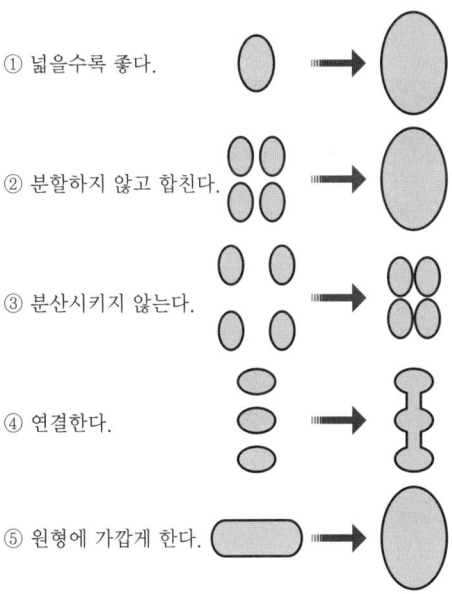

① 넓을수록 좋다.

② 분할하지 않고 합친다.

③ 분산시키지 않는다.

④ 연결한다.

⑤ 원형에 가깝게 한다.

[그림 8.27] 보존할 공간의 형상

즉, 녹지 공간은 넓을수록 좋고, 같은 면적이라도 분할되어 존재하는 것보다 합치는 편이 좋습니다. 또 녹지 간의 거리는 짧을수록 좋습니다(녹지는 이어져 있는 것이 이상적입니다). 녹지 공간을 이어 네트워크화 함에 따라 생물이 이동하기 쉬워집니다. 또, 녹지의 형상은 원형에 가까운 것이 좋습니다.

8.3.5 실시 사례
보존기술의 실시 사례로 생활환경 박물관을 들 수 있습니다. 생활환경 박물관 구상이란 행정관청과 지역주민이 하나가 되어, 지역의 자연환경과 생활문화를 그대로 야외 전시물로 보존 육성하고 탐구하는 것입니다. 즉, 지역 전체를 박물관으로 보고 판단하여 보전하고, 활용하는 활동입니다.

예를 들면, 다마천(多摩川) 생활환경 박물관 계획 "「물과 자연과 역사」 그리고 「인간」과의 네트워크 형성을 지향하고(http://www.seseragikan.com/)" 등이 있습니다.

8.4 │ 자연환경보전에 관한 업무 사례
자연환경보전 업무의 사례로 하천의 수환경 복원·창조 업무의 사례를 소개합니다.

8.4.1 업무의 개요
이 일의 목적은 어느 하천 수역에서 수환경 개선(수질 정화와 다양한 수변 환경 창조)을 계획하는 수환경 계획을 책정한 것입니다. 이 작업의 대략적 흐름은 [그림 8.28], 또 작업내용은 [표 8.4]와 같습니다.

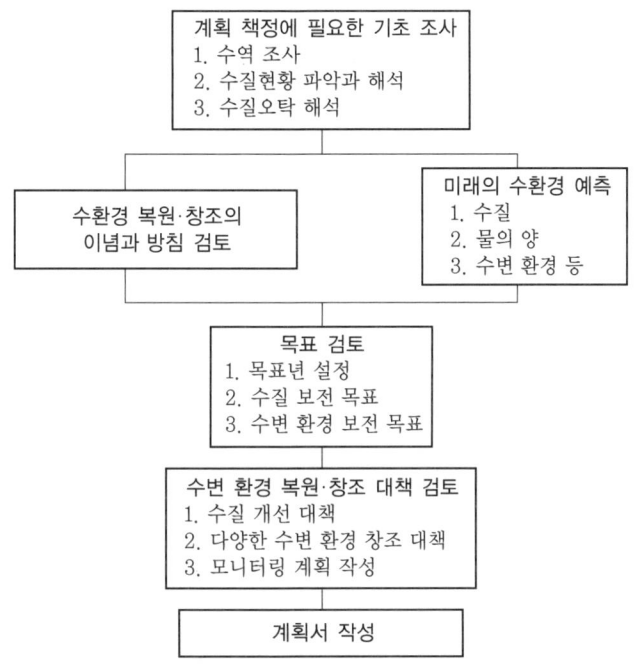

[그림 8.28] 수환경 계획 작성의 흐름

[표 8.4] 작업 내용

작업 항목	작업 내용
수역 조사	하천 및 그 유역의 지형, 토지 이용 상황, 인구, 유역 주민 의견 등 계획 책정을 위한 기초 자료를 수집하고 정리함.
수질현황 파악과 분석	수질현황, 물의 양 조사 및 수질·수량의 경시변화를 현지 조사와 기존 자료로 정리하고 종합함.
수질오탁 분석	수질의 오탁원을 분명히 밝히고, 그 유입 경로를 분석함.
수환경 복원·창조	하천현황과 유역 주민의 의향 등을 근거로 삼아 수환경 복원·창조 이념과 방침을 결정함.
이념과 방침 검토	미래의 수역 상황을 제정하고, 미래 수질과 물의 양을 예측함.
미래의 수환경 예측	기본 이념과 미래 예측 결과 등을 근거로 수역의 이수 상황 등을 감안하여 목표 수질 등의 목표 수환경을 설정함.
목표 검토	목표를 달성하기 위해 필요한 수질정화 대책과 다양한 수변환경을 복원하고 창조하기 위한 대책을 검토함.
수변 환경 복원· 창조 대책 검토	앞으로 수질과 수변환경 변화 및 계획의 달성상황을 파악하기 위해 모니터링 계획을 세움.
계획서 작성	상기 내용을 종합하여 수환경 계획과 관련 자료를 작성함.

8.4.2 업무 성과의 개요

(1) 수질 개선 대책

자연환경의 복원·창조 기술로서, 수환경에 관한 복원·창조 기술에 대해 설명합니다. 본 업무에서 제안한 기술체계는 [그림 8.29]와 같습니다. 대책은 크게 수질 개선(복원)괴 다양한 수변환경의 창조로 나눌 수 있습니다. 제안 개요는 [표 8.5]와 같습니다. 여기에서는 수생식물에 따른 수질 정화에 대해 설명합니다.

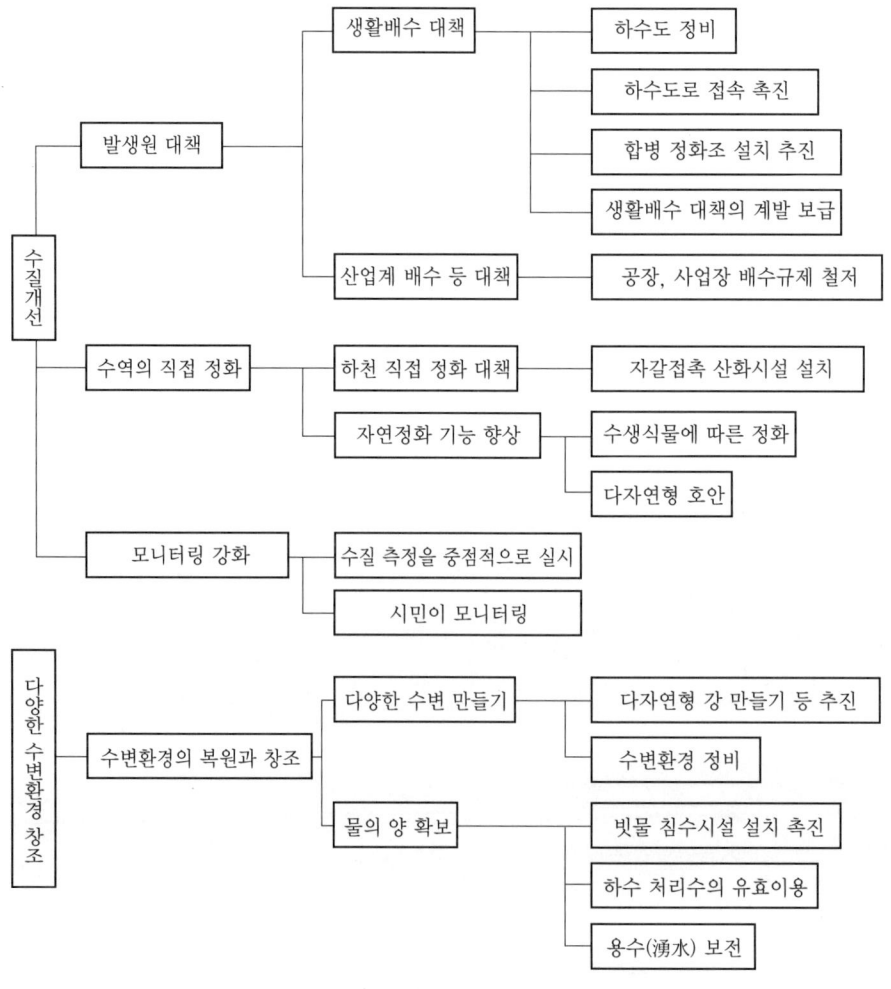

[그림 8.29] 제안한 수환경의 복원·창조 기술 체계

[표 8.5] 제안한 주요 대책 개요

대 책	개 요
하수도 정비 촉진	하수도 정비계획을 예정대로 진행하고, 하수도가 정비된 지역에 대해서는 하수도 접속률을 증가시켜, 지천(支川)으로 배출부하 저감을 계획함.
합병처리 정화조 설치 추진	당분간 하수도 정비를 할 수 없는 지역에서 단독 정화조에서 합병 정화조로 전환을 촉진함. 또, 이미 합병 정화조를 설치하고 있는 가정 등에서는 합병정화조의 유지관리를 철저히 하게 함.
하천수 직접 정화시설 등 설치	자갈접촉산화법 등에 의해 하천수를 직접 정화함. 또, 정화시설 안내 등을 설치하고, 주민이 수질 정화에 대해 깊이 이해함.
생활잡배수 대책 계발	주민이 하천맵을 작성, 관찰회 등의 이벤트 지원을 새롭게 하여 유역주민이 하천 수질정화에 대한 관심을 가지게 하고, 수질오탁 삭감, 하천정화활동, 시책으로 협력 체제를 강화함.
공장, 사업장 배수 대책 강화	사업소를 정확하게 지도하고, 배수대책을 더 추진함.
다자연형 강 만들기 등 추진	다자연형 호안을 정비하고, 생물의 생식환경을 개선하고 생물의 다양화를 복원, 창조함. 주변의 자연과 생태계에 배려한 다자연형 호안으로 만드는 것에 따라 하천에 생물회로의 역할을 가짐.
유량(流量) 확보	하천유량을 확보하기 위해, 하천의 원유역의 수림 및 농지 보전, 공공시설과 개인주택의 빗물 침투 매스의 설치와 투수성 포장을 함.
모니터링 조사	주민 참가로 인한 정기적인 수질 모니터링 조사와 수변환경을 조사함.

    수생생물에 따른 수질 정화는 자연을 풍부하게 하는 것과 수생식물의 움직임에 의한 수질 정화를 목표로 한 일석이조의 대책이라 할 수 있습니다. 수생식물에 따른 수질 정화의 원리는 [그림 8.30]과 같습니다.

    기본적으로는 수생식물의 여과와 흡수의 움직임을 이용하여 수질을 정화합니다. 정화시설의 예는 [그림 8.31]과 같습니다. 정화하는 물이 수로 안을 우회하면서 흐르도록 합니다. 이에 따라 수생식물과의 접촉시간이 길어지게 합니다.

① 오탁물 흡수·분해·고정 작용

② 부유현탁물질(SS) 제거작용

③ 병원균 등의 살균작용

④ 탈색작용

⑤ 산성, 알칼리성 물의 중화작용

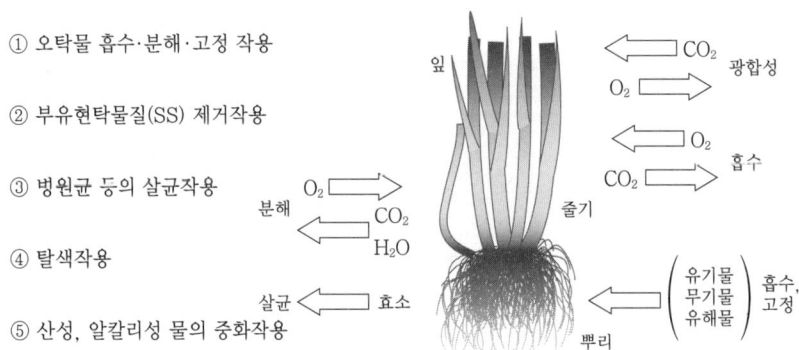

[그림 8.30] 수생식물 이용 처리의 원리

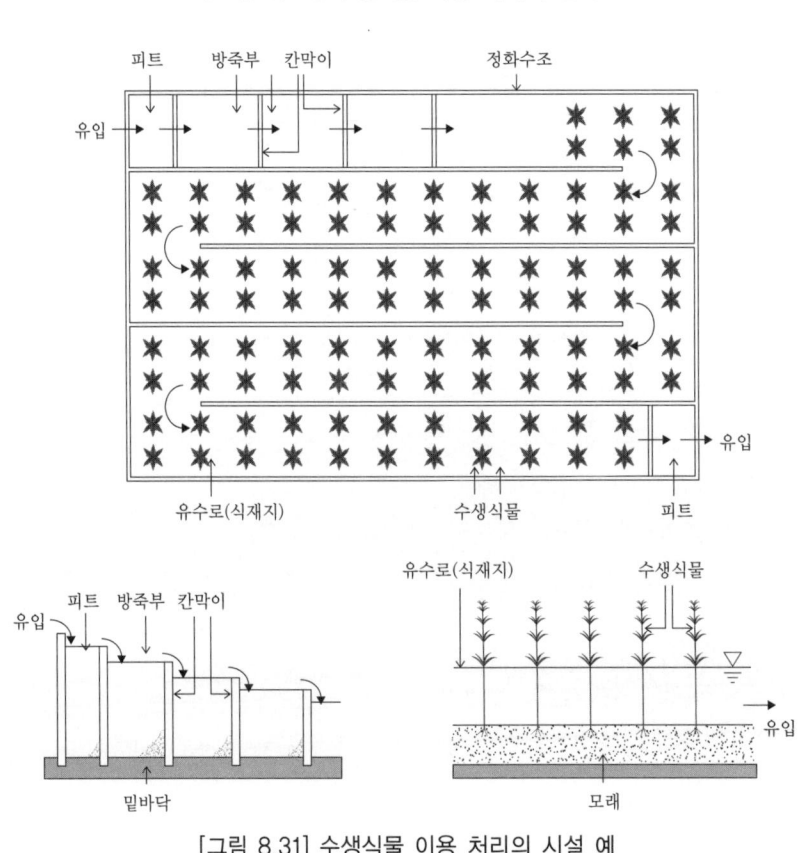

[그림 8.31] 수생식물 이용 처리의 시설 예

Q&A

Q.1 다자연형 강 만들기 작업은 누가 하고 있습니까?

A.1 기본적으로는 하천 관리자입니다. 즉, 하천 관리자는 1급 하천의 경우에는 나라, 2급 하천의 경우에는 도·도·부·현 등입니다. 그러나 실제로 설계하는 것은 민간 건설 컨설턴트인 경우가 많고, 시공은 건설토목 회사가 합니다.

Q.2 생태계를 배려하면 비용은 더 들지 않습니까?

A.2 보통은 생태계를 배려하는 정도에 따라 건설 비용이 듭니다.

Q.3 새롭게 생태계를 만들면 새로운 환경파괴는 일어나지 않습니까?

A.3 기본적으로 대체 또는 보상 대상인 지역은 생태계가 풍부하지 않은 지역, 예를 들면, 황무지 등에 생태계를 만들어내는 이미지입니다.

Q.4 회피, 대체, 보상의 비용은 어느 정도입니까?

A.4 회피, 대체, 보상의 비용은 그때그때 다릅니다. 환경보전조치에 대해서는 비용, 생태계의 중요성, 이변성, 설계 성능 등 여러 가지 관점에서 검토하여 결정합니다.

Q.5 급류천에 다공질 환경을 만들려면 어떻게 하면 좋습니까?

A.5 급류천인 곳에서는 물의 흐름을 인위적으로 사행(蛇行)시켜 흐름을 늦추는 방법이 있습니다.

Q.6 자갈접촉산화법에 대해 설명해 주세요.

A.6 자갈접촉산화법이란 ① 자갈 표면과 자갈 틈에 생식하는 미생물에 따른 정화, ② 자갈과의 접촉 침전에 따라 오탁물을 제거하는 방법입니다.

연습문제

1. 자연환경보전의 기본적 사고방식에 대해서 설명해 보세요.
2. 환경보전기술 사고방식의 복원에 대해서 설명해 보세요.
3. 환경보전기술 사고방식의 창조에 대해서 설명해 보세요.
4. 환경보전기술 사고방식의 보존에 대해서 설명해 보세요.
5. 자연환경보전계획 정책의 유의점에 대해서 설명해 보세요.
6. 생물의 생식공간의 확보 원칙에 대해서 설명해 보세요.
7. 다자연형 하천 만들기란 무엇인지 설명해 보세요.
8. 에코로드(eco-road)란 무엇인지 설명해 보세요.

정리

☑ 자연환경보전의 기본적 사고방식은 다음과 같습니다.
- 자연의 구조를 제대로 이해한다.
- 자연으로부터 겸허히 배운다.
- 자연을 공유한다.

☑ 자연환경보전기술의 목적은 생태계 전체의 질적 향상과 개선입니다.

☑ 자연환경보전기술의 사고방식으로는 복원, 창조, 보존이 있습니다.

☑ 복원이란 자연환경의 질을 될 수 있는 한 떨어트리지 않거나 개변한 후에, 자연환경을 복원하는 것입니다.

☑ 창조란 자연을 이미 잃어버린 곳에서 적극적으로 자연환경을 창조하는 것입니다.

☑ 보존이란 양호한 자연환경이 존재하고 있는 지역에서 그 상태를 유지하는(아무것도 하지 않음) 것입니다.

☑ 자연환경보전계획 정책의 유의점은 아래와 같습니다.
- 생태계 전체를 본다.
- 지역환경 특성을 중시한다.

☑ 다자연형 하천 만들기란 하천 전체 자연의 구성을 시야에 넣고, 지역 생활과 역사·문화와의 조화를 배려하며, 하천이 본래 가지고 있는 생물의 생식, 생육, 번식 환경 및 다양한 하천 풍경을 보전 또는 창출하기 위해 하천을 관리하는 것입니다.

☑ 에코로드(eco-road)란 조사, 계획 단계부터 설계, 시공, 관리 단계까지 자연환경보전에 세심하게 배려한 도로입니다.

제9장 생태계와 신에너지

이 장의 목적

　이 장에서는 화석연료의 소비 증대나 값 폭등에 따라 새로운 에너지 자원을 찾고 있는 현상을 토대로 신에너지에 대한 개요를 설명함과 동시에 생태계를 이용한 에너지인 바이오매스 에너지에 대해 설명합니다. 바이오매스 에너지는 제3장에서 설명한 생태계의 에너지 흐름의 일부를 이용하는 것입니다. 여기에서는 특히, 목질 바이오매스를 활용하기 위한 계획을 세우고 결정하는 업무 사례에 대해 소개합니다.

9.1 신에너지란?

9.1.1 신에너지의 정의와 필요성

　신에너지는 「신에너지 이용 등 촉진에 관한 특별조치법」에서 "기술적으로 실용화 단계에 달하고 있지만, 경제성 면에서의 제약으로 보급이 충분하지 않기 때문에, 석유 대체 에너지를 도입하기 위해 특히 필요한 것"이라고 정의하고 있습니다. 신에너지를 도입해야 하는 이유는 지구온난화와 화석연료의 고갈 때문입니다. 지구온난화는 서장의 칼럼에서도 설명했지만, 화석연료를 연소함에 따라 온실효과 가스인 이산화탄소의 대기 중 농도가 증가하여, 지구 전체에 온난화가 일어나게 합니다[그림 9.1]. 온난화가 일어나면 해수면이 상승하고 기후가 크게 변화합니다. 화석연료는 [그림 9.2]와 같이 석유 등이 유한하기 때문에, 사용하면 할수록 빨리 고갈됩니다. 이 때문에 미래에 새로운 에너지원을 구할 필요가 있습니다.

9.1.2 신에너지 분류

　신에너지의 종류는 [표 9.1]과 같습니다. 신에너지는 "재생 가능 에너지"와 "종래형 에너지의 신 이용형태"의 두 가지로 분류됩니다. 다시 "재생 가능 에너지"는 "자연 에너지"와 "리사이클 에너지"로 분류됩니다.

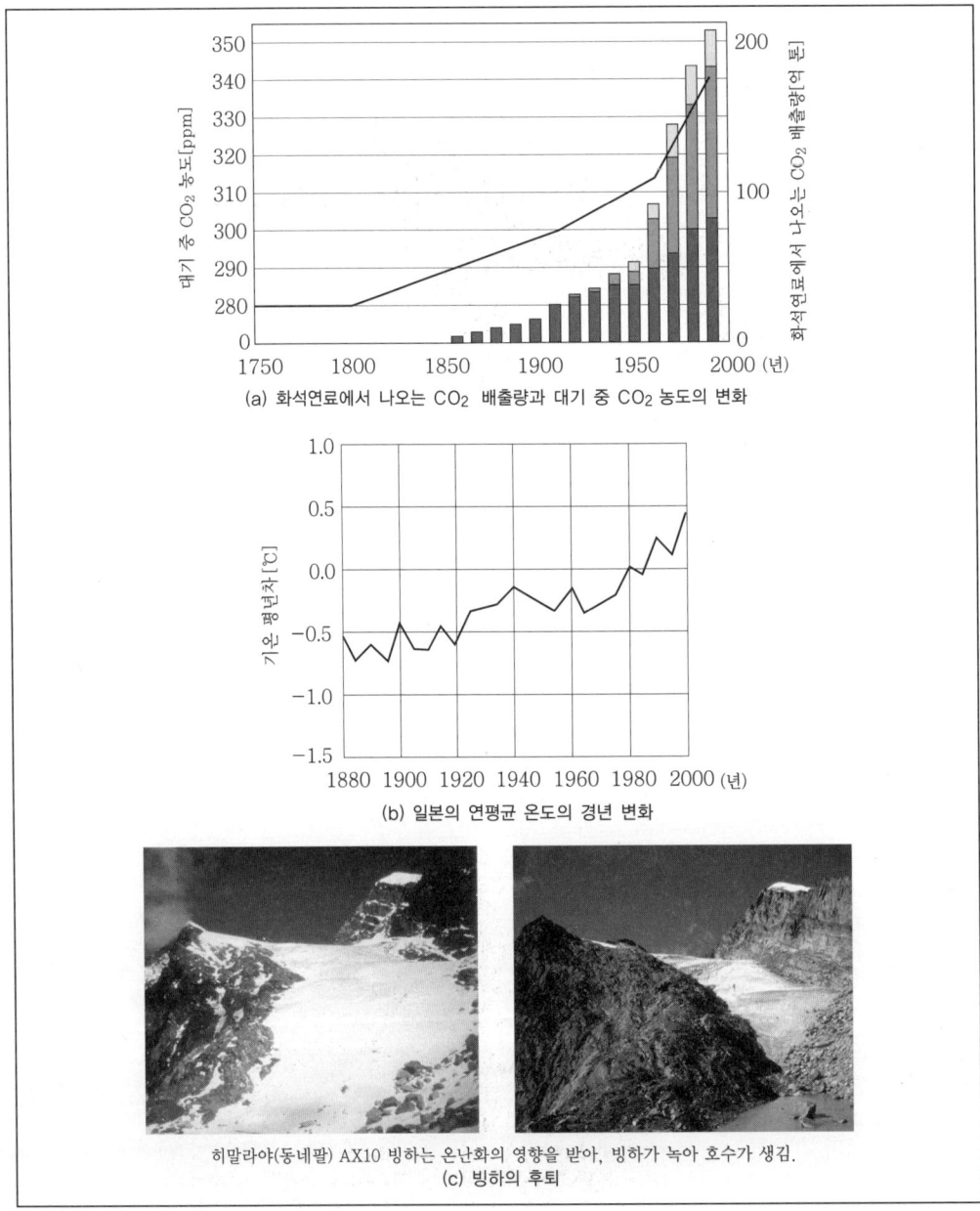

(a) 화석연료에서 나오는 CO_2 배출량과 대기 중 CO_2 농도의 변화

(b) 일본의 연평균 온도의 경년 변화

히말라야(동네팔) AX10 빙하는 온난화의 영향을 받아, 빙하가 녹아 호수가 생김.
(c) 빙하의 후퇴

[그림 9.1] 지구온난화가 미치는 영향

[(a) 일본 환경성 자료, 기상청 자료, 에너지·경제통계요람 2001년판,
(b) 기상청 자료, (c) 나고야(名古屋)대학 설빙권 변동 연구실 제공]

각 자원의 확인 가채 매장량과 이용 가능한 연수

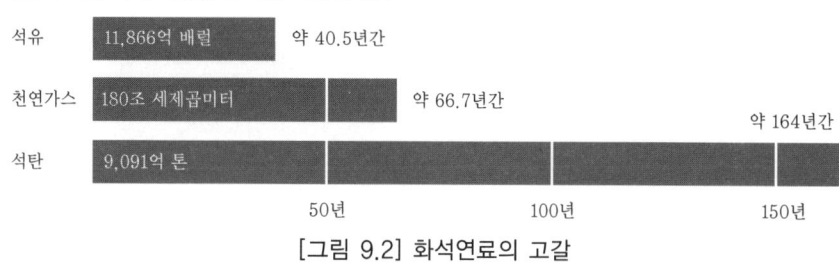

[그림 9.2] 화석연료의 고갈

[자원에너지청 : 「일본 에너지 2006」]

자연 에너지에는 태양 에너지(태양광발전, 태양열 이용), 풍력발전, 소수력발전, 설빙열 이용, 바이오매스(발전, 열 이용, 연료제조) 중 에너지 작물이 포함되어 있습니다. 리사이클 에너지는 폐기물(발전, 열 이용, 연료제조), 폐기물로 인한 바이오매스(발전, 열 이용, 연료제조), 하천수와 하수 등의 온도차 에너지도 포함되어 있습니다.

또, 종래형 에너지의 새로운 이용 형태로는 클린 에너지 자동차, 연료전지, 천연가스 폐열 발전이 있습니다.

[표 9.1] 신에너지의 종류

구 분		종 류	에너지원	이용형태
재생 가능 에너지	자연 에너지	태양 에너지	태양광, 태양열	발전, 열 이용
		풍력 에너지	바람	발전
		소수력 에너지	하천, 상수 등	발전
		바이오매스 에너지	에너지 작물 등	발전, 열 이용
		설빙열 에너지	눈과 얼음의 온도차	열 이용
	리사이클 에너지	폐기물 에너지	소각 쓰레기	발전, 열 이용
		바이오매스 에너지	가축배설물, 음식물쓰레기, 하수오니, 나뭇조각	발전, 열 이용
		온도차 에너지	하수와 하천수 등의 온도차와 공장 등의 배열	발전, 열 이용
종래형 에너지의 신 이용 형태		클린 에너지 자동차	석유, 천연가스, 디메틸에테르 등	동력 이용의 고효율화
		연료전지	석유, 천연가스 등	발전, 열 이용의 고효율화
		천연가스 폐열 발전	천연가스	발전, 열 이용의 고효율화

주) 2008년 4월 「신에너지법 시행령」 개정에 따라, 새롭게 지열발전과 마이크로 수력발전이 추가되었습니다.
한편, 폐기물 에너지, 클린 에너지 자동차, 연료전지, 천연가스의 열병합 발전은 제외되었습니다.

▶▶ 가까운 곳에서의 신에너지 이용 ◀◀

가까운 곳에서도 신에너지를 이용할 수 있습니다. [그림 9.3]은 가정용 소형 풍력 발전장치와 태양광발전장치를 합친 것입니다. 또, [그림 9.4]와 같은 기상관측장치를 합쳐 설치해두면 기상변화와 발전량의 관계를 알 수 있습니다. 자연을 보다 가깝게 느낄 수 있습니다.

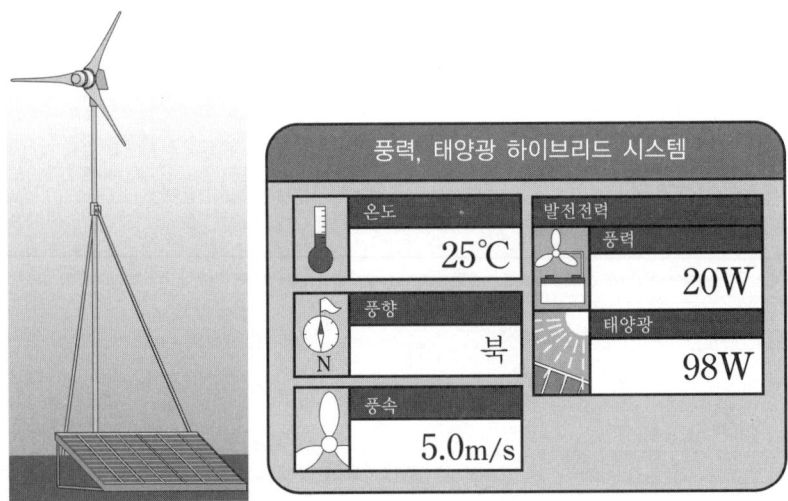

[그림 9.3] 마이크로 풍력발전장치(태양광발전과의 하리브리드형)와 모니터 표면의 예

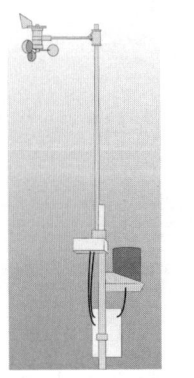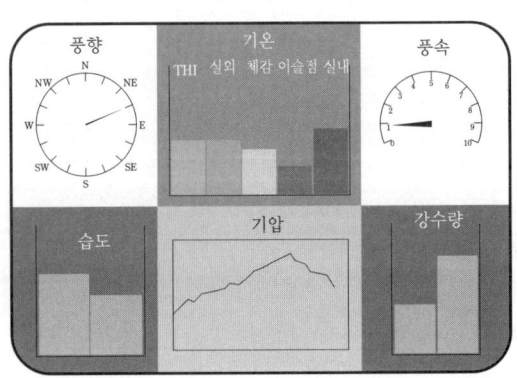

[그림 9.4] 기상관측장치와 모니터 표면의 예

9.1.3 신에너지의 특성

신에너지의 공급에 관한 특성은 다음과 같습니다. 기존의 화석연료 등의 에너지에 비해 이른바 친환경 에너지라고 불리지만, 에너지원은 분산되어 있으며, 한 가지의 시설당 규모가 작고, 이용 효율이 낮기 때문에 비용이 비싼 문제점이 있습니다.

---

① 환경오염이 적은 에너지이고, 이산화탄소와 환경오염물질의 배출을 삭감할 수 있다.

② 재이용·순환이용이 가능한 것이 많고, 탈화석연료와 연결된다.

③ 에너지원이 분산형이고, 지역에서 에너지를 확보할 수 있는 가능성이 높아진다.

④ 자연조건에 따라 공급량이 크게 좌우된다.

⑤ 규모가 작고, 저밀도, 온열 에너지로 저온도인 것이 많다.

신에너지의 이용에 관한 특징은 다음과 같습니다. 이용면에서 신에너지는 넓고 얇게 분포되어 있기 때문에 어디에서나 이용할 수 있는 특징이 있습니다. 이 때문에 지역 특성에 맞게 신에너지를 이용할 필요가 있습니다.

---

① 자립형 에너지원으로 재해 시 긴급 에너지원으로 이용할 수 있다.

② 분산형 에너지원이기 때문에 원격지(遠隔地)와 외딴 섬에서도 이용할 수 있다.

③ 전력의 피크 컷(peak cut) 효과가 있다(하기·동기의 전력수요 피크 시간의 수요를 대체).

④ 지역 특성과 관련성이 높아 이용방법을 연구하면 지역 진흥면에서 효과를 기대할 수 있다.

⑤ 풍력발전과 같이 발전할 수 있는 장소와 에너지를 소비하는 장소가 거리적으로 떨어져 있는 경우도 있다.

9.2 ┃ 바이오매스 에너지

9.2.1 바이오매스 에너지(biomass energy)란?

바이오매스 에너지란 생태계(생물)를 활용한 신에너지로 동식물에 유래하는 유기물을 에너지원으로 이용하는 것입니다. 더 정확히 말하자면 제2장에서 설명한 생태계의 먹이사슬 중 최초 단계인 생산, 즉 식물(생산자)에 의해 축적된 태양 에너지를, 제3장에서 설명한 생태계 에너지 흐름의 일부를 우회시켜 이용하는 것이라고 할 수 있습니다. 이것은 아주 먼 옛날부터 인류가 이용하던 에너지이고, 자연의 리사이클을 이용한 에너지라고 할 수 있습니다. 이른바 고전적인 에너지를 다시 보는 것은 아닐까요?

바이오매스 에너지 이용의 장점은 이른바 카본 뉴트럴 에너지(carbon neutral energy)이기 때문에 지구온난화의 큰 원인인 이산화탄소를 대기 중으로 증가시키지 않는다는 점입니다. 카본 뉴트럴이란 [그림 9.5]와 같이 바이오매스를 연소시켜 발생한 이산화탄소로, 원래는 대기 중에 있던 이산화탄소이기 때문에 생태계의 기능이 제대로 움직이고 있다면, 연소에 의해 배출된 이산화탄소는 식물에 의해 고정되기 때문에 지구 규모로 보면 이산화탄소가 증가하지 않는다는 사고방식입니다(화석연료의 경우에는 지하에 있던 탄소를 사용하기 때문에 대기 중 이산화탄소 농도 증가로 이어집니다). 만약 인류가 바이오매스 에너지만 사용한다면 탄소는 제4장에서 설명했듯이 계속 순환하고 있기 때문에 증가도, 감소도 하지 않습니다.

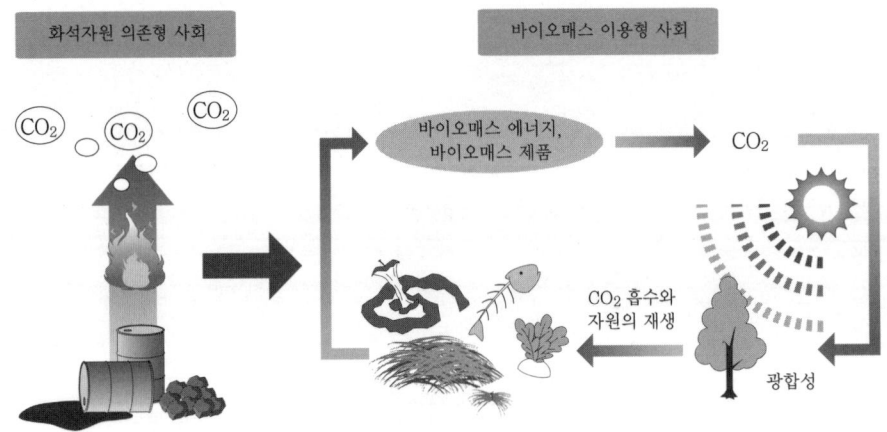

[그림 9.5] 카본 뉴트럴이란?

이 때문에 인간 활동에 기인하는 지구온난화는 일어나지 않게 됩니다. 이른바 궁극의 순환형 사회라고 할 수 있습니다. 바이오매스, 즉 식물에 의한 생산은 북극과 남극 등 극단적으로 기온이 낮은 지역이나 사막지대를 제외하면 제3장에서 설명했듯이 지구상에서 널리 행해지고 있습니다. 생물다양성을 감소시키지 않는 범위에서 바이오매스 에너지를 활용하는 것이 앞으로 중요한 과제가 될 것입니다.

바이오매스 에너지의 전체상은 [그림 9.6]과 같습니다. 바이오매스 자원은 크게 목질계, 농업·축산·수산계, 건축폐재계로 나눌 수 있습니다. 다시 이들은 건조계, 습윤계, 기타로 나눌 수 있습니다.

에너지 이용 형태는 직접 연소, 생물화학적 교환, 열화학적 변환으로 나눌 수 있습니다. 직접 연소의 예로는 목재 등을 칩화나 펠릿화하여 연소시키고, 그 열을 발전·난방·급탕 등에 이용합니다. 생물화학적 변환은 발효 기술 등을 이용하여 가솔린 대체 연료로 주목되고 있는 에탄올 등을 생산하고 있는 것 등을 들 수 있습니다.

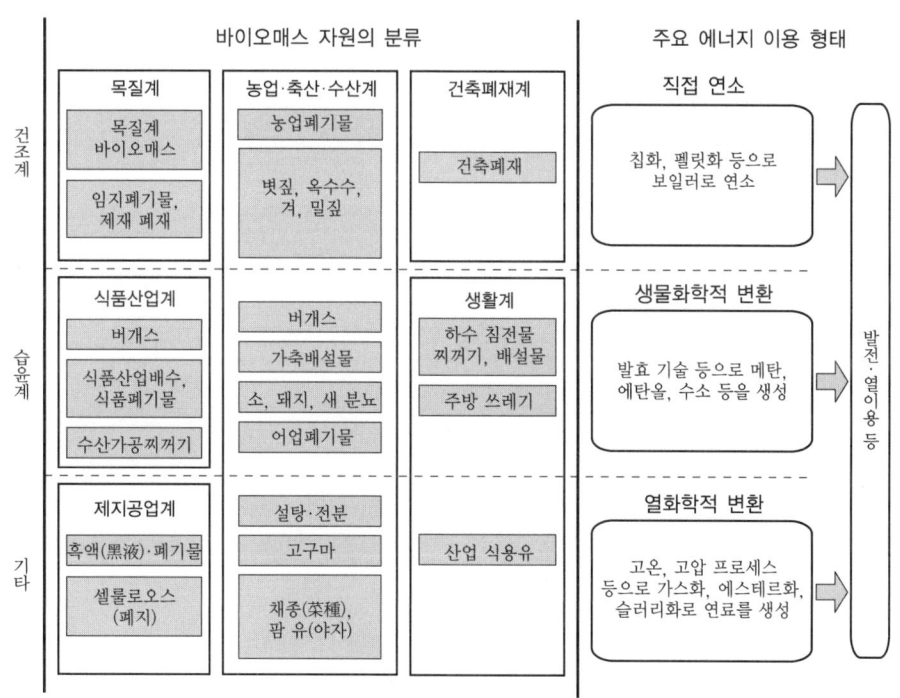

[그림 9.6] 바이오매스 에너지 종류

[신에너지·산업기술 총합 개발기구 : 「바이오매스 에너지 도입 가이드 북」]

열화학적 변환은 고온고압하에서 바이오매스를 가스화하여 이용합니다. 다음 항에서 바이오매스 활용의 구체적인 내용과 사례에 대해 설명합니다.

9.2.2 바이오매스 활용

(1) 바이오매스 활용 방법

바이오매스 에너지 이용은 [그림 9.7]과 [표 9.2]와 같이 연소, 열화학적 변환, 생물화학적 변환으로 분류할 수 있습니다. 연소는 직접 연소로 에너지를 이용합니다. 열화학적 변환은 바이오매스를 열화학적 변환에 따라 가스화 또는 액화시켜 이용합니다. 생물화학적 변환은 바이오매스를 미생물의 움직임 등에 따라 발효시켜 이용합니다.

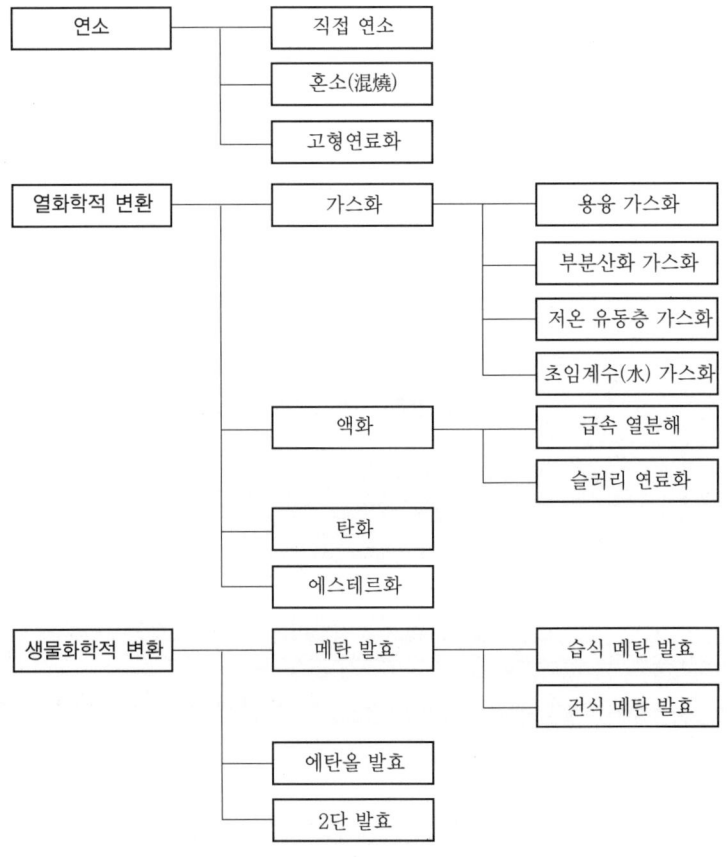

[그림 9.7] 바이오매스 에너지 이용 기술의 체계

[표 9.2] 바이오매스 이용 기술의 개요

	분 해		기술의 개요
연소	직접 연소		직접 연소하여 열로 이용하거나 보일러 발전을 행함.
	혼소		석탄 화력발전소 등에서 석탄 등의 화석자원과 바이오매스를 혼합 연소함.
	고형 연소화		100~150℃ 정도에서 가열하여 목분(木粉) 또는 목분과 석탄의 혼합물을 가압하는 것으로 고화 성형하여 연료로 사용함.
열화학적 변환	가스화	용융 가스화	400~600℃에서 열분해 가스화시켜, 가연성 가스를 발생시키고 소각재를 1,300℃ 이상의 고온에서 용융처리함.
		부분산화 가스화	부분산화에 따라 생성 가스를 제조함.
		저온 유동층 가스화	600℃ 정도에서 가스화시키는 기술이고, 그 가스로 발전과 열 이용을 함.
		초임계수 가스화	초임계수(超臨界水) 속에서 가수분해하여 효율적으로 가스화함.
	액화	급속 열분해	500~600℃로 급속하게 가열하고, 열분해시켜, 유상(油狀) 생성물을 얻음.
		슬러리 연료화	고온고압의 열수로 개질하고 탄화하여 분쇄 후, 물과 섞어 슬러리화 함. 목초(木酢) 액상성분을 부산물로 얻을 수 있음.
		탄화	바이오매스를 산화제가 없는 상태에서 가열하고, 열분해에 의해 탄소 함유율이 높은 고체 생성물(석탄)을 얻음.
		에스테르화	폐식용유 등을 메탄올과 반응시켜 디젤연료로 사용함.
생물화학적 변환	메탄발효	습식 메탄 발효	가축배설물과 식품폐기물을 혐기성 발효시켜 메탄을 얻음.
		건식 메탄 발효	저수분 함량의 원료라도 메탄 발효가 가능한 미생물을 이용하여 메탄을 얻음.
	에탄올 발효		발효에 따라 에탄올을 만듦.
	2단 발효		수소를 주로 발생하는 혐기성 발효를 하여 수소로 만들고, 또 메탄 발효시킴.

(2) 바이오매스 활용 사례

바이오매스의 순환적 이용의 예로 [그림 9.8]과 같이 유채꽃 프로젝트가 있습니다. 유채꽃 프로젝트란 휴경전(休耕田)과 전작전(轉作田)을 활용하여 유채꽃을 재배하는 것입니다. 활짝 핀 유채꽃은 매우 예쁘기 때문에 관광자원과 지역의 환경학습 교재로 이용되고, 지역의 활성화나 지역주민의 순환형 사회의 중요함 또는 구조 계발로 이어집니다. 또, 유채꽃은 양봉(養蜂) 등에 이용하며, 열매가 피면 수확하고, 종자는 기름을 짜서 식용유로 이용합니다. 기름을 짤 때 생기는 깻묵은 사료와 비료로 유효하게 활용하고, 가정에서 나온 폐식용유는 지역의 협력에 따라 회수하여, 비누나 BDF(Bio Diesel Fuel : 생물유래(生物由來)의 기름을 원료로 한 경유의 대체 연료)로 리사이클하고, 다시 지역에서 활용합니다. 이 프로젝트의 특징은 유채꽃을 중심으로 하고, 농산물에서 에너지와 유용물을 만들어낼 뿐만 아니라, 관광자원과 환경학습으로 이용하는 것입니다.

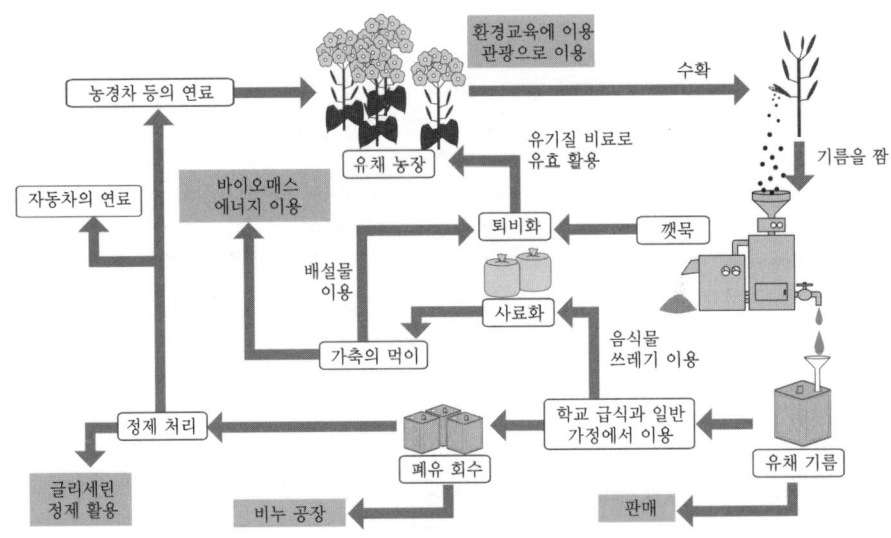

[그림 9.8] 유채꽃 프로젝트의 이미지

이 같은 복합적인 이용이 바이오매스 에너지 보급의 열쇠가 될 것이라 생각합니다.

9.3 ‖ 삼림생태계와 목질 바이오매스의 활용

환경생태학의 관점에서 자연생태계의 대표적인 예인 삼림생태계의 바이오매스 이용, 특히 목질 바이오매스 이용에 대해 설명합니다.

9.3.1 삼림의 효용

먼저 바이오매스 에너지를 생각하기 전에, 인류의 삼림에서 얻을 수 있는 효용에 대해 생각해봅시다. 삼림의 효용은 다음과 같습니다.

- 에너지 자원 공급
- 보수(保水) 기능
- 이산화탄소 고정
- 버섯 등의 재배지
- 목재 자원 공급
- 기상 완화 기능
- 인간의 병을 치료, 휴양 기능

석탄과 석유 등의 화석연료가 발견되기 전 인류는 에너지 자원을 삼림 등에서 베어낸 목재를 장작과 숯 등의 연료로 이용하였습니다. 또한 삼림은 예로부터 주거 등의 재료로 이용되었습니다. 특히 일본은 나무로 만든 목조가옥을 좋아하는 경향이 있습니다. 삼림은 녹색 댐이라고도 불리며 보수(保水) 기능이 있어, 내린 비나 눈 등을 저장하고 홍수를 방지하거나 물을 안정되게 공급하는 데도 도움을 주고 있습니다. 그뿐만 아니라 기상 완화 기능이 있어, 급격한 기온 변화를 억제시킵니다. 마을의 가로수 근처와 삼림공원에 가면 상쾌한 기분이 드는 것을 금방 알 수 있습니다. 또 삼림이 성장하고, 나무들이 크게 자라는 것은 탄소를 완전히 고정하고, 대기 중의 이산화탄소를 줄이는 효과가 있습니다. 한편, 인간의 정신적인 측면에서 삼림은 치료와 휴양지로, 관광, 캠프, 하이킹, 삼림욕, 자연관찰 장소로 이용되기도 하고 신앙지로도 각광받고 있습니다. 경제 활동으로는 버섯 재배 등의 장소로도 이용되고 있습니다.

9.3.2 목질 바이오매스의 종류

목질 바이오매스를 크게 나누면 [표 9.3]과 같이 삼림에서 나온 바이오매스와 목재 건축물 등에서 발생하는 폐기물계로 나뉩니다. 삼림계 바이오매스로는 주벌잔재(主伐殘材), 간벌재, 송충이 피해나무 등이 있습니다. 또 제재소 등에서 발생하는 나무껍질, 폐목, 칩, 톱밥 등이 있습니다. 폐기물계에는 목조주택 등 해체재, 전지(剪枝 : 가로수, 과수 등의 가지치기), 댐 유목(流木) 등을 들 수 있습니다.

9.3.3 목질 바이오매스 에너지의 특징

목질 바이오매스 이용의 특징은 삼림의 벌채와 풀과 나무를 적절하게 심어, 재생 가능한 자원 이용이 가능하다는 것입니다. 또 펠릿화와 가스화, 액화 등이 가능하여 저장성과 대체성도 뛰어납니다.

목질 바이오매스의 장점은 아래와 같습니다.

① 재생 가능한 자원이다.
② 저장성, 대체성이 뛰어나다.
③ 자원량이 많다.
④ 화석연료의 소비를 줄일 수 있고, 지구온난화 대책으로도 유효하다.

목질 바이오매스의 단점은 아래와 같습니다.

① 생산밀도가 낮기 때문에 넓은 면적의 집하가 필요하다.

② 저에너지 밀도이기 때문에 단위중량당의 발열량이 적다.

③ 자원이 분산되고, 부존(賦存)하고 있기 때문에 수집과 수송에 비용이 든다.

④ 계절 변동에 따라 원료 공급이 불안정해지는 경우가 있다.

⑤ 목재의 함수율은 40~150%이고, 연료 이용을 위해서는 건조시킬 필요가 있다.

[표 9.3] 목질 바이오매스의 특징과 용도

구 분	종 류	특 징	용 도
삼림계	벌목잔재	벌목할 때 발생하는 가지와 잎과 밑둥 등으로 건축재로 이용할 수 없는 잔재이고, 그 대부분이 그대로 방치되어 이용하지 않는 것임.	목제품, 장작, 연료
	간벌재	인공림 밀도를 관리하기 위한 벌채, 베어낸 간벌과 수입 간벌이 있음.	지주(支柱), 항목(抗木), 장작, 연료
	송충이 피해나무	솔수염 하늘소가 소나무류의 순을 갉아먹고 성충의 몸에 부착하고 있는 소나무재선충이 상처 부위에서 나무의 몸체로 침입하여 소나무류를 죽게 함.	연료
	나무껍질(樹彼)	제재과정에서 배출됨. 함수율이 높고, 발열량이 낮음. 가축 사료와 퇴비 등으로 유효하게 이용되고 있음. 회분이 많이 포함되어 있음.	연료, 가축 사료, 퇴비
	제재소 폐목	통나무에서 각재, 판재를 잘라내고 남은 부분	연료, 칩
	칩	종이펄프용, 연료용으로 제조됨. 해외에서는 임지에서 칩화한 이동식 치퍼(chipper)도 사용되고 있음. 함수율의 차로 발열량이 균일하지 않은 점이 있음.	제지원료, 판자, 원료, 연료
	톱밥	목재의 제조공정에서 발생함. 톱찌꺼기와 톱밥 제조기에 따라 단재(端材)를 유효하게 이용할 수 있음.	연료, 가축 사료, 퇴비, 버섯 배지(광엽수)
폐기물계	목조주택 등 해체재	건축물 해체시에 발생함. 방부처리가 되어 있고, 연료 시에 중금속이 발생할 수 있음. 또 폐플라스틱, 자갈, 콘크리트의 혼입을 피할 수 없음. 산업폐기물로 취급되고 있음.	제지원료, 판자, 원료, 연료
	전정 나뭇가지 (가로수, 과수)	전정가지는 도시 속의 가로를 따라 심어진 가로수와 과수원의 수목을 정기적으로 관리할 때 발생함. 부피가 큼. 일반폐기물로 처리되고 있음.	퇴비, 연료
	댐 유목	함수율이 높음. 침엽수와 광엽수의 구별이 중요함.	연료, 퇴비

9.3.4 목질 바이오매스 에너지의 이용 방법

목질계 바이오매스 에너지 이용 방법은 [그림 9.9]와 같이 공장의 폐재목, 건설 폐재 등을 연소하여 열과 전기로 변환시켜 활용, 펠릿과 칩으로 가공하여 열과 전기로 변환시켜 활용, 그 밖에 가스화하여 발전 등을 행하는 것 등을 들 수 있습니다.

이용되고 있는 목질 바이오매스의 종류는 앞에 서술했듯이 간벌재 등의 임지 잔재, 공장 폐재목, 건설 폐재로 나눌 수 있습니다. 양적으로는 임지 잔재가 적고, 공장 폐재목, 건설 폐재 순으로 처리 규모가 커집니다. 임지 잔재에 대해서는 수분량과 수집비용, 처리 비용의 관점에서 볼 때 임지 잔재를 단독으로 이용하는 것은 현재 상태로는 어렵고, 공장 폐재목 등과 같이 이용되고 있습니다. 처리양에 대해서는 소규모의 경우에는 펠릿 스토브로 이용, 칩 보일러로 이용, 일부 가스화 발전 등으로 이용되고 있습니다. 중규모~대규모가 되면 직접 연소 발전, 열 이용이 행해지고 있습니다.

목질계 바이오매스의 종류	설비 규모와 에너지 이용 형태의 이미지 1 10 100 300 1,000 [t/일]		
삼림 임지 잔재 바이오매스	펠릿 칩		
공장 폐재목 폐재목 톱밥 나무껍질		직접 연소 발전· 열 이용, 가스화 발전(주로 자가 소비)	직접 연소 발전· 열 이용, 가스화 발전, 석탄 혼소 발전(자가 소비 및 장외 공급)
건설폐재			
에너지의 이용 형태와 용도	**소규모** 펠릿 스토브 : 주택, 공공시설 펠릿(칩) 보일러 : 공공시설 가스화 발전 : 공장 내 이용	**중규모~대규모** 직접 연소 발전 : 공장 내 이용. 매전(賣電) 직접 연소 열 이용 : 목재 건조, 공장 열원, 난방, 급탕, 냉방 외국의 직접 연소 이용 : 매전(賣電), 지역 열 공급 외국의 가스화 발전, 석탄 혼소 발전 : 매전	

[그림 9.9] 목질 바이오매스의 규모와 이용 방법

[신에너지·산업기술 총합개발기구 : 「바이오매스 에너지 도입 가이드 북」을 일부 수정

▶▶ 장작 스토브와 목질 펠릿 스토브 ◀◀

목질 바이오매스를 개인 레벨로 이용하는 예로는 장작 스토브[그림 9.10]와 목질 펠릿 스토브[그림 9.11]를 들 수 있습니다.

장작 스토브는 옛날부터 사용하고 있었던 것으로, 장작을 연료로 하는 스토브입니다. 장작 스토브에는 오뚜기 스토브라고 불리고 있는, 구조가 간단하고 싼 것부터 수입품 가격이 20~70만 엔까지 하는 것이 있습니다. 비싼 것은 촉매 등을 사용하여 연소 가스를 제2차 연소시켜 열효율을 향상시킨 것도 있습니다. 장작 스토브는 보통 가스 스토브와 석유 스토브에 비하면 장작패기 등 연료 확보, 재 청소, 굴뚝 청소 등 관리해야 할 것이 많지만, 최근에는 난방으로 이용하는 것 외에도 장작패기를 즐겨하고 불꽃의 흔들림을 인테리어로 즐기는 사람이 증가하고 있다고 합니다.

[그림 9.10] 장작 스토브

목질 펠릿 스토브는 목질 펠릿(목재 분말을 고온고압에서 압축하는 것에 따라 함유되어 있는 리그닌이 용융 고화되어 생긴 것, [표 9.4] 참조)을 연료로 하는 스토브입니다. 연료 탱크에서 목질 펠릿이 자동으로 공급되는 구조로 되어 있어, 석유 스토브와 같이 사용 중 관리해야 할 필요가 없습니다. 목질 펠릿이라는 형상과 함수율이 거의 일정한 연료를 사용하는 점, 팬을 사용해 연소부로 공기를 공급함에 따라 연료를 완전연소시킬 수 있습니다.

목질 펠릿 스토브는 장작 스토브와 같이 재 청소와 굴뚝 청소 등의 관리가 필요하지만 완전연소에 가까운 목질 펠릿 스토브는 장작 스토브에 비하면 관리가 훨씬 편합니다.

[그림 9.11] 목질 펠릿 스토브

[표 9.4] 목질 펠릿의 성질과 상태

항 목	성질과 상태
형상	원통형
지름	4~12mm
길이	10~12mm
진비중(眞比重)	1.0~1.4
겉보기 비중(見掛比重)	0.6~0.7
함수율	10~15%
저위발열량	4,000~4,500kcal/kg 17~19MJ/kg

삼림이 풍부한 지역에서는 목질 바이오매스를 활용한 에너지 공급과 새로운 산업을 생산해낼 수 있습니다. 삼림생태계와 일체가 된 순환형 사회라고 할 수 있습니다. 한 가지 예로, [그림 9.12]와 같은 활용을 생각할 수 있습니다. 삼림에서 벌채한 목재는 제재소로 반출되고, 제재소에서는 목재를 가공하여 출하함과 동시에 제재과정에서 발생한 목질 바이오매스는 발전 연료로 이용되고, 칩 공장과 펠릿 공장 등으로 반송하여 칩과 펠릿으로 가공합니다. 이것은 농업시설의 비닐 하우스 등의 난방용 연료로 이용하기도 하고, 공공시설과 가정용 펠릿 보일러의 연료로 이용하기도 합니다. 또, 간벌재 등의 임지 잔재도 반출하여, 칩 공장으로 옮겨 연료용 칩으로 활용합니다.

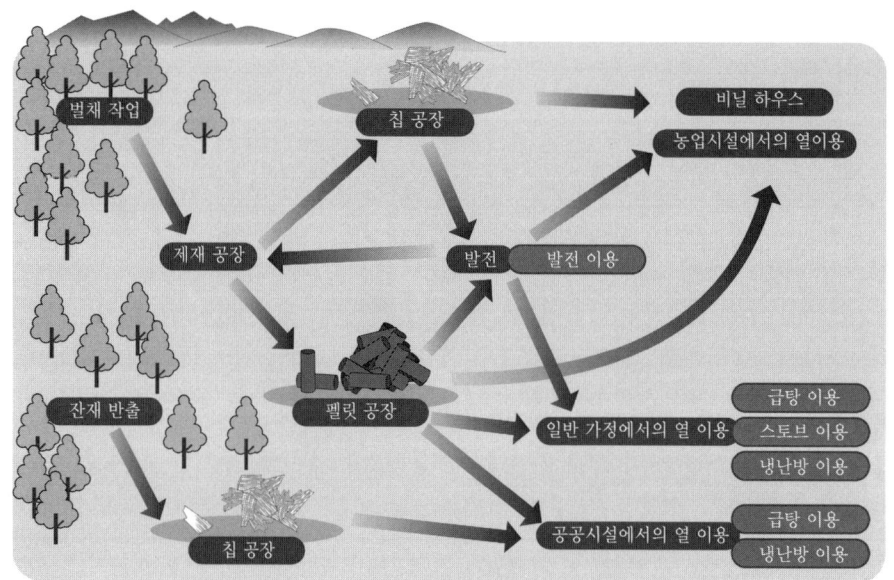

[그림 9.12] 목질 바이오매스 이용 시스템의 예

지역 에너지는 지역에서 만들고 지역에서 소비하는, 에너지 산업의 지역사회 자급자족을 실현시킬 가능성이 있습니다.

9.4 ┃ 목질 바이오매스 활용 계획 책정 사례

어느 마을에서 목질 바이오매스 에너지에 관한 조사가 행해졌습니다. 그 조사 내용은 아래와 같습니다.

9.4.1 목질 바이오매스 이용 가능량 조사

(1) 목질 바이오매스 특징 등 정리

목질 바이오매스의 특징, 성질, 문제점 등에 대해서 기존 자료 등을 기초로 삼아 조사하고 정리합니다.

(2) 이용 가능량 파악

목질 바이오매스의 원재료가 되는 간벌재, 임지 잔재, 전정목(剪定木), 제재소의 잔재 등 대상지역에서의 발생량 및 수집 가능량을 [표 9.5]와 같은 내용으로 파악합니다.

조사는 기존 자료, 청취 등으로 합니다.

[표 9.5] 목질 바이오매스 원자재의 이용 가능량 조사

구 분	조사 내용
임지관리	간벌재, 임지잔재, 전정목(剪定木) 등의 발생량 및 수집 가능량
목재제조업	목재 제조업, 목제품 제조업, 수입목재 도매업 등의 잔재 발생량 및 수집 가능량
기타 관련 사업자	건설업, 폐기물 처리업 등의 나뭇조각 등의 발생량 및 수집 가능량

9.4.2 간벌(間伐), 개벌(皆伐) 비용과 식림 비용 조사

간벌, 개벌 비용과 식림 비용, 또 간벌재 등의 판매량, 판매처 등의 유통 시스템에 관하여 기존 자료 및 청취에 의해 조사합니다.

9.4.3 목질 바이오매스 연료화 조사

(1) 목질 바이오매스의 이용 사례

국내, 해외의 목질 바이오매스 이용 상황을 기존 자료 등을 참고하여 조사하고 정리합니다.

(2) 지역에서의 도입 가능성 조사

공공시설과 민간시설에서 목질 바이오매스 도입의 가능성에 대해 청취 등으로 조사합니다. 조사 결과를 토대로 지역의 목질 바이오매스 구입, 도입 의향 등을 분명히 합니다.

(3) 목질 바이오매스 사업화 검토

목질 바이오매스 사업화의 방법, 즉 시스템 구축 방법, 설치 장소, 설치 방법 등에 대해서 검토합니다.

(4) 사업 실시를 향한 과제

목질 바이오매스 사업화를 향한 자금면, 조직면, 비용면, 조성금 등의 과제에 대해 정리합니다.

9.4.4 조사 결과의 개요

이상의 조사 결과를 정리해서 제안한 목질 바이오매스 활용의 예는 [그림 9.13]과 같습니다. 이 조사로는 해당 마을에서 발생하는 목질 바이오매스를 집적시켜 칩, 가스화, 퇴비화 등을 행하여, 목질 바이오매스에 따른 산업의 자급자족 지역사회, 삼림자원의 보전과 활용, 새로운 고용 창출을 목적으로 하는 계획을 제안하고 있습니다.

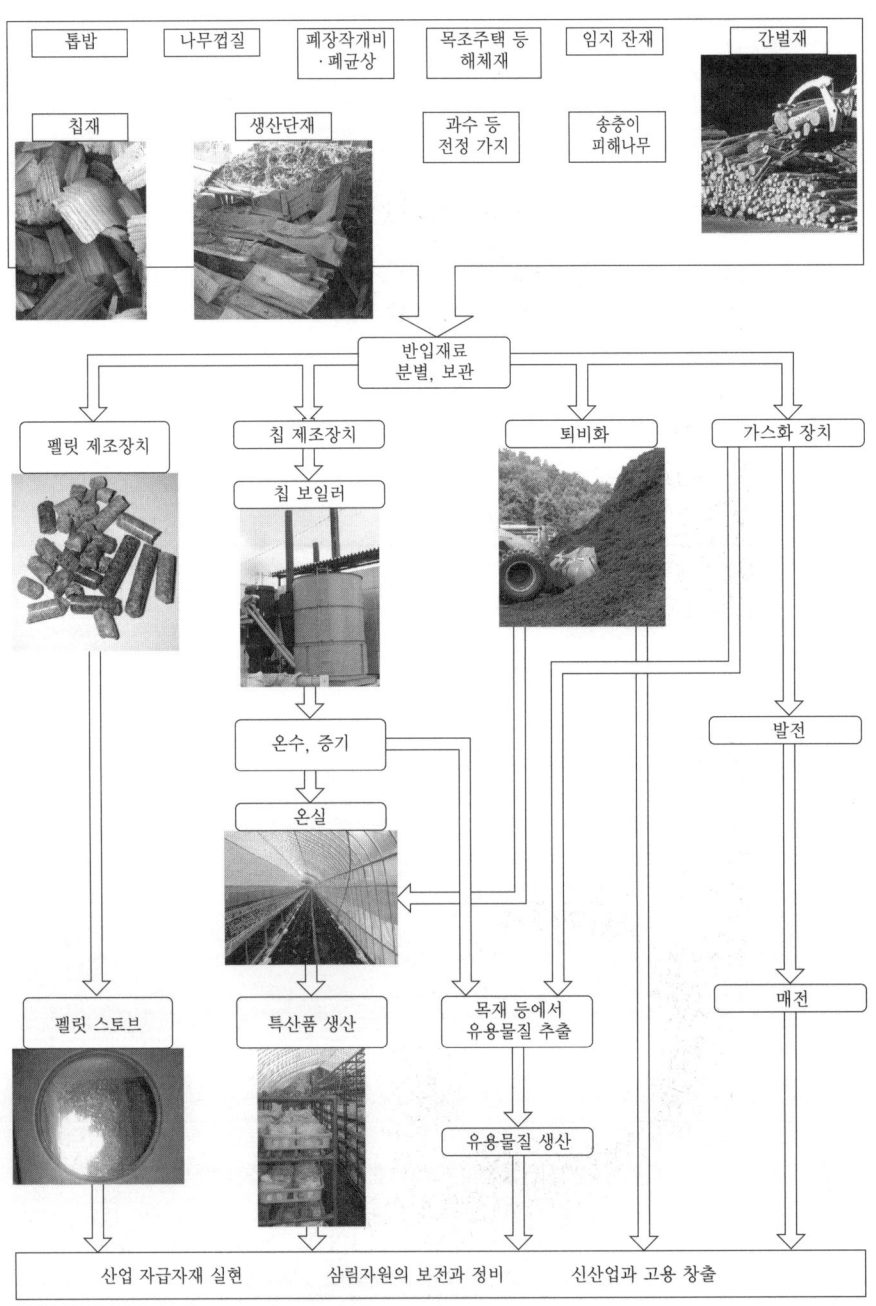

[그림 9.13] 목질 바이오매스 활용의 제안 예

Q&A

Q.1 바이오매스 에너지는 모두 카본 뉴트럴이라고 생각해도 좋습니까?

A.1 엄밀히 말하자면 현 시점에서는 바이오매스 연료 등을 만들 때와 수송할 때에, 전기와 석유 에너지(화석연료)를 사용하기 때문에, 100% 카본 뉴트럴이라고는 할 수 없습니다. 만일 인류가 사용하는 모든 에너지가 바이오매스 에너지 등의 화석연료에 전혀 의존하지 않는 상황이 된다면 100% 카본 뉴트럴이라고 할 수 있습니다.

Q.2 바이오매스 에너지에서 연소로 발생한 이산화탄소는 모두 식물에게 돌아갑니까?

A.2 엄밀히 말하자면 탄소 순환에서도 설명했지만, 모든 이산화탄소가 식물에게 흡수되는 것이 아니라 일부는 해양에 녹아 흡수됩니다.

Q.3 이산화탄소의 고정 능력은 고목보다 유목(幼木)이 더 높습니까?

A.3 유목의 이산화탄소 고정 능력이 더 높습니다. 유목은 생장속도가 빨라서 이산화탄소 고정 능력이 높습니다.

Q.4 태양광발전의 솔라 패널(solar panel)의 수명은 몇 년 정도입니까?

A.4 태양전지의 평균 수명은 20년 이상이라고 합니다.

Q.5 가정용 풍력과 태양광발전의 하이브리드 시스템 비용은 어느 정도입니까?

A.5 제품에 따라 다르지만, 수십 만 엔 정도부터입니다.

Q.6 화석연료가 없어지면 차 등의 교통 차량은 어떻게 움직이게 합니까?

A.6 만일 화석연료가 없어진다 해도 이치상으로는 예를 들면, 전기자동차라면 수력발전, 풍력발전, 원자력발전 등의 전기로 움직입니다. 비용은 비싸지만…

Q.7 바이오매스 에너지는 지금까지 왜 보급되지 않은 것입니까?

A.7 가장 큰 이유는 비용이 화석연료에 비해 비싸기 때문입니다.

Q.8 나뭇조각 등의 바이오매스 에너지를 연소하면 이산화탄소는 발생하지 않습니까?

A.8 나무를 태우면 당연히 이산화탄소가 발생합니다. 그러나 카본 뉴트럴의 원리로 지구 규모에서 장기적으로 보면 이산화탄소는 증가하지 않는다고 볼 수 있습니다.

Q.9 바이오 에탄올의 장점은 무엇입니까?

A.9 원래 식료로 생산한 옥수수 등의 곡물을 바이오 에탄올 원료로 사용하기 때문에 곡물과 식품 등의 가격이 상승합니다. 오렌지에 관해서는 오렌지보다 생산 수입이 높은 옥수수 등으로 작물이 전환되어, 그 결과 오렌지의 가격이 상승했습니다.

●●●●●●●●●●●●●●●●●●●●●●●●●●●● 연습문제 ●●●●●●●●●●●●●●●●●●●●●●●●●●●●

1. 신에너지란 무엇인지 간단하게 설명해 보세요.

2. 신에너지로 당신이 사용한 것을 말해 보세요.

3. 바이오매스 에너지란 무엇인지 설명해 보세요.

4. 삼림의 효용에 대해서 설명해 보세요.

5. 목질 바이오매스의 이용 방법에 대해서 설명해 보세요.

●●

정리

☑ 신에너지란 기술적으로 실용화 단계에 있지만, 경제적 측면에서의 제약으로 보급이 충분하지 않은 것으로, 석유 대체 에너지를 도입하기 위해 특히 필요하다고 정의하고 있습니다.

☑ 신에너지를 꼭 도입해야 하는 이유는 지구온난화와 화석연료의 고갈 때문입니다.

☑ 신에너지는 "재생 가능 에너지"와 "종래형 에너지의 신 이용 형태" 두 가지로 분류됩니다.

☑ 신에너지의 공급면에서의 특징은 친환경 에너지라고 불리지만, 에너지원이 분산되어 있고, 한 가지 시설당 규모가 작으며 이용 효율이 낮기 때문에 비용이 높아지는 문제점이 있습니다.

☑ 지역의 특성에 맞게 신에너지 이용을 생각할 필요가 있습니다.

☑ 바이오매스 에너지란 생태계(생물)를 활용한 신에너지로 동식물에서 유래하는 유기물을 에너지원으로 이용하는 것입니다.

☑ 바이오매스 에너지 이용으로는 연소, 열화학적 변환, 생물화학적 변환이 있습니다.

☑ 목질 바이오매스는 삼림에서 나온 바이오매스와 목재 건축물 등에서 발생하는 폐기물계로 나눌 수 있습니다.

☑ 목질계 바이오매스 에너지의 이용 방법은 그 상태 그대로 이용하는 것 외에 펠릿과 칩으로 가공하거나, 가스화하여 이용하는 방법도 있습니다. 용도는 주로 열과 전기로 이용됩니다.

─── 이 장의 **목적** ───

이 장에서는 환경생태학과 관련있는 사회적 활동인 환경학습에 대해 설명하고, 구체적인 예로 학교 비오토프(biotope), 인터프리테이션, 에코 투어리즘에 대해 설명합니다. 또한 시민의 환경보전활동의 구체적인 사례로 가와사키시(川崎市)에서 행해지고 있는 시민건강의 숲 사업에 대해 설명하고, 특히 필자가 행하고 있는 보전활동의 내용에 대해 소개합니다.

10.1 환경학습

10.1.1 환경학습 내용

자연환경 등 환경을 보전하기 위해서는 개개인의 행동이 중요하고, 개개인이 스스로 환경을 보전하기 위한 행동과 학습을 해야 할 필요가 있습니다. 이 때문에 "환경교육"(배움)이 아닌 "환경학습"(스스로 터득함)이라는 용어를 사용하기도 합니다. 환경학습의 목표는 다음과 같습니다.

- 자연구조, 인간 활동이 환경에 미치는 영향, 인간이 환경과 어울리는 방법, 그 역사와 문화 등에 따라 폭넓게 이해할 것
- 지식을 전달할 뿐만 아니라 자연 체험 등을 통해 자연에 대한 감성과 환경을 소중히 여기는 마음을 가질 것
- 인간과 환경의 관련성에 대해 관심을 가지고, 이해하기 위해 자연 체험과 생활 체험을 점차 늘려갈 것

환경학습을 추진하기 위해 2003년 7월에 일본에서는 「환경보전을 위한 의욕 증진 및 환경교육 추진에 관한 법률」을 제정했습니다. 이 법률을 토대로 2004년 9월에 책정된 환경학습의 기본 방침은 다음과 같습니다.

Ⅰ. 사고방식

1. 여러 개인과 단체가 자발적으로 환경보전에 힘써, 넓은 범위의 환경을 만드는 것

개개인이 자발적으로 환경보전에 힘쓰며, 그 보전이 개인에서 모든 주체로 퍼져가는 것은, 지구온난화 문제를 시작으로 하는 과제에 대처하고 지속가능한 사회를 구축하는 데 반드시 필요하다. 따라서 가정, 지역, 사회 등 폭넓은 장소에서 그 방안을 지탱할 수 있는 환경을 만든다.

2. 환경과 생명을 소중히 여기고, 구체적 행동을 하는 인재를 육성하는 환경교육

환경교육에서는 우리들의 생활과 환경에 대해 배우고, 환경에 관한 인식을 깊게 새기고, 환경과 생명을 소중히 여기는 마음을 가지고서 대처 방안에 주체적으로 참여하는 것이 중요하다. 그 때문에 체험을 통해 관심을 가지고, 이해를 구하며, 참가하여 문제해결 능력을 향상시켜 구체적으로 행동하게 되는 시점(視點)을 중시한다.

3. 자발성 존중, 역할 분담, 연대 등의 배려

환경보전활동을 지원하거나 환경교육을 추진하는 데에는 자발성 존중, 역할 분담, 연대, 투명성, 공정성 확보, 단속적인 방안 등에 배려할 필요가 있다.

Ⅱ. 주요 대처 방안(구체적인 시책)

① 각 학교에서 환경교육에 관한 전체적인 계획을 작성하는 등 각 교과, 종합적인 학습 시간을 통해 종합적인 대처 방안을 추진한다.

② 지역과 학교가 연대하여 환경교육을 실시하는 것이 중요하다. 연대를 두텁게 하기 위한 코오디네이터(coordinator)를 육성한다.

③ 친환경 학교시설로 정비하고 개수하는 것에 충실하여, 이것과 연대한 환경교육과 지역과 연대하여 추진한다.

④ 매일 가정과 생활에서 교육을 하거나 IT와 전문가의 힘을 빌려 지원하는 방안을 만들어야 한다.

⑤ 관공서, 민간 기업 등의 직장에서 환경교육에 충실하고, 직원의 자원봉사활동을 지원한다.

⑥ 인재육성과 관련된 사업등록제도에 따라 민간의 자발적인 창의 개발을 토대로 한 방안이 필요한 환경교육의 장(場)에 알려주어 많은 사람들이 알게 한다.

⑦ 환경보전활동, 환경교육, 파트너십 만들기 지원 거점에 대한 기능 강화, 각 기관과의 연대, 코오디네이터 등의 인재를 육성한다.

⑧ 내셔널트러스트 활동과 견학 등 공장 개방, 토지, 시설 활용, 교육에의 제공 등으로 대처 방안을 두루 알게 하고, 민간단체와의 연대 등을 지원한다.

⑨ 정부가 가지고 있는 환경에 관한 정보를 적극적으로 알기 쉽게 공표함과 동시에 민간의 정보 수집, 제공을 추진한다.

⑩ "지속가능한 개발을 위한 교육 10년"에 대하여 장기적인 추진계획 등을 검토함과 동시에 지속가능한 개발을 위한 교육을 해야 할 자세를 국제적으로 알린다.

교육과정에서의 환경교육과 관련된 주요 내용은 [표 10.1]과 같습니다.

10.1.2 학교 비오토프

비오토프(biotope)는 본래, 그 지역에 여러 야생생물이 살 수 있는 공간을 의미합니다. 비오토프를 보전·회복하는 목적은 그 지역에 원래 있었던 지역 전체의 자연생태계 보전과 복원입니다. 각각의 비오토프를 연결하여 지역의 생물다양성을 지킬 수 있게 됩니다.

학교 비오토프는 아이들이 가까운 곳에 있는 생물과 자연에 친밀함을 갖고, 체험을 통해 자연구조를 배우는 곳으로 학교부지 내에 비오토프를 만드는 것입니다.

비오토프는 교정 등의 가까운 장소에 만듭니다. 이 비오토프를 통해 아이들은 물, 토양, 식물, 동물, 생태계 등의 자연에 친밀함을 느낄 수 있게 됩니다. 구체적으로는 자연을 풍부하게 하는 활동 참가, 자연에 대한 관심 향상, 자연관찰 실천 장소가 있습니다. 학교 비오토프 작성 순서의 예는 [표 10.2]와 같습니다. 비오토프를 만들 장소를 확인하고, 만들어야 할 비오토프의 종류를 검토합니다. 그리고 예정지를 조사하고, 정비 목표 및 정비 계획을 세웁니다. 그런 다음 시공 및 활용을 합니다. 이후 정기적으로 평가하는 것이 중요합니다. 이 평가 결과를 토대로 새로운 비오토프 만들기와 현재 비오토프의 활용 방법을 재검토합니다.

일본 요코하마시(橫浜市) 환경창조국에서는 학교에서의 비오토프(잠자리 연못) 활용과 유지관리에 관한 매뉴얼(학교의 생태학 고양으로 뿐만 아니라 풍부한 자연 체험~학교 비오토프의 활용·유지관리(http://www.city.yokohama.jp/me/kankyou/mamoru/eco/gakkouecoup/index.html))을 작성하고 있습니다. 이 매뉴얼에는 요코하마시에서의 학교 비오토프 사례 등이 기재되어 있습니다.

[표 10.1] 교육과정에서 환경교육과 관련된 주요 내용(1)

학교	과목	내용
초등학교	사회 (지리역사, 공민)	3, 4학년 • 음료수, 전기, 가스의 확보와 폐기물 처리와 자신들의 생활과 산업과의 관련성 5학년 • 공해로부터 국민의 건강과 생활환경을 지키는 것의 중요함 • 국토 보전과 수자원 함양(涵養)을 위한 삼림자원의 움직임
	과학	• 생물, 날씨, 강, 토지 등의 지도와 관련된 것으로는 야외로 나가 지역의 자연과 어울리는 활동을 많이 하는 것과 함께, 자연환경을 소중히 여기는 마음과 보다 좋은 환경을 만들려고 하는 태도를 가지는 것 6학년 • 생물은 주변 환경과 함께 살아가는 것
	사회생활	1, 2학년 • 자신과 근접한 곳에 있는 동물과 식물 등의 자연과의 연관성에 관심을 가지고, 자연을 소중히 여기는 것
	가정 (기술, 가정)	5, 6학년 • 친환경적인 자신의 가정생활을 연구
	체육 (보건체육)	3, 4학년 • 건강하게 지내기 위해서는 생활환경을 정리하는 것이 필요함.
	도덕	5, 6학년 • 자연환경을 소중히 여김.
	특별활동	• 학급 활동, 아동회 활동, 클럽 활동, 학교 행사
	종합적인 학습 시간	• 자연체험과 자원봉사활동 등의 사회체험, 관찰, 실험, 견학과 조사, 발표와 토론, 제조와 생산 활동 등 체험적·문제해결적인 학습을 적극적으로 받아들이는 것
중학교	사회 (지리역사, 공민)	지리적 분야 • 환경과 에너지에 관한 과제 공민적 분야 • 공해 방지 등 환경보전 • 지구환경, 자원, 에너지 문제에 대해 과제 학습
	과학	제1분야 • 환경과 조화된 과학기술 발전의 필요성 • 인간이 이용하고 있는 에너지로는 수력, 화력, 원자력 등 여러 가지가 있는 점, 에너지 유효 이용의 소중함 제2분야 • 자연환경을 조사하여 자연환경은 자연계가 조화를 이루어야 성립된다는 것을 이해하고 자연환경보전의 중요성 인식

[표 10.1] 교육과정에서 환경교육과 관련된 주요 내용(2)

학교	과목	내용
중학교	가정 (기술, 가정)	기술 분야 • 기술과 환경, 에너지 자원과의 관계 가정 분야 • 자신의 생활이 환경에 미치는 영향에 대해 생각하고, 친환경 소비생활을 연구
	체육 (건강 체육)	보건 분야 • 환경보전에 충분히 배려한 폐기물 처리의 필요성 • 지역 실태와 맞는 공해와 건강의 관계를 다룸.
	도덕	• 자연 애호
	특별활동	• 학급 활동, 학생회 활동, 학교 행사
	총합적인 학습 시간	• 자연체험과 자원봉사활동 등의 사회체험, 관찰, 실험, 견학과 조사, 발표와 토론, 제조와 생산 활동 등 체험적·문제해결적인 학습을 적극적으로 받아들이는 것
고등학교	사회 (지리역사, 공민)	지리 A, 지리 B • 환경, 자원 에너지에 관한 지구적 과제 현대사회 • 공해 방지와 환경보전 • 지구환경문제 등에 대해서 과제 학습 정치, 경제 • 공해 방지와 환경 보전
	과학	• 자연환경보전에 관한 태도 육성 • 환경문제와 과학기술의 진보와 인간생활과 관련된 내용 등에 대해서는 자연과학적인 관점부터 다루는 것 과학종합 A • 화석연료와 원자력 및 수력, 태양 에너지 등의 특성과 유한성 및 그 이용 과학종합 B • 물과 대기오염, 지구온난화, 생물다양성 등을 받아들여 생물과 환경과의 관련성, 지구환경 보전의 중요성 등을 다룸.
	가정 (기술, 가정)	가정 기초, 가정 총합, 생활 기술 • 환경부하가 적은 생활을 지향하여 생활의식과 생활양식을 재검토하고, 환경과 조화된 생활을 연구함.
	체육 (보건체육)	보건 • 인간 생활과 산업 활동은 자연환경을 오염시키고, 환경에 영향을 미치는 점도 있기 때문에 여러 가지 대책을 세워야 함. • 학교와 지역 환경이 건강에 적합하도록 기초를 설정하고, 환경위생활동을 행하는 것
	특별활동	• 홈룸(homeroom) 활동, 학생회 활동, 학교 행사
	종합적인 학습 시간	• 자연체험과 자원봉사활동 등의 사회체험, 관찰, 실험, 견학과 조사, 발표와 토론, 제조와 생산 활동 등 체험적·문제해결적인 학습을 적극적으로 받아들이는 것

[표 10.2] 학교 비오토프 작성 순서의 예

항 목	내 용
비오토프를 만들 장소 확인	비오토프를 만들 장소를 관찰하고, 주위 환경과 그 장소의 상태 등을 확인한다.
만들려고 하는 비오토프의 종류 검토	지역에 원래부터 있었던 자연생태계를 조사하고, 그것을 토대로 어떤 비오토프로 만들지를 검토한다.
예정지 조사	주변 지역을 포함하여 비오토프 예정지의 자연환경을 상세하게 조사하고, 부족한 점과 가능한 점에 대해 조사하고 검토한다.
정비 목표, 정비 계획	정비 목표와 계획을 설정하고, 유지관리를 위한 역할 분담과 관리 방법, 스케줄 등을 검토한다.
계획, 시공 실시	정비 목표를 토대로 계획하고 시공한다.
유지관리	완성된 비오토프 환경이 목표에 맞도록 유지하고 관리한다.
비오토프의 활용	계절에 맞게 관찰회의 등을 실시한다.
정기적인 평가	현상을 조사·분석하고, 당초의 목표와 비교하여 검토하며, 목표와의 정합성(整合性)을 검토하고, 필요에 맞게 재검토 등을 실시한다.

10.1.3 인터프리테이션

인터프리테이션(interpretation)이란 자연, 문화, 역사(유산)를 사람들에게 알기 쉽게 전하는 것입니다. 이때, 자연에 대한 지식을 전달하는 것뿐만이 아니라 자세한 정보도 전달합니다. 인터프리테이션을 실시하는 사람을 인터프리터(interpreter)라고 합니다.

인터프리테이션을 할 때의 유의점은 다음과 같습니다.

- 참가자의 개성, 경험과 관련지어 행할 것
- 인터프리테이션은 지식과 정보를 전달하는 것뿐만이 아니라 상대의 흥미를 자극하고, 계발하는 것
- 인터프리테이션은 여러 가지 기능을 합친 총합 기능일 것
- 인터프리테이션은 사물사상의 일부만이 아닌 전체상을 보여주도록 하는 것
- 대상인 사람에게 맞춘 프로그램을 행할 필요가 있는 것

10.1.4 이콜로지 투어(ecology tour)

이콜로지 투어란 자연환경과 역사문화를 대상으로, 그것을 체험하고 배움과 동시에 대상 지역의 자연환경과 역사문화 보전에 책임을 지는 생태학 관광 문화입니다. 본래 도상국(途上國)의 자연보호를 위한 자금조달 방법으로 거두어들인 이콜로지 투어의 사고방식이 지속 가능한 관광의 한 영역으로 선진국에서도 전개될 수 있게 되었습니다.

이콜로지 투어를 실현하기 위해서는 여행자와 관광사업자뿐만 아니라, 그 고장의 주민과 지역의 여러 가지 산업을 포함한 포괄적이고 횡단적인 방안이 필요합니다. 이콜로지 투어를 실현하기 위해서는 환경, 관광, 지역 관계자의 협력이 반드시 필요합니다.

이콜로지 투어는 다양한 자연환경보전과 이콜로지 투어 참가자의 환경보전에 대한 의식을 높이고, 일상생활에서 환경보전의 행동으로 이어질 수 있습니다. 게다가 범위가 넓어지면, 보다 많은 사람이 환경보전에 대한 관심을 높일 수 있습니다.

또, 이콜로지 투어를 실시한 지역에서는 지역 주민의 지역자원 보전에 대한 의식이 높아져, 그 지역의 자연과 문화의 가치를 재인식할 수 있을 것으로 기대됩니다. 이에 따라 지역의 자연과 문화를 언제까지나 소중하게 보존해야 하는 지역 주민의 행동과도 이어집니다. 또한, 이콜로지 투어가 보급되면서 친환경 관광을 하려고 하는 분위기가 확산됩니다. 즉, 이콜로지 투어 경험자가 늘어날수록 지역의 자연환경을 배려한 관광 행동을 하는 여행자가 증가할 것입니다.

이콜로지 투어에 따른 지역 경제의 공헌을 위해서는 자연환경을 지속적으로 보전해야 합니다. 이로써 자연환경과 문화는 저절로 지켜질 수 있게 됩니다.

이와 같은 이콜로지 투어를 추진하기 위해서는 무엇이 필요할까요? 이콜로지 투어 추진에 특히 필요한 것은 규칙, 오리엔테이션 및 인재 육성입니다.

이콜로지 투어의 규칙이란 이콜로지 투어를 지속하기 위한 구체적인 약속입니다. 구체적으로 ① 야생동식물 채취 금지, ② 외래종 반입 금지, ③ 야생동식물의 생식환경 보전을 위한 출입 구역의 제한 등을 들 수 있습니다.

또, 오리엔테이션을 실시할 필요가 있습니다. 오리엔테이션의 목적은 여행자가 지역의 자연과 문화에 대해 깊이 이해하고, 새로운 여행의 발견과 즐거움을 얻는 것입니다. 오리엔테이션의 방법과 전달 내용은 여행자가 느끼는 것에 따라 크게 좌우되기 때문에 이콜로지 투어의 성과와 직결됩니다.

오리엔테이션으로는 가이드의 해설, 간판과 팸플릿을 이용한 셀프 오리엔테이션이 있습니다. 또, 인재 육성도 중요합니다. 지역 코오디네이터는 행정과 관광사업자, 지역 주민 등과 연대하여 이콜로지 투어를 추진합니다. 이 때문에 지역 코오디네이터의 육성이 중요합니다. 또, 이콜로지 투어 실시의 중심적인 역할을 하는 가이드 발굴과 육성도 중요합니다.

일본의 이콜로지 투어의 과제로는 ① 이콜로지 투어의 인식을 넓히는 방법, ② 이콜로지 투어 참가자를 증가시키는 방법, ③ 이콜로지 투어에 대처하는 지역과 사업자를 증가시키는 방법 등이 있습니다.

10.2 환경생태학과 관련된 시민활동의 사례

마을 야산 보전으로는 생태학의 기초 지식이 필요합니다. 아래에 마을 야산을 지키는 시민 활동의 사례에 대해 설명합니다.

10.2.1 가와사키시(川崎市)의 "시민 건강의 숲" 사업

가와사키시에서는 시민과 행정의 파트너십에 따라 자연이 풍부한 여유가 있는 숲을 창출해 가는 "시민 건강의 숲" 사업을 행하고, 현재에도 시민이 중심이 되어 마을 야산의 보전 활동을 계속하고 있습니다.

이 사업은 다음의 4가지 목적이 있습니다.

① 자연 회복과 보전 그리고 창출

② 건강과 레크리에이션 장소 만들기

③ 커뮤니티를 만드는 것에 기여

④ 도시 방재 기능 발휘

"시민 건강의 숲"은 가와사키시의 7군데 구(區)에 있으며, 각 구의 "시민 건강의 숲"의 위치와 특징은 [그림 10.1]과 [표 10.3], [표 10.4]와 같습니다. 바다 쪽인 가와사키구부터 구릉지인 아사오구(麻生區)까지의 특징이 나타나 있습니다.

10.2.2 나카하라구(中原區)의 사례

이 중 필자가 살고 있는 나카하라구의 사례에 대해 설명합니다. 보전 대상인 마을 야산(통칭 세이덴야마(井田山))는 [그림 10.2]와 같이 반세기 전에는 구릉지대였지만, 도시 개발에 따라 주택화가 되어, 주택지 속에 독립된 형태로 남은 마을 야산입니다.

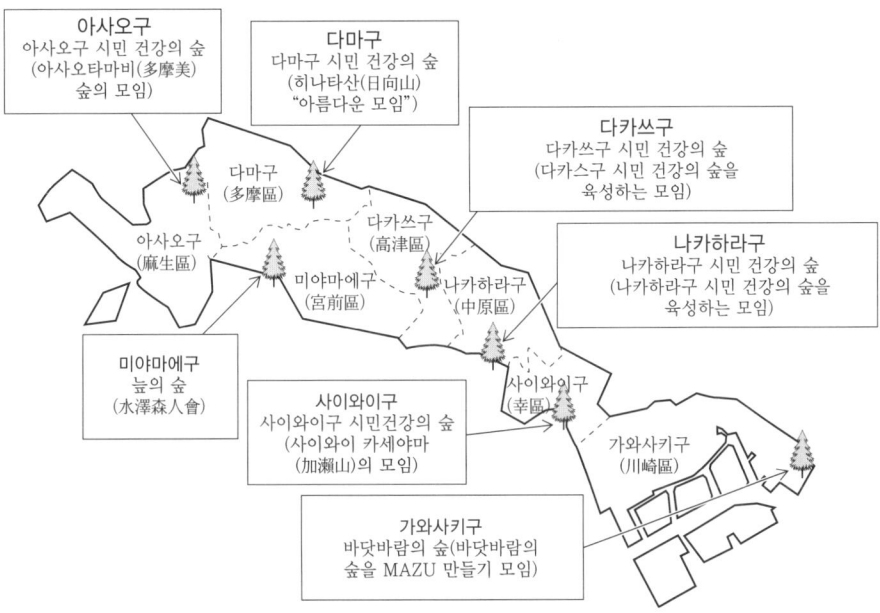

[그림 10.1] 가와사키시(川崎市)의 "시민 건강의 숲"의 위치

1947년   2001년

[그림 10.2] 세이덴야마의 변화

(왼쪽 사진) 미군이 공중에서 촬영한 사진(1947년 촬영)
(오른쪽 사진) 디지털 어스 테크놀로지(주) 공중에서 촬영한 사진(2001년 촬영)

[표 10.3] 각 구의 건강 숲의 특징(1)

항 목	가와사키구	사이와이구	나카하라구	다가쓰구	미야마에구	다마구	아사오구
면적(ha)	2.3	6.4	1.1	7.3	2.4	4.5	1.2
개설시기	2002년 4월	2003년 2월	2001년 9월	2002년 11월	2004년 10월	2002년 7월	2002년
회원* (실제 노동)	63 (30)	25 (7~25)	70 (25)	118 (25)	77 (25)	60 (30)	60
주변 환경	가와사키시의 최동단, 콤비나트 인접	많은 자연의 은혜와 각종 시설은 시민들의 휴식장소로 좋은 환경	단독주택, 맨션, 세이덴 병원에 인접함. 가까운 곳에는 야가미가와(上川)가 흐르고, 에도가와(江川)의 시냇물 산책로가 있음.	다이산케이힌(第三京浜) 도로와 타치바나(橘) 시민 플라자 통로가 교차하는 동남쪽, 타치바나 출장소의 앞에 보이는 구릉	스고 녹지동 지구(7.1ha)와 가와사키 북부 시장에 인접. 오네미치에서 다미사와산다마, 다이센(大山), 후지산을 바라볼 수 있음.	다마구의 거의 중앙에 위치하고, 고저차 산기슭에서 40m	서쪽에 다마미(多摩美) 접촉 숲, 민들레 보호원, 동쪽에 다마 녹지보전지구가 이어져 있음.
가장 자랑할 만한 것, 생태적 특징	• 도쿄만(灣)에 면해 있음. • 임해부에 접한 식생(식수) • 바다새가 날아옴.	• 공원 내에 동물원이 있는 것 • 후지미(富士見)테크가 있는 후지산이 보임. • 시로야마(白山) 고분을 대표로 많은 역사적인 고분이 있음.	• 나카하라구에 남아 있는 유일한 잡목림과 용수에 따른 사토야마 경관인 점 • 시민운동으로 개발을 하지 않은, 시민이 육성하고 있는 숲이라는 점.	• 자연이 풍부하고, 약 50종류의 경사면 수목이 있음. • 용수로에는 다슬기 생식	• 사토야마의 부흥(復興) 3가지 강의 원류역(히라세가와(平瀨川), 야가미가와, 하야부치천	• 벚꽃, 때죽나무, 작살나무 등의 꽃과 열매가 있는 나무가 많음. • 오색딱다구리 등의 수많은 들새가 생식함.	• 아사오천, 고탄다천이 시작되는 능선의 동단 가까이에 이 경사지와 예전에 밭이었던 평탄지부터 잡목림이 되어 있고, 논이었던 저습지와 이어져 있으며, 다마 구릉 특유의 환경이 한 세트로 되어 존재함. • 휘파람새의 둥지 등 들새, 작은 동물의 주거지이기도 함.
선전 문구	바닷바람이 부는 숲으로 어서오세요!	「가와사키의 벚꽃 명소」가 되다.	나카하라구 유일! 잡목림과 용수의 마을 야산 경관지, 세이덴야마(井田山).	천천히, 모두 즐기면서.	–유아와 저학년 아이들이 안심하고 놀 수 있는 장소로–『조몬(繩文)의 역사가 남긴 물과 푸른 자연(마을 야산) 복원』	「다음 세대에게 물려주자, 다마(多摩)의 마을 야산」~산림욕을 즐길 수 있는 산책로~	① 숲과 농지가 하나가 된 마을 야산 공간 ② 아이들의 환호성이 들려오는 숲

* 2005年 12月 未現在

[표 10.4] 각 구의 건강 숲의 특징(2)

항 목	가와사키구	사이와이구	나카하라구	다가쓰구	미야마에구	다마구	아사오구
문제점	• 땅을 파보면 기왓조각과 자갈이 나오는 상황, 흙도 좋지 않다. • 물이 잘 빠지지 않아 곤란을 겪고 있음.	• 무언가 이벤트를 계획해도 참가자가 적음. • 야간에 사람이 없기 때문에 악질장난이 많이 일어남. • 회원의 감소 • 도둑고양이, 까마귀, 쓰레기 문제	• 회원의 대부분이 고령층이고, 젊은 층의 회원이 필요 • 수목의 관리방법 • 관리체제의 방식 • 인접한 주택을 배려 • 야가미가와, 에도가와 등의 주변 활동 단체 등과 교류	• 활동 참가자가 적은 것, 회원 증강을 계획하는 것도 중요하지만, 동면 중인 회원을 깨우고 싶음. • 회원 연령층의 대부분이 60대 중반이고, 젊은 층이 적은 것	• 지역 설정을 계획하고, 식생 정비와 관리 방법을 확인할 필요가 있음. • 공원 보전, 관리상 제경비가 들고, 규모에 맞는 자금을 얻는 것이 필요	• 회원이 늘어도 고령화가 진행되고 있기 때문에 중·고등학생·대학생 등 젊은이들의 참가를 기대 • 학교에 생긴 교육장의 이용을 촉진함.	• 활동회원 고정화 해소, 참가 PR • 일상생활 속에서 배움. • 즐기는 시간을 확보. 숲과 접하는 계속성(특히, 학교와 아이) • 수목의 성장과 이용 리사이클 만들기 • 들새, 작은 동물의 생식환경 보전 • 관리 건물 등 활동 환경 정비
바람직하고 건강한 숲의 상(像)	• 액세스의 개선을 바람. • 봄에는 벚꽃놀이, 나무들도 울창하게 무성하고, 그늘과 시원한 바닷바람을 느끼고 쉬는 구민 공원이 되는 것을 간절히 바람.	• 많은 시민, 아이들부터 노인까지, 누구나가 언제나 편안한 장소로 안전, 안심되는 숲을 만들기. • 다음 세대에게 물려줄 시민 건강의 숲을 만듦.	• 모든 세대의 시민이 참가하여, 숲의 유지관리를 통해, 즐기면서 배우는 "건강의 숲" • 모든 시민에게 사랑받고 기분 좋게 이용할 수 있는 도회의 오아시스	• 제언서를 토대로 한 숲 실현 • 상록수와 낙엽수가 혼재하는 숲 만들기 • 반딧불의 고향 • 장수풍뎅이의 숲	• 건강의 숲 헌장을 제정하고, 시민이 언제나 쉴 수 있는 장소 • 환경학습을 할 수 있는 장소 • 여러 이벤트를 통해 커뮤니케이션 장소인 숲 • "숲과 사람의 공생을 꾀하는, 늪의 숲 실현"	• 시민 모두가 쉴 수 있는 마을 야산 • 동식물을 관찰할 수 있는 자연의 마을 야산	• 더욱 다채롭게 – 기르고, 편안하게 쉬고, 배우고, 먹고, 창작하고, 표현하는 숲으로. • 세대를 잇는 숲으로. • 아사오, 다마구릉의 자연의 풍부함이 집약된 숲으로.

그 변천은 다음과 같습니다. 예전에 이 지역은 평지에 논이 많고, 잡목림은 채초지(지역 주민이 공동으로 이용하는 삼림, 茅場)로 이용하고 있었습니다. 잡목림은 졸참나무나 상수리나무 등의 낙엽수를 중심으로 숯이나 장작을 생산했기 때문에 벌채나 가지치기를 하고 있었습니다. 또, 낙엽을 퇴비로 사용했기 때문에 낙엽을 쓸거나 하초(下草)를 정기적으로 베고 있었습니다.

이 때문에 숲 속은 밝고, 지표까지 일광이 닿고, 금란, 은난초, 산나리, 참취 등의 여러 가지 종류의 식물이 생육하고 있었습니다. 옛날에 이 지역은 사람과의 관계로 여러 식물, 곤충, 새 등의 풍요한 환경이었습니다. 그러나 도시화 진전과 함께 사람과의 관계가 없어져 방치되었습니다.

[표 10.5] 세이덴야마(井田山)의 개요

항 목	내 용
면적[ha]	약 1.1
활동 개설 시기	2001년 9월
가장 자랑할 만한 것	나카하라구에 남은 유일한 잡목림과 용수에 따른 마을 야산 경관과 시민운동으로 개발을 지켜낸 시민이 돌보고 있는 숲이라는 점
생태적 특징	졸참나무, 상수리나무 등의 낙엽수를 중심으로 한 이차림(二次林)
선전 문구	나카하라구 유일! 잡목림과 용수의 마을 야산 경관지

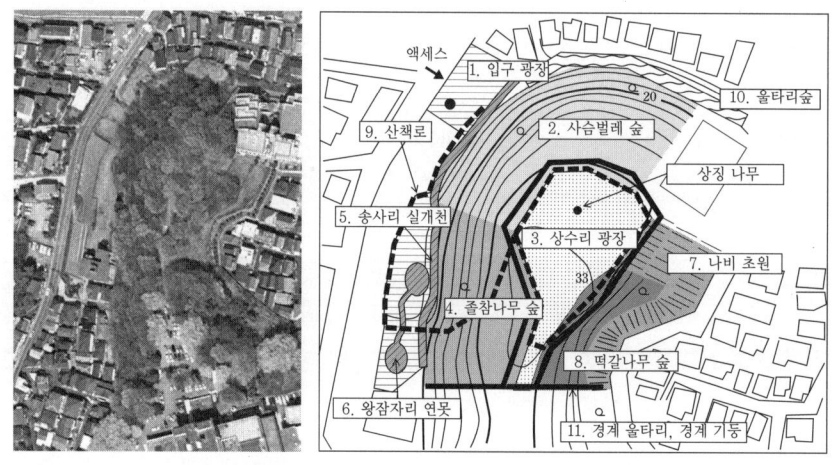

[그림 10.3] 세이덴야마(井田山)의 지역 구분

[디지털 어스 테크놀로지(주) 공중에서 촬영한 공중 사진(2001년 촬영)]

이 활동은 지역 사람들과 함께 마을 야산을 보존하는 것을 목적으로 하고 있습니다. 이 마을 야산은 통칭 세이덴야마(井田山)라고 불리며, 현재 나카하라구의 시민건강의 숲으로 지정되어 있습니다. 세이덴야마의 개요는 [표 10.5]와 같습니다. 세이덴야마는 [그림 10.3]과 같이 8개의 지역에서 적절하게 자연을 보전하고 관리하고 있습니다. 활동 내용은 [표 10.6]과 [그림 10.4]와 같습니다. 숲 관리, 연못, 광장, 물 관리, 연수, 친목 등입니다.

[표 10.6] 활동 상황

구 분	구체적인 활동
수목관리 관계	하초베기, 수목 손질, 낙엽 쓸기, 죽림 손질, 식목, 목책 보강
연못, 광장, 물 관리 관계	잔디밭 손질, 야가미천(矢上川) 클린 업, 물속에 사는 생물 조사, 수질 검사, 가재 잡기(구제의 일환), 광장, 연목 등의 관리, 꽃을 심음.
연수, 친목, 기타	강습회, 숙박 연수, 자연 관찰회(들새, 식물 등), 벚꽃놀이, 도토리 줍기와 공작, 프리마켓, 부모와 함께 캠프, 냄비 요리를 둘러싼 모임, 표고버섯의 균심기, 죽세공 교실

죽림 손질

가재 잡기

야가미천 클린 업

프리 마켓

[그림 10.4] 활동 모습

현재의 문제점은 다음과 같습니다.

- 젊은 층의 회원 증강
- 수목의 관리방법(노목 벌채, 가지치기, 보존 종을 남긴 하초 베기, 50~100년 사이 클의 이차림 손질, 새싹 갱신방법 등)
- 관리체제 방법
- 인접한 주택에 배려
- 주변의 활동 단체와의 교류

젊은 층의 회원에 대해서는 주변 학교와 협동하여 활동을 하는 등, 젊은 사람들의 관심이 필요합니다. 수목 관리는 지역주민만으로 대응할 수 없는 경우도 있기 때문에, 학식 경험자와 행정기관의 협동이 중요합니다. 관리체제에 대해서는 회원의 적극적인 협력에 따라 관리를 확실히 해야 합니다. 이웃 주민에 대해서는 평소에 정보를 자주 교환하고 정보를 줌으로써, 이 모임의 활동 내용을 깊이 이해하는 것이 중요합니다. 주변의 활동 단체와의 교류에 대해서는 가와사키시의 다른 구역의 건강한 숲과 교류를 추진함과 동시에 행사를 공동 개최하는 등 주변의 보전활동단체와 더 많이 교류할 필요가 있다고 생각합니다.

▶▶ 나카하라구 시민 건강의 숲을 가꾸는 모임 소개 ◀◀

세이덴야마(井田山)를 관리하고 있는 나카하라구의 시민 건강의 숲을 가꾸는 모임의 회칙과 소개 팸플릿은 [그림 10.5]와 같습니다.

나카하라구의 시민 건강의 숲을 가꾸는 모임의 회칙

(명칭)

제1조 이 모임은 나카하라구의 시민 건강의 숲을 가꾸는 모임(이하 "가꾸는 모임"이라고 함)이라 한다.

(목적)

제2조 가꾸는 모임은 "나카하라구의 시민 건강의 숲 추진 계획"을 토대로 마을 야산의 환경을 미래까지 보전, 육성하고, 환경학습과 지역 커뮤니티의 장소로 인간과 자연과의 공생을 꾀하면서 그 고장의 반상회와 연대하여 관리하고 운영하는 것을 목적으로 함.

(회원)

제3조 가꾸는 모임의 회원은 제2조의 목적에 찬성하는 개인, 단체이다.

(활동)

제4조 제2조의 목적을 달성하기 위해 다음과 같은 활동을 한다.

(1) 시민 건강의 숲인 마을 야산 환경보전과 육성의 활동에 관한 것

(2) 자연 관찰회, 바자 등의 행사 개최

(3) 청소, 하초 베기 등의 유지 관리 활동

(4) 기타, 목적 달성에 필요한 것

(회계)

제5조

(1) 가꾸는 모임의 활동 경비는 조성금 및 기부금으로 충당한다.

(2) 회계연도는 매년 4월 1일부터 다음 해 3월 31일까지로 한다.

(임원)

제 6조 가꾸는 모임에 다음과 같은 임원을 둔다. 또, 임원의 임기는 2년으로 하고, 재임해도 된다.

고문 : 세이덴 제4공화회 회장

회장 :   1명

부회장 :   2명

회계 :   1명

이사 :   약간명

회계 감사 :   2명

(운영위원회)

제7조

(1) 가꾸는 모임의 활동을 원만하게 하기 위해서 임원으로 구성된 운영위원회를 둔다.

(2) 운영위원회는 관리 활동 계획 등의 작성을 한다.

(입회·탈퇴)

제8조

(1) 가꾸는 모임에 입회하려면 회장에게 입회신청서를 제출한다. 회장은 정당한 이유가 없는 한 입회를 승인한다.

(2) 탈퇴는 회원이 신청하면 임의로 탈퇴할 수 있도록 한다.

(총회)

제9조 총회는 정기총회, 임시총회로 하고, 정기총회는 매년 1회 개최한다. 임시총회는 회장이 필요하다고 생각될 때에 소집한다.

(회칙 개폐)

제10조 이 회칙의 개정은 총회의 승인을 얻는 것으로 한다.

(기타)

제11조 이 회칙으로 정한 것 이외에 필요한 사항은 운영위원회에 따라 결정한다.

부칙 2001년 5월 20일 제정, 2001년 9월 29일 개정

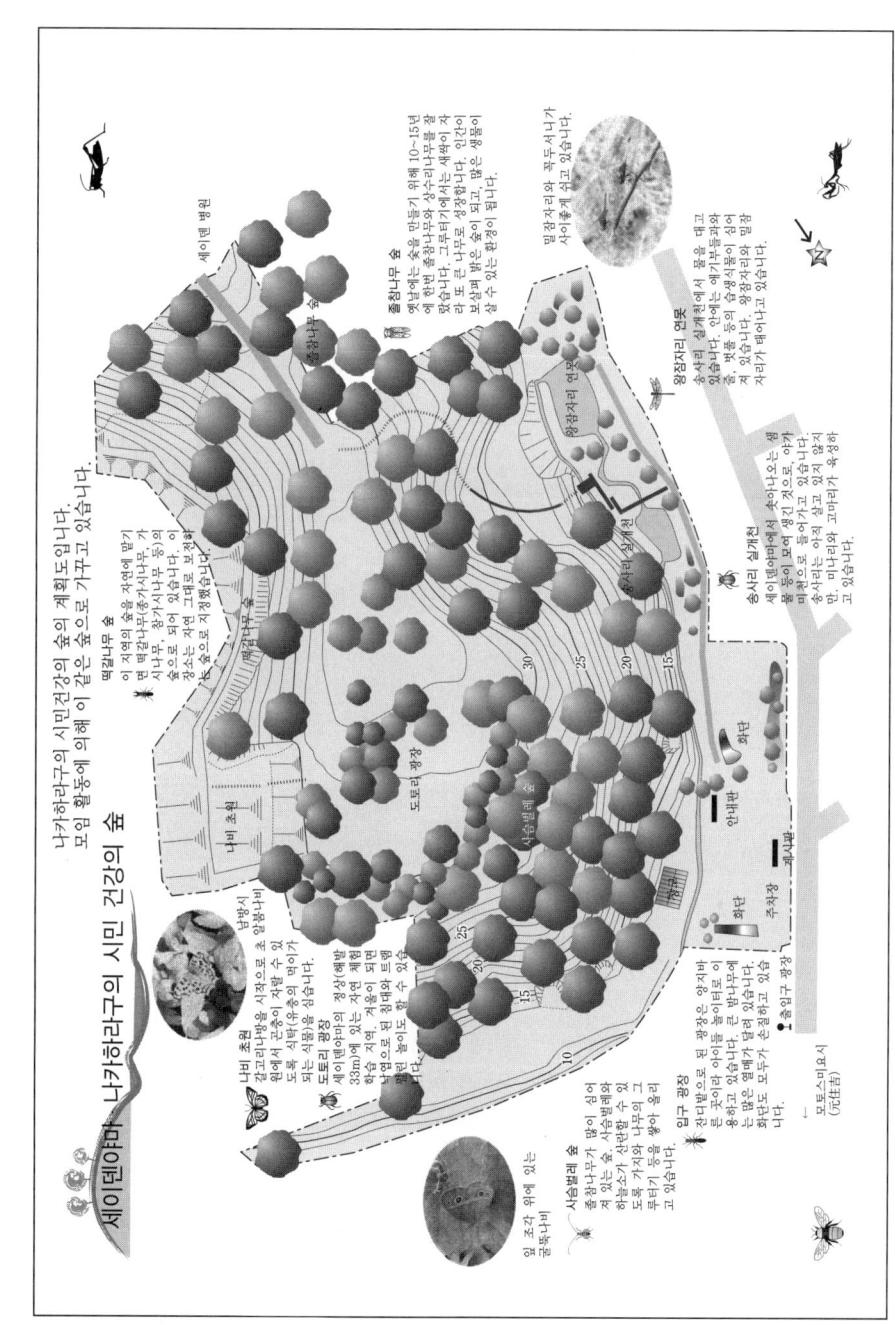

[그림 10.5] 세이넨야마 소개 팸플릿

Q&A

Q.1 자기가 살고 있는 곳에서 환경학습을 받고 싶으면 어디에 문의하면 됩니까?

A.1 살고 있는 자치체의 환경부국에 문의하면 됩니다.

Q.2 이콜로지 투어에 관한 매뉴얼이 있습니까?

A.2 일본 환경성의 홈페이지에 있습니다.
http://www.env.go.jp/nature/ecotourism/manual.html

Q.3 인터프리테이션의 입문서를 소개해 주세요.

A.3 [캐서린 레니, 마이클 크로스, 론 마진 : 「인터프리테이션 입문」, 小學館(1994)] 등
이 있습니다.

Q.4 세이덴야마(井田山)의 생태계 관리에서 사전조사에는 어느 정도 시간이 걸렸습니까?

A.4 2년 정도 사전조사하여 그 결과를 토대로 관리 계획을 세웠습니다.

Q.5 자연환경보전을 하는 자원봉사활동 단체가 많습니까?

A.5 자연환경보전을 하는 단체가 정확히 얼마인지는 모르지만, 공무원과 자원봉사활동
단체가 많이 있습니다.

●●●●●●●●●●●●●●●●●●●●●●●●●●●●●●●●●●●● 연습문제 ●●●●●●●●●●●●●●●●●●●●●●●●●●●●●●●●

1. 환경학습의 목적을 간단하게 설명해 보세요.

2. 학교 비오토프란 무엇인지 간단하게 설명해 보세요.

3. 자연환경보전에서 인터프리테이션이란 무엇인지 간단하게 설명해 보세요.

4. 이콜로지 투어란 무엇인지 간단하게 설명해 보세요.

5. 당신이 하고 있는(또는, 하고 싶다고 생각하고 있는) 자연환경 보전활동에 대해서 설
명해 보세요.

●●●

정리

☑ 환경학습의 목적은 다음과 같습니다.
  • 자연의 구조, 인간 활동이 환경에 미치는 영향, 인간이 환경과 어울리는 방법, 그 역사와 문화에 대해서 폭넓게 이해할 것
  • 자연체험 등을 통해 자연에 대한 감성과 환경을 소중히 여기는 마음을 가질 것
  • 자연체험과 생활체험을 늘려갈 것

☑ 학교 비오토프는 아이들이 가까운 곳에서 생물과 자연에 친밀함을 가지고 체험을 통해 자연의 구조를 배우는 곳으로, 학교 부지 내에 비오토프를 만드는 것입니다.

☑ 인터프리테이션이란 자연, 문화, 역사(유산)를 사람들에게 알기 쉽게 전하는 것입니다.

☑ 이콜로지 투어란 자연환경과 역사문화를 대상으로 그것을 체험하고, 배움과 동시에 대상 지역의 자연환경과 역사문화 보전에 책임을 지는 관광 문화입니다.

제11장 환경 분야의 업무와 자격 및 환경윤리

이 장의 목적

　이 장에서는 환경생태학을 실천하는 환경생태학과 관련된 업무와 그 자격, 또 이들 직업(자격)과 깊은 관련이 있는 기술자 윤리, 특히 환경윤리에 대해서 설명합니다.

11.1 환경 분야의 일

　환경 분야에서는 어떤 일을 할까요? 환경 분야 일의 전체상은 [표 11.1]과 같습니다. 이 중에서 환경생태학과 관련된 일은 환경 컨설턴트, 환경복원·창조, 환경행정, 환경학습 등으로 구분할 수 있습니다.

　환경생태학과 관련된 환경 컨설턴트가 하는 일은 자연환경조사, 환경영향평가, 환경계획, 환경정보제공, 해외의 환경보전지원(환경 ODA 등) 등이 있습니다. 자연환경조사는 클라이언트(고객)에게 의뢰를 받고, 육역과 수역의 동식물과 생태계 조사 등을 합니다. 이 조사는 국가와 지방자치체가 행하는 환경조사와 환경영향평가 등의 업무와 관련된 경우가 많습니다.

[표 11.1] 환경 분야 업무의 전체상

구 분	내 용
환경 컨설턴트	자연환경·생활환경 조사분석, 환경영향평가, 환경계획, 환경관리, 환경정보제공, 해외의 환경보전지원(환경 ODA 등) 등
환경복원·창조	다자연형 강 만들기, 이콜로지 로드, 비오토프, 하천·호소·해역의 수변 공간 창조와 수질정화, 녹화 등
환경관련 장치	공해방지장치, 폐기물 처리, 리사이클 장치, 환경분석장치 등
폐기물처리, 리사이클	감량화, 에너지 절약, 리사이클, 재이용 등
환경조화형 제품 제조	이코마테리얼(eco-material), 재생가능 에너지, 저공해 자동차 등
환경행정	국가, 지방공공단체에서의 환경시책 등
환경학습	환경에 관한 교육과 학습, 인터프리터 등

자연환경보전과 창출에 관한 기본적인 정보 등을 이용하는 경우도 있습니다. 제7장에서 설명한 환경영향평가 업무는 조사하는 것뿐만이 아니라 방법서를 작성하고, 조사결과를 분석하며, 사업이 자연환경에 주는 영향을 예측하고 평가합니다. 그리고, 환경보전조치 제안도 합니다. 또, 사업 실시 후 사후조사를 행하는 경우도 있습니다. 환경계획의 업무는 계획 대상지역의 자연환경을 조사하고, 그 결과를 토대로 환경목표를 설정하며, 구체적인 환경보전시책을 제안합니다.

제9장에서 설명한 신에너지 도입 계획도 환경계획의 하나라고 할 수 있습니다. 환경계획의 클라이언트는 대부분이 국가와 지방자치체입니다. 해외의 환경보전지원은 환경 ODA 등에 따라 해외의 자연환경보전에 대해 일을 합니다. 환경복원·창조 일은 제8장에서 설명한 자연환경보전 기술에 관한 일로 다자연형 강 만들기, 에코로드(eco-road), 비오토프, 하천·호소·해역의 수변 공간 창조와 수질정화, 토양정화, 녹화 등입니다. 이 일은 계획, 시공, 유지관리 등의 일이 있습니다.

또한 이 일은 건설, 토목 분야와 깊게 관련되어 있습니다. 환경행정의 일은 공무원이 하는 것으로 일본 환경성에서는 국가 레벨의 자연환경을 보전하는 일, 지방자치체에서는 지방 레벨의 자연환경을 보전하는 일을 합니다. 국가와 지방자치체가 환경을 보전하는 중요한 일을 하는 것입니다. 환경학습에 대해서는 제10장에서 설명한 자연환경보전에 대한 지식을 보급하고 계발을 하는 일입니다. 이 일에 종사하고 있는 사람은 학교 선생님과 환경전문가와 인터프리터 등입니다.

11.2 환경생태학과 관련된 자격

11.2.1 환경생태학과 관련된 자격의 개요

(1) 기술사

기술사는 기술사법을 토대로 한 자격으로 과학기술 분야의 최고 자격입니다. 기술사는 기술사법 제2조에서 "기술사란 등록을 하고, 기술사 명칭을 이용해 과학기술에 관한 고등의 전문적 응용 능력을 필요로 하는 사항에 대한 계획, 연구, 설계, 분석, 시험, 평가 또는 이에 관련된 지도 업무를 하는 사람"이라고 정의하고 있습니다. 기술사는 전부 21부문으로 나누어져 있고, 각 부문은 몇 개의 선택과목으로 나누어져 있습니다. 기술사 시험은 부문(部門)과 선택과목 하나를 선택하여 시험을 치릅니다.

환경생태학과 관련된 기술사 부문, 선택과목과 그 내용은 [표 11.2]와 같습니다. 상세한 내용은 사단법인 일본 기술사회 기술사 시험 센터의 웹사이트(http://www.engineer.or.jp/examination_center/)를 참조해 주세요.

▶▶ 사회의 직업에 대해서 - 필자의 경험을 토대로 - ◀◀

대기업에 관한 느낌
- 대기업은 조직이 견고해서 안정되어 있다.
- 사원 교육은 확실하게 하고, 엄격하게 훈련되어 있다.
- 기업인으로서 우수한 사람이 많다(나를 제외하고).
- 브랜드명이 자신의 이름 앞에 붙는다.
- 회사 방식에 얽매인(개성을 꺼내기 어려움) 이미지
- 회사에서 하나의 톱니바퀴 같은 존재라는 느낌
- 인간관계가 중요하다.

소기업에 관한 감상
- 자기가 하고 싶은 일을 할 수 있다.
- 비교적 자유로운 이미지
- 조직 관리는 대기업에 비해 떨어진다.
- 사원 교육도 대기업에 비해 떨어진다.
- 회사명은 무명이었지만, 환경문제에 관심이 있는 사람의 모임이기 때문에 충실하다.
- 인간관계가 중요하다.

자영 기술사 사무소에 관한 느낌
- 자신의 능력(기술력, 하려는 마음, 인맥, 자금)이 전부이고, 완전히 자기책임인 세계이다.
- 자기 방식대로 일을 할 수 있다.
- 혼자서 일을 하기 때문에 인간관계에 신경을 쓰지 않아도 된다.
- 자신의 판단으로 정한다.
- 대신할 사람이 없기 때문에 정해진 휴일이 없다.
- 기본적으로는 혼자서 모든 것을 해야 한다.

왜 독립하려고 생각했나?
- 기업에서 근무하고 있을 때 기술사 자격을 취득했기 때문에
- 자기책임 세계에서 살고 싶다고 생각했기 때문에
- 경제적으로 독립해도 어떻게든 된다는 전망이 있었기 때문에
- 자신이 기업의 조직인들과 맞지 않는다고 생각했기 때문에

[표 11.2] 환경생태학과 관련된 기술사 부문과 선택과목

기술부문	선택과목	개 요
건설	건설환경	건설 사업에서 자연환경과 생활환경의 보전 및 창출, 환경영향평가에 관한 사항
상하수도	수도환경	수도수원 그 외의 수도환경 예측 및 보전, 수도시설 건설과 관련된 환경영향평가 및 대책에 관한 사항
농업	농촌환경	농촌의 자연환경, 농업 생산환경, 생활환경과 경관보전 및 창출, 지역자원을 다면적으로 이용, 폐기물 재생이용, 환경예측평가 그 외의 농촌환경에 관한 사항
삼림	삼림환경	삼림지역 및 그 주변 자연환경의 창출 및 환경영향평가에 관한 사항
수산	수산수역환경	하천, 호소, 해안의 수생생물의 생식장소 및 그 주변 환경보전과 수역환경 복원, 대체조치, 환경평가 그 외의 수산수역환경에 관한 사항
응용과학	지구물리 및 지구과학	기상, 지진, 화산, 지구전자기(地球電磁氣), 육수(지하수를 제외), 설빙(雪氷), 해안, 대기, 토지측량 그 외의 지구물리 및 지구화학 응용에 관한 사항
	지질	토목지질(도로, 댐, 터널, 지반 등), 자원지질, 비탈면 재해 지질, 환경지질 (수리, 수문, 지하수 등), 정보지질(원격탐사, 지리정보 시스템 등), 지열 및 온천의 방재, 응용광물, 고생물, 유적조사 그 외의 지질 응용에 관한 사항 물리탐사, 화학탐사, 시추 그 밖의 탐사 기술에 관한 사항
생물공학	생물환경공학	수질, 대기 및 토양정화를 위한 바이오메디션 기술, 생물환경분석기술, 환경생물의 모니터링 기술, 생물협회 해석기술, 그 밖의 생물이용 환경공학 관련 기술에 관한 사항
환경	환경보전계획	환경의 현상 분석, 미래 변화 예측 및 이들의 평가, 환경정보 수집, 정리, 분석 및 표시 그 외의 환경보전에 관련된 계획에 관한 사항(오로지 한 기술부문에 관한 것을 제외함)
	환경측정	환경측정계획, 환경측정분석, 환경감시 및 측정치 분석 및 평가에 관한 사항
	자연환경보전	생태계 및 풍경과 이들을 구성하는 야생동식물, 지형, 물 그 외의 자연보호, 재생 및 복원, 자연교육 및 자연의 친화 이용에 관한 사항(오로지 한 기술부문에 관한 것을 제외함)
	환경영향평가	사업 실시로 환경에 미치는 영향 조사, 예측 및 평가, 환경보전조치의 검토 및 평가에 관한 사항(오로지 한 기술부문에 관한 것을 제외함)

(2) 환경 카운슬러

환경 카운슬러란 시민활동과 사업활동 중에서 환경보전에 관한 전문적 지식과 풍부한 경험을 가지고, 그 식견과 경험을 토대로 시민과 NGO, 사업자 등의 환경보전활동에 대

해 조언(환경 카운슬링) 등을 하는 사람으로, 일본 환경성의 심사를 거쳐 등록된 사람입니다. 상세한 내용은 환경성의 웹사이트 "환경카운슬러(http://www.env.go.jp/policy/counsel/)"를 참조해 주세요.

(3) 환경 어세스먼트사

환경 어세스먼트사란 제7장에서 설명한 환경영향평가는 특화된 전문 실무를 하기 때문에 환경 어세스먼트에 관련된 환경 조사, 예측 및 평가 실시, 환경보전조치 검토, 환경영향평가서 작성 지원, 환경 어세스먼트 제도, 절차 등 실무에 대해 전문적 기술과 기능을 가지고 그 실무를 정확하게 행하는 사람입니다. (사)일본 환경 어세스먼트협회가 주최하는 자격입니다. 상세한 내용은 일본 환경 어세스먼트 협회의 웹사이트 "자격·교육 센터(http://www.jeas.org/shikaku/)"를 참조해 주세요.

(4) 비오토프 계획(시공) 관리사

비오토프 관리사는 (재)일본 생태계협회가 인정한 자격으로 비오토프 사업에 관계된 기술자 육성과 질 향상을 꾀함에 따라 비오토프 사업을 추진하는 것을 목적으로 하고 있습니다. 비오토프 관리사는 계획과 시공으로 나누어져 있습니다. 비오토프 계획 관리사는 주로 도시와 농촌 등의 광역적인 토지이용계획·설계와 관련된 기술자를, 또 비오토프 시공 관리사는 주로 사업현장에서 설계·시공 등과 관련된 기술자를 대상으로 합니다. 각각 1급과 2급으로 나누어져 있습니다. 상세한 내용은 일본 생태계협회의 웹사이트(http://www.ecosys.or.jp/eco-japan/)를 참조해 주세요.

(5) 임업기사

임업기사란 삼림을 보호하면서 합리적인 임업경영과 지도를 하는 기술자에게 주는 자격입니다. (사)일본 삼림기술협회가 인정하는 자격입니다. 임업기사에는 임업경영, 삼림토목, 삼림평가, 임업기계, 삼림환경, 임산, 삼림 총합 감리의 7가지 등록부문이 있으며 자격 취득 후에는 삼림시업계획 작성과 조림, 치산(治山), 임도(林道) 조사, 설계, 환경 어세스먼트 등의 업무를 하는 전문적 임업기술자라고 할 수 있습니다. 상세한 내용은 일본 삼림기술협회의 웹사이트 (http://www.jafta.or.jp/)를 참조해 주세요.

(6) 삼림 지도원

삼림을 이용하는 사람에게 삼림과 임업에 관한 지식을 전하고, 삼림 안내와 야외활동을 지도하는 사람입니다.

전국 삼림 레크리에이션 협회가 주최하는 자격입니다. 삼림지도원의 주된 일은 자연
관찰회, 임업체험교실, 환경자원봉사, 삼림조사 등입니다. 상세한 내용은 전국 삼림 레크
리에이션 협회의 웹사이트 "자격시험개요"의 페이지(http://www.shinrinreku.jp/
shikakushike/shikakushike_ gaiyo.html)를 참조해 주세요.

(7) 환경재생의(環境再生醫)

환경재생의란 대상인 "환경"의 복원, 재생에 대해 환경현상을 조사·진단하고, 대책을
계획하여 시술·시공하고, 그 유지관리를 계속적으로 하는 환경 분야의 전문가입니다.
NPO법인 자연환경복원협회가 주최하는 자격입니다. 자세한 내용은 자연환경복원협회
의 웹사이트(http://www.narec.or.jp/)를 참조해 주세요.

(8) 자연관찰지도원

자연관찰지도원이란 지역에서 자연관찰회를 열어 스스로 자연을 보호하고, 자연을 보
호할 사람을 만드는 자원봉사 리더입니다. 자연관찰지도원이 되기 위해서는 (재)일본 자
연보호협회가 실시하는 강습회에 참가해야 합니다. 자세한 내용은 일본 자연보호협회의
웹사이트인 "자연관찰지도원"의 페이지(http://www.nacsj.or.jp/shidoin/)를 참조해
주세요.

(9) 수목의(樹木醫)

수목의란 수목 진단 및 치료, 후계수(後繼樹)를 보호하고 육성하며, 수목 보호에 관한
지식을 보급하고 지도하는 전문가입니다. 수목의가 되기 위해서는 (재)일본 녹화 센터가
실시하는 수목의 자격심사에 합격하고, 수목의로서 등록해야 합니다. 자세한 내용은 일
본 녹화 센터의 웹사이트인 "수목의 제도"의 페이지(http://www.jpgreen.or.jp/
treedoctor/treedocterl.html)를 참조해 주세요.

(10) 생물 분류 기능검정

자연환경과 생물다양성의 현상을 파악하기 위해 야생생물종을 정확하게 확인하고 기
록할 필요가 있습니다. 이것을 토대로 (재)자연환경연구센터가 실시하고 있는 생물의 분
류에 관한 기능 검정제도입니다. 자세한 내용은 자연환경연구 센터의 웹사이트 "생물 분
류 기능검정(http://www.jwrc.or.jp/Approval/)"을 참조해 주세요.

(11) 조원(造園) 시공 관리기사

공원, 녹지 등의 조원공사에서 주임기술사 또는 관리기술자로서 시공계획을 하고, 현장
에서 공정관리, 품질관리, 안전관리 등의 공사 시공에 필요한 기술상의 관리 등을 합니다.

1급 조원 시공 관리기사는 조원공사에 관해 고도의 응용능력을 가진 기술자로서 지도 감독 입장에서, 2급 조원 시공 관리사는 조원공사에 관해 약간의 응용능력을 가지고 있는 기술자로서, 각각 현장의 시공관리를 합니다. 자세한 내용은 (재)전국건설연구 센터의 웹사이트(http://www.jctc.jp/)를 참조해 주세요.

(12) 그린 어드바이저

그린 어드바이저는 (사)일본 가정원예보급협회가 결정하는 자격으로 꽃 등의 식물을 기르는 방법과 즐기는 방법 등, 모든 원예에 대해 적절하게 가르치고, 또 원예에 관한 정보를 제공하는 전문가 자격입니다. 자세한 내용은 일본 가정원예보급협회의 웹사이트인 "그린 어드바이저 인정 제도"의 페이지(http://www.kateiengei.or.jp/ga/ nintei. html)를 참조해 주세요.

11.2.2 자격 분석

앞에서 설명한 자격에 대해서 대상 장소에 대해 자연환경과 생활환경을 가로축으로 하고,

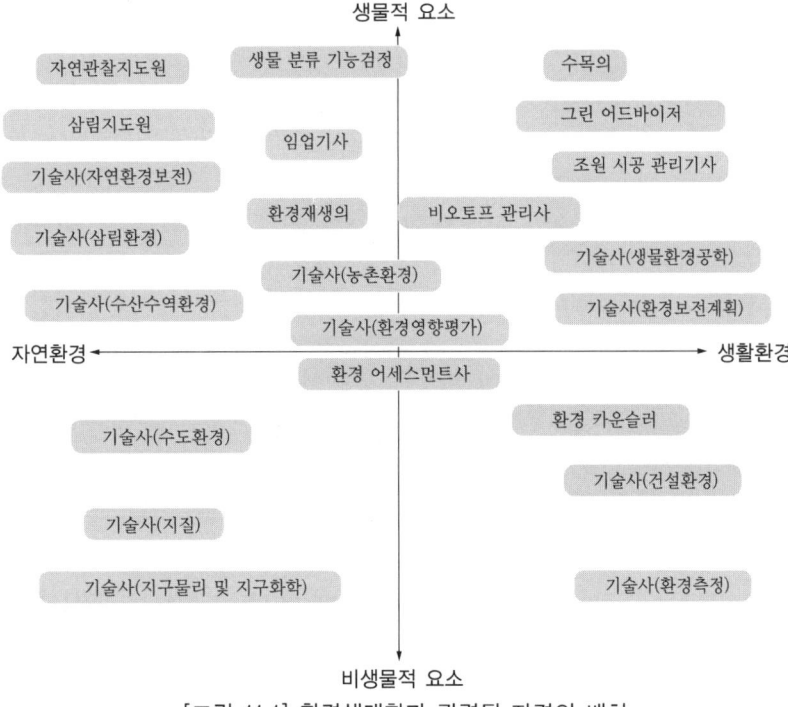

[그림 11.1] 환경생태학과 관련된 자격의 배치

또 대상 요소를 생물적 요소와 비생물적 요소로 나눠 세로축에 나타낸 것은 [그림 11.1]과 같습니다.

생물적 요소 중 자연환경을 주요 대상으로 하고 있는 자격은 자연이 풍부한 곳에서 야생동식물을 다룹니다. 생물적 요소 중 생활환경을 주요 대상으로 하고 있는 자격은 비교적 도시부에서 동식물을 다룹니다. 비생물적 요소 중 생활환경을 주요 대상으로 하고 있는 자격은 비교적 도시부에서 비생물적 요소(대기, 수질, 지질 등)를 다룹니다. 원점 부근에 기술한 환경영향평가와 관련된 자격은 자연환경과 생활환경 및 생물적 요소와 비생물적 요소를 대상으로 하고 있는 자격이라 할 수 있습니다.

▶▶ 기술력 향상을 위한 자기계발 ◀◀

(1) 스킬업법

자신의 기술력을 높이려면 항상 새로운 기술을 받아들이고 새로운 것을 제안할 수 있는 능력을 길러야 합니다. 자신의 전문 분야에 대한 최신 기술을 파악해 두는 것은 물론 주변 분야에 대한 동향도 알아둘 필요가 있습니다.

자격취득은 어디까지나 통과점에 불과하고, 자신의 기술력을 높이기 위한 하나의 목표로 생각하는 것이 좋습니다. 인간은 목표가 확실해지면 노력하게 됩니다.

환경 분야는 여러 방면의 기술과 학문으로 깊게 연관되어 있습니다. 이 때문에 여러 분야의 전문가와 정보를 교환하여, 자신과 다른 분야의 지식을 얻을 수 있습니다. 따라서 대학 등의 배움의 장소에서 공부하는 것은 물론, 사회인으로서 인맥을 쌓는 것도 매우 중요합니다. 특히 사회인이 되면 일을 통해 기술과 지식을 깊게 알아갈 수 있습니다. 환경과 관련된 일은 어떤 의미에서는 정보의 총합화이므로 이해하기 쉽게 표현할 줄 알아야 합니다. 그렇기 때문에 문장의 표현력을 기르는 것과 상대(클라이언트)에게 어떠한 방법으로 정보를 이해하기 쉽게 전달하는지가 중요합니다. 또한 기획력이 중요하며, 자신의 생각과 사상을 어떻게 전달할 것인지 항상 염두에 두어야 합니다. 이 때문에 커뮤니케이션 능력을 기르는 것도 중요합니다.

(2) 자격을 취득하기 위해 무엇을 해야 할까?

자신의 현재의 일, 미래에 되고 싶은 자신을 분석하고, 자격에 도전해 주세요. 자격취득을 위한 기본적인 흐름은 [그림 11.2]와 같습니다. 무슨 일이든 자신의 장기적, 단기적인 목표를 결정하는 것부터 시작합니다. 그리고 도전할 자격을 정하고 나면, 다음에 도전할 자격을 알아둘 필요가 있습니다. 수험자격은 어떻게 되는지, 어떤 문제가 출제되는지, 시험 시기는 언제인지 등을 조사합니다.

  그리고 시험공부를 시작합니다. 먼저, 과거 문제를 분석하고, 그것을 토대로 필요한 학습계획을 세우고 학습합니다. 컨디션을 조절하여 자신의 학습성과를 시험해 봅시다. 원만하게 합격하더라도 방심은 금물이고, 자격을 등록하지 않으면 그것이 유효하지 않은 것이 많기 때문에 등록에 필요한 절차를 밟읍시다. 그리고 경력을 높이기 위해 상위 자격에 도전합니다. 만약 노력한 효과도 없이 불합격했다면 불합격의 원인을 분석하고 학습계획 등을 다시 검토해 봅시다.

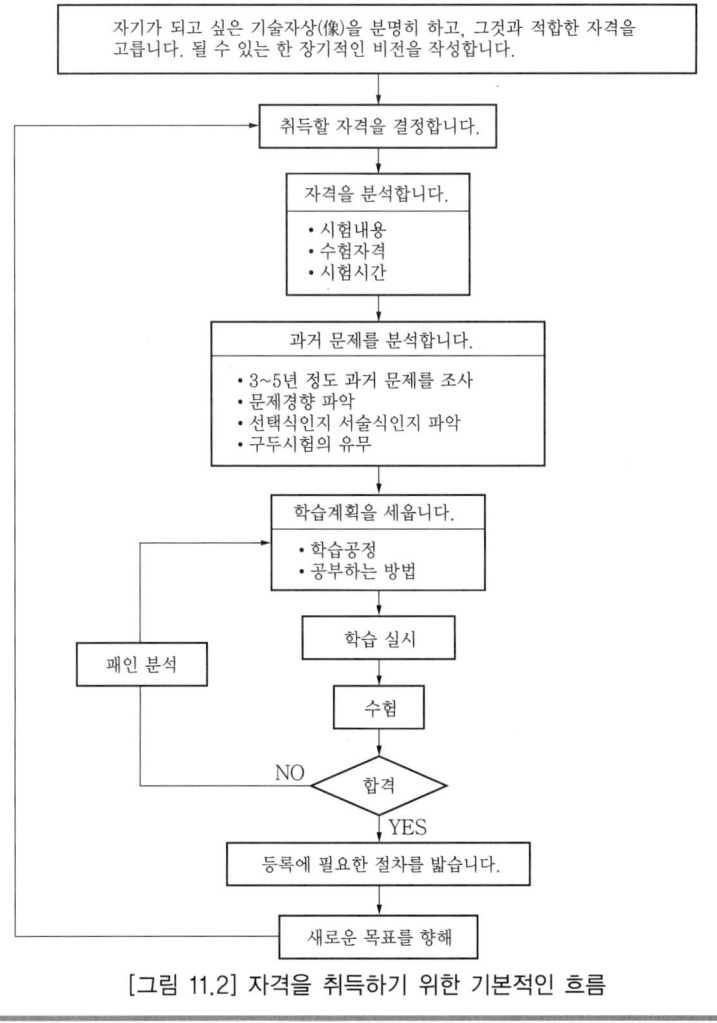

[그림 11.2] 자격을 취득하기 위한 기본적인 흐름

▶▶ 리포트 작성 시 유의점 ◀◀

대학 강의 리포트와 시험 및 자격시험 등으로는 2,000~3,000자 이하의 비교적 짧은 기술 논문을 써야 하는 것이 많습니다. 이 때문에 참고할 기술계 리포트 작성시 유의점은 디음과 같습니다.

(1) 전체적인 유의점

1) 기본자세

리포트를 작성할 때 특히 유의해야 할 점은 아래와 같습니다.

- 읽기 쉽게 쓴다(독자가 읽고 싶고, 편히 읽을 수 있는 리포트).
- 알기 쉽게 쓴다(독자가 이해하기 쉬운 리포트).
- 설득력이 있는 리포트를 쓴다(일관된 논리로 쓰여 있는 리포트).

이 때문에 리포트는 「서론, 본론, 결론」 등의 구성으로 어디에서나 이해할 수 있도록 알기 쉬운 문장구조이어야 한다.

2) 논문은 "～이다"체로 작성

기술 논문의 논조(論調)는 일반적으로 "～이다"이다.

3) 자기만의 언어로 서술

자기만의 언어로 서술한다는 것은 다른 사람이 작성한 문장을 그대로 베끼지 않는 것이다.

(2) 단락(段落)에서의 유의점

1) 한 절에 한 가지 내용

한 단락에서는 읽는 사람에게 전달하고 싶은 내용을 한 가지로 한다.

2) 문장과 문장의 연관성을 명확하게

읽는 사람이 문장의 연관성을 알 수 있도록, 문장과 문장의 연관성을 항상 의식해서 작성한다. 이때 접속어를 잘 사용한다.

3) 명확한 논점

읽는 사람의 주의를 끌기 위해서 첫머리에 빠른 시점으로 논점을 분명히 한다.

4) 적절한 단락의 길이 : 한 단락은 200자 정도를 표준으로 한다.

5) 항목별 이용 : 항목별로 잘 활용한다.

6) 사실과 의견을 명확하게 구분

기술하고 있는 내용이 사실인지, 자신의 의견인지를 의식하여 리포트를 쓴다.

7) 도표 활용

문자로 표현하기 어려운 내용과 상황은 그림과 표를 활용함으로써 많은 정보를 전달할 수 있다.

(3) 글 작성 시 유의해야 할 점

글을 작성할 때 유의해야 할 점은 다음과 같습니다.

- 일문일의(一文一義)가 원칙, 즉 한 문장에는 쓰고 싶은 것을 하나만 쓰고, 필요하다면 접속어 등으로 다른 문장을 연결하도록 한다.
- 한 문장은 짧게 50~75자 정도로 하고, 될 수 있는 한 100자 이내로 쓴다.
- 주어와 술어를 항상 의식하고 잊지말 것. 또 주어와 술어는 되도록 붙여 쓰고, 문장에 쓸데없는 수식어를 넣지 않는다. 수식어는 많이 사용하지 않는다.
- 될 수 있는 한 정량적인 표현을 사용한다. 구체적인 데이터, 수치를 이용해 객관적으로 논술한다.

(4) 그림, 표 작성 시 유의해야 할 점

- 도표 번호와 제목을 붙인다(제목은 표는 위에, 그림은 아래에 쓰는 것이 원칙).
- 본문 속에 도표 번호를 반드시 새겨 넣는다.
- 그림은 한눈에 이해할 수 있도록 하는 것이 중요하다.

11.3 기술자의 윤리

11.3.1 기술자의 윤리

윤리란 사회와 공동체의 습관에서 생겨나 일반적으로 사용하게 된 규범(사회 전체의 이익을 위해 사회구성원의 행동을 통제하는 일정 체계)입니다. 말하자면 윤리는 사회적 습관 등으로 자연발생적인 내용이 많고, 명확한 정의는 없습니다.

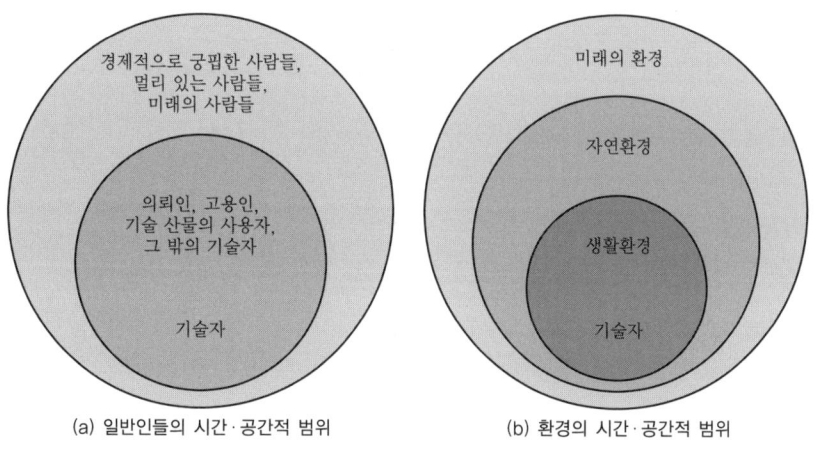

[그림 11.3] 기술자와 일반인 및 환경과의 관계

윤리에 관한 학문 분야를 윤리학이라고 합니다.

그럼 기술자의 윤리에 대해 생각해 봅시다. 기술자가 행하는 전문지식으로의 기술업은 일반인이 없다면 있을 수 없습니다. 여기에서 일반인이란 의뢰인, 고용인 및 기술업 산물의 사용자를 가리킵니다. 이 때문에 기술자는 일반인에게 전문지식상 책임을 갖습니다. 기술업의 윤리 규정은 대체로 일반인의 복리에 대한 기술자의 "최우선의" 업무를 설명하고 있습니다. 기술자는 기술자의 활동에 따라 경험적·공간적·시간적으로 먼 위치에 있는 사람들(넓은 의미로 일반인)에 대해서도 책임이 있습니다[그림 11.3].

11.3.2 기술자와 환경윤리

기술자의 환경윤리란 환경에 대한 기술자의 윤리적 행동이며, 동물, 식물, 토지 및 자연의 사물에 배려하고 행동하는 것이라 할 수 있습니다. 그러나 윤리이론에서는 인간이 상대방을 어떻게 다루는지를 문제삼고 있습니다. 윤리를 받아들이는 것은 자신의 이해관계에 따르는 것이고, 타인도 똑같이 행동할 것을 기대합니다. 우리 모두가 윤리적 행위자이자, 윤리 공동사회의 일원이므로 윤리 공동사회의 구성원만이 윤리에 따른 보호와 대우를 받는다고 생각합니다.

이와 같이 예전부터 윤리이론에서는 동물 및 자연, 그 밖의 인간 이외 것은 윤리 공동사회에서 제외했기 때문에, 고전적 윤리이론으로는 인간 이외의 생명과 자연환경에 대해 사려 깊은 태도를 설명하는 윤리이론은 있을 수 없습니다. 이 때문에 환경윤리의 이성적이고 보편적인 원리 또는 원칙이 명확하게 기정(旣定)되어 있지 않습니다.

여기에서 기술업의 윤리규정 안에서 환경윤리가 어떻게 규정되어 있는지 알아봅시다. 세계 기술자 단체 연합회에서는 기술자의 환경윤리규정(1985)을 아래와 같이 규정하고 있습니다.

---

1. 자신의 최선의 능력, 용기, 열의 및 봉사를 눈에 띄게 하고 기술상의 성과를 올리려고 노력한다. 그렇게 함에 따라 모든 인간은 실내뿐 아니라 야외에서도 건강하고 쾌적한 생활환경에 공헌하고, 증진하게 된다.
2. 자신의 일의 목적인 수익 달성을 위해서는 원료 및 에너지 소비를 최소화하고, 폐기물 및 모든 종류의 오염 발생을 최소한으로 하도록 노력한다.

3. 특히, 자신의 제안 및 활동이 직접 또는 간접적으로, 단기적 또는 장기적으로, 인간의 건강, 사회적 형평 및 그 지역의 가치체계에 미치는 영향에 대해 의논하도록 한다.

4. 영향을 받는 환경을 철저하게 조사하고, 관계가 있는 사회경제계뿐만 아니라 도시화되거나 자연 그대로의 관계가 있는 생태계의 정태와 동태 및 경관에 미치는 영향을 사전에 평가하고, 그 전에 환경면부터 살펴 건전하고 지속가능한 개발을 위해 최선의 선택지를 고르자.

5. 침해받을지도 모르는 환경을 복원하고, 개선하기 위해 필요한 행동이 가능한 한 명료하게 이해되도록 추진하고, 그것을 자신의 제안에 포함되도록 하자.

6. 인류의 생활환경 및 자연에 불공평한 손해를 미치는 어떤 종류의 서약도 하지 않고, 사회적으로나 정치적으로 가능한 한 최선의 해결책을 교섭하도록 하자.

7. 생태계의 상호의존, 다양성 유지, 자원 회복 및 상호간의 조화라는 여러 원리가 우리의 지속적인 생존의 기초 윤곽을 만들고 있다는 것, 그리고 이 기초의 각각에는 지속하기 위해 넘어서는 안 될 문턱이 있다는 것을 잊지 말자.

그 외에 미국 토목기술자협회(ASCE) 규정(1977년 개정)에는 "기술자는 생활의 질을 높일 수 있도록 환경을 개선할 것을 서약해야 한다"고 나와 있습니다. 또, 전기전자기술자협회(IEEE)의 윤리규정(1990년 개정)에는 "공중의 안전, 건강 및 복리와 조화된 기술업을 결정하는 책임을 받아들이는 것 및 공중 또는 환경을 위험에 처하게 할지도 모르는 요인은 신속하게 가르쳐 알려줄 것"이라고 나와 있습니다.

기술자가 실천해야 할 환경윤리는 한 가지 이상의 방법이 있다고 합니다. 왜냐하면 세계적으로 가치관이 점점 다양해지고 있고, 한 가지의 안전한 환경에 관한 윤리이론은 존재하지 않기 때문입니다. 기술자는 어느 특정의 윤리적 입장을 취하는 것이 아니라, 다른 문화 및 다른 윤리의 관점을 이해하는 능력도 필요합니다. 가장 큰 의미로 기술자는 전문직의 역할로서 의뢰인이 생각하지 못한 선택지, 사고방식 또는 가치관을 도입할 책임이 있으며, 전문직 기술자는 이러한 윤리를 의사결정에 포함시켜야 합니다. 이 때문에 기술자는 다른 문화와 다른 윤리의 관점을 이해하고, 다면적, 총합적인 탐색을 할 수 있어야 합니다.

▶▶ 기술사 윤리 요강 ◀◀

일본기술사회가 제정하고 있는 기술사 윤리 요강은 다음과 같습니다.

기술사 윤리 요강

1961년 3월 14일 일본기술사회 이사회 제정
1999년 3월 9일 일본기술사회 이사회 개정

기술사는 일반인의 안전, 건강 및 복리의 최우선을 염두에 두고, 그 사명, 사회적 지위 및 직책을 자각하고 항상 전문기술의 연구에 힘쓰며 중립·공정할 것을 염두에 두며, 선택된 전문기술사로서 자부심을 가지고, 본 요강의 실천에 힘써서 행동할 것

(품위 유지)
1. 기술사는 항상 품위 유지에 힘쓰고, 책임감을 가지고 직무완수에 힘써야 한다.
2. 기술사는 항상 전문기술 향상에 힘쓰고, 기술적 양심을 토대로 행동한다. 또 자기 전문 외의 업무 또는 확신이 들지 않는 업무에는 관여하지 않는다.

(중립 공정 고수)
3. 기술사는 그 업무를 하는 데 중립 공정을 고수해야 한다.

(업무 보수)
4. 기술사는 그 업무에 대한 보수 이외에 이해관계가 있는 제3자에게서 부당한 수수료, 증여, 그 외의 이에 속하는 것을 받지 않는다.

(명확한 계약)
5. 기술사는 업무를 받는 것에 따라 사전에 상대방에게 자기의 입장과 업무 범위 등을 명확하게 표명하여 계약을 체결하고, 해당 업무 수행상 양자간의 분쟁이 일어나지 않도록 한다.

(비밀 유지)
6. 기술사는 항상 그 업무와 관련된 정당한 이익을 옹호하는 입장을 고수하고, 업무상 알게 된 비밀을 다른 곳에 이야기하거나 도용하지 않는다.

(공정, 자유경쟁)
7. 기술사는 공정해야 하고 자유경쟁 유지에 힘써야 한다.

(상호 신뢰)
8. 기술사는 서로 상호 신뢰하고, 상대방의 입장을 존중하며, 싫더라도 다른 기술사의 명예를 훼손하거나 업무를 방해해서는 안 된다.

(광고 제한)
9. 기술사는 자기 전문 범위 이외의 사항을 표시하거나, 과대 광고를 하지 않는다.

(다른 전문가 등과의 협력)
10. 기술사는 그 업무에 도움이 될 때는 나아가서 다른 전문가 또는 특수 기술자와 협력하는 것에 힘쓴다.

Q&A

Q.1 기술사의 장점, 일의 내용, 수입에 대해 가르쳐 주세요.

A.1 장점은 기술부문, 선택과목에 따라 다릅니다. 예를 들면, 일본 국토교통성에 건설 컨설턴트나 지질조사업자로 등록할 수 있는 자격자가 될 수 있는 등의 유자격자가 될 수 있다는 점 및 자격시험의 일부 또는 전부 면제(예를 들면, 공해방지관리자, 기상예보자 등)를 받을 수 있는 것입니다. 자세한 내용은 「기술사 제도에 대해서, 2007년 5월」(http://www.engineer.or.jp/examination_center /seido.pdf) 등을 참조해 주세요.

일의 내용은 개념적으로는 과학기술에 관한 계획, 연구, 설계, 분석, 시험, 평가, 지도입니다. 구체적인 일의 내용은 소속된 조직에 따라 다릅니다. 수입도 소속된 조직에 따라 다릅니다. 자격 수당을 받을 수 있는 회사도 있습니다.

Q.2 기술사 자격을 취득하면 어느 곳에 취직할 수 있습니까?

A.2 이것은 역순으로 생각해서 자신이 취직한 직업과 관련된 부문의 기술사를 취득하세요. 기술사는 업무경험이 없으면 취득할 수 없습니다.

Q.3 총합 기술 감리부문이란 어떤 부문입니까?

A.3 기술업무 전반을 전망, 경제성, 안정성, 인적 자원, 정보, 사회 환경 등에 관한 총합적인 판단을 토대로 감독하고 관리할 수 있는 기술자 자격입니다.

Q.4 어떤 자격을 추천합니까?

A.4 기술계 회사에 취직할 예정인 분은 꼭 기술사 자격을 취득하세요.

Q.5 자격을 취득하는 요령은 무엇입니까?

A.5 일반적이지만 과거의 문제를 잘 분석하는 것과 그 자격을 가지고 있는 사람에게 이야기를 듣는 것이라고 생각합니다.

Q.6 환경 분야의 일을 하고 싶은데 대학원에 진학하는 것이 좋습니까?

A.6 환경 분야의 연구 등의 일을 하고 싶다면 대학원에 진학하는 것이 좋습니다. 환경 분야 전반이라면 학부 졸업이라도 문제는 없습니다.

Q.7 환경생태학과 관련된 기업을 검색하는 경우, 키워드는 무엇입니까?

A.7 직장을 찾는 것이 목적이라면 인터넷에서 "환경", "자연보호", "환경컨설턴트", "동식물 조사" 등의 어구와 "구인"을 조합하여 검색하면 나옵니다. 예를 들면, 환경관련 기업에 구인정보 일람(에코넷 뱅크, econetbank)이 나옵니다.

Q.8 회사를 그만두기 힘들지 않았습니까? 그 후의 인간관계는 어떻게 되었습니까?

A.8 회사를 그만두는 것은 힘든 일입니다. 정신적인 에너지가 꽤 필요합니다. 지금까지 만났던 회사사람과는 지금도 만남이 있습니다.

Q.9 기업에서의 수입과 자영의 수입의 차이는 어느 정도입니까?

A.9 자영은 해마다 변동이 큽니다.

Q.10 독립해서 가장 힘들었던 것은 무엇입니까?

A.10 일을 찾는 것입니다.

Q.11 독립하는 사람은 어떤 사람이라고 생각합니까?

A.11 독자 기술, 기능, 재능을 가지고 있는 사람이고, 조직에 묶여 있는 것을 좋아하지 않는 사람이라고 생각합니다.

Q.12 독립하려는 경우 경영, 경제 지식이 필요합니까?

A.12 최소한은 필요합니다. 자세한 내용에 대해서는 세무사, 공인회계사, 경영 컨설턴트 등 전문가에게 상담하면 됩니다.

Q.13 희망하는 기업에 입사하기 위해서는 어떻게 하면 됩니까?

A.13 희망하는 회사를 자세히 조사하는 것이 중요합니다. 또, 그 회사에 취직하고 있는 대학 선배와 지인 등에게 물어보는 것이 중요하다고 생각합니다.

Q.14 독립하려는 경우의 경제적 부담은 어느 정도입니까?

A.14 기업형태에 따라 크게 다르지만, 최저 1년분의 생활비와 독립하기 위한 비용이 듭니다.

Q.15 대학원 졸업과 대학교 졸업에 따라 환경 분야에 취직하는 데 차이가 있습니까?

A.15 회사에 따라 다르지만, 큰 차이는 없습니다.

Q.16 화학계 기술자가 아니더라도 환경 관련 기술사 자격을 취득할 수 있습니까?

A.16 환경 관련 업무 경력이 있으면 누구나 환경 관련 기술사 자격을 취득할 수 있습니다.

연습문제

1. 당신이 앞으로 취직하고 싶은 직업 또는 자신이 가장 되고 싶은 것을 들고, 그 이유를 간결하게 설명해 보세요. 또 그 직업 또는 하고 싶은 일 중에서 환경생태학의 지식을 어떻게 살릴 가능성이 있는지 구체적인 항목을 들어서 설명해 보세요.
2. 당신이 취득하고 싶은 자격을 이야기 해보고, 취득하기까지의 계획을 세워보세요.
3. 기술자의 윤리란 무엇인지 간결하게 설명해 보세요.
4. 환경윤리란 무엇인지 간결하게 설명해 보세요.

정리

- ☑ 환경생태학과 관련된 직업의 구분으로는 환경 컨설턴트, 환경복원·창조, 환경행정, 환경학습 등을 들 수 있습니다.
- ☑ 환경생태학과 관련된 자격으로는 기술사, 환경 카운슬러, 환경 어세스먼트사, 비오토프 관리사, 임업기사, 삼림지도원, 환경재생의, 자연관찰지도원, 수목의, 생물분류 기능검정, 조원 시공 관리기사, 그린 어드바이저 등이 있습니다.
- ☑ 기술자는 일반인에 대해 전문지식상의 책임을 지닙니다.
- ☑ 기술자의 환경윤리란 환경에 대한 기술자의 책임이고, 동물, 식물, 토지 및 자연의 사물에 대한 책임이라 할 수 있습니다.
- ☑ 기술자는 다른 문화, 다른 윤리의 관점을 이해해야 하고, 다면적, 총합적인 탐색을 할 수 있어야 합니다.

맺음말

◉ 모든 것은 연결되어 있고, 모든 것은 하나다.

제1장부터 제5장까지는 지구상 생태계(생물과 비생물의 관련성)에 대해서 설명했습니다. 제6장부터 제11장은 주로 인간과 생태계의 관계에 대해서 설명했습니다. 인간이든, 인간 이외의 생물이든, 비생물이든 모두 지구상에 존재하며, 살아가고 있습니다. 이 장에서는 보다 넓은 관점에서 우리가 사는 지구와 지구를 둘러싸고 끝없이 이어져 있는 우주에 대해서 생각합니다.

지구는 하나의 생명체(가이어 가설 : 짐 러브록)

지구가 탄생하고 약 46억 년이 지났지만, 가이어 가설은 지구 전체가 하나의 생명체라는 것을 짐 러브록이 제창한 것입니다. 그 근거는 다음과 같습니다.

- 지구상에 생명이 탄생한 지 약 35억 년이 지났고 그 동안 태양에서 나온 열방사와 지구 표면은 크게 변화했지만 지구의 기후변화는 적다.
- 대기 조성은 지구상 생물의 생존에 적합한 농도로 유지되고 있다.
- 해수 속의 염분 농도가 대략 일정하게 유지되고 있고, 생체의 혈액 속 농도와 매우 가깝다.

[그림 1] 생물적 요소와 비생물적 요소가 연결되어 있는 지구는 하나의 생명체인가?

- 오존층으로 인해 해로운 자외선이 흡수되고 있는 것은 마치 생물체의 피부가 자외선
  으로부터 세포를 지키고 있는 것과 같습니다.

현재는 가설이지만, 지구상의 생물의 관련성을 생각하면 모든 생물은 물질 순환과 에
너지의 흐름에 따라 연결되어 있고, 마치 하나의 생명체인 것처럼 여겨집니다[그림 1].

우주는 137억 년 전에 한 점에서부터 시작되었다!

최근 우주론에 의하면 우리의 지구를 둘러싸고 있는 우주는 지구가 탄생할 때로부터
거슬러 올라가 약 91억 년 전, 즉 현재로부터 약 137억 년 전에 빅 뱅(big bang)이라 불
리는 대폭발로 인해 한 점에서부터 시작해, 현재에도 계속 팽창하고 있다고 합니다. 즉,
우주 창생 빅 뱅까지 거슬러 올라가서 생각하면 우리의 존재는 빅 뱅→소립자→원자→
분자→유기물→생명체 순으로 이루어졌던 것입니다.

이것을 침착하게 생각하면, 모든 존재(물질과 에너지)는 137억 년 전으로 거슬러 올라
가면 하나였다고 합니다[그림 3]. 그렇게 생각하면 모든 존재는 자신(나)의 분신이고, 자
신(나)과 다른 존재는 일체라고 할 수 있지 않을까요?

▶▶ 우주의 대규모 구조 ◀◀

우주의 구조는 어떻게 되어 있을까? 최근 은하계 밖의 은하 관측 결과에서 우주의
대규모 구조가 명백해졌습니다. 우주는 [**그림 2**]와 같이 거품 구조를 띠고 있습니다.

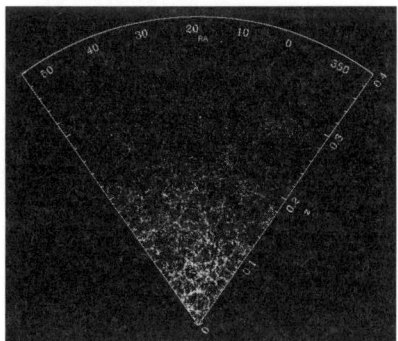

[그림 2] 우주의 대규모 구조

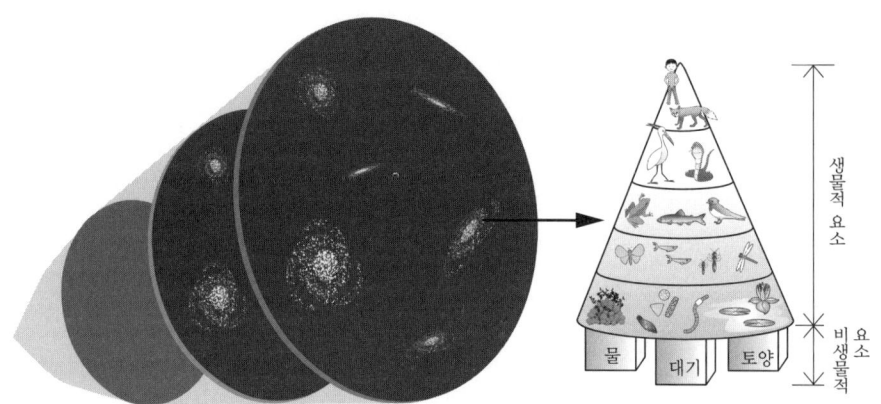

[그림 3] 빅 뱅으로부터 현재의 지구 생물계 형성까지(137억 년의 여행)

◉ 환경문제 해결을 위한 나의 생각

환경문제의 근본 원인이란?

서장에서 설명했듯이 환경이란 주체의 바깥쪽에 있는 모든 것이라고 정의할 수 있습니다. 환경문제는 인간(주체)의 바깥쪽에 무슨 문제가 일어나 그 악영향이 인간에게 미치는 것이라고 할 수 있습니다. 환경문제의 원인을 인간의 내면(심리)으로 파악하면, 환경문제는 인간이 환경(자신의 바깥쪽)을 배려하지 않았을 때 일어난다고 생각합니다. 예를 들면, 소음공해와 같이 타인(타인의 생활공간)을 배려하지 않았을 때 생활환경문제가 일어납니다. 또 동식물 등의 자연환경을 경시(輕視)하면서 개발했을 때처럼, 자연환경을 배려하지 않았을 때 자연환경문제가 일어납니다. 또한 인류가 일으킨 최악의 환경문제는 전쟁입니다. 전쟁은 타국(타조직)을 배려하지 않았을 때 일어납니다. 위의 내용을 정리하면 아래와 같습니다.

- 타인에 대한 배려가 줄어들었을 때 → 공해문제(생활환경문제)
- 자연에 대한 배려가 줄어들었을 때 → 자연환경문제
- 지구에 대한 배려가 줄어들었을 때 → 지구환경문제
- 타국에 대한 배려가 줄어들었을 때 → 전쟁

▶▶ 모든 존재는 하나 ◀◀

2500년 이상이나 계속된 불교의 가르침에서도 "모든 존재는 하나"라는 것을 설명하고 있습니다. 예를 들면, 불경에서 가장 유명한 「반야심경」에 대해 생각해 봅시다.

「반야심경」의 한 가지 설(說)로 유명한 "색즉시공(色卽是空), 공즉시색(空卽是色)"이 있습니다. 색(色)이란 모두 형태가 있는 것을 의미하는 것으로 물리학에서는 물질과 에너지라고 할 수 있습니다. 공(空)이란 아무것도 없는 것이라 해석할 수 있지만, 저는 우주 그것의 본질이라 해석합니다. "색즉시공, 공즉시색"이란 수식적으로 쓰면 "색=공, 공=색"이 됩니다. 말하자면, 형태가 있는 모든 것은 우주의 그것이라는 것을 나타내고 있다고 해석합니다. 즉 모든 것은 우주라는 하나의 존재인 것입니다.

다음 야나기사와 케이코(柳澤桂子) 씨가 「반야심경」을 현대식으로 번역한 것을 읽어봅시다.

반야심경	야나기사와 케이코 씨의 현대판 번역
시제법공상(是諸法空相)	들어보세요. 당신도 우주 속에서 입자로 만들어졌습니다. 우주 속의 다른 입자와 이어져 있습니다. 그러므로 우주도 "공(空)"입니다. 당신이라는 실체는 없는 것입니다. 당신과 우주는 하나입니다.
불생불멸(不生不滅) 불구부정(不垢不淨) 부증불감(不增不減)	우주는 이어져 있으므로 생기는 것도 없고 없어지는 것도 없습니다. 깨끗하다든가, 더럽다든가 하는 것도 없습니다. 늘어나는 것도 없고, 줄어드는 것도 없습니다. "공(空)"에는 그 같이 보잘 것 없는 것은 없습니다.

[柳澤桂子 : 「살다가 죽는 지혜」, p.10-11, 小學館(2004)]

환경문제를 해결하기 위해서

환경문제의 근본적인 해결책은 개개인이 환경(자신의 바깥쪽, 즉 다른 존재)을 배려하고, 행동하는 것이라고 생각합니다.

사람은 어떻게 하면 환경을 배려하게 되는 것일까요? 인간이 다른 존재를 배려하는 가장 전형적인 예는 부모가 아이를 생각하는 마음이 아닐까요? 그럼, 왜 부모는 아이를 배려하는 것일까요? 그것은 부모가 아이들과 하나라는 것을 인식하고 있기 때문입니다. 또 인간이 자신의 건강을 소중히 여기는 것은 자신과(자신의) 건강은 하나라는 것을 인식하고 있기 때문입니다. 즉 인간이 환경(다른 존재)에 대한 배려심을 가지기 위해서는 "자신과 환경은 하나"라는 것을 인식할 필요가 있습니다.

앞에서 설명했듯이 최근의 과학적 지식에 따르면, 우주의 시작은 빅 뱅이라 불리는 대폭발로 약 137억 년 전에 한 점에서부터 시작되었습니다. 즉 약 137억 년 전으로 거슬러 올라가면 우주의 모든 존재는 하나였습니다. 과학적으로 우주는 하나의 실체에서 만들어졌고, "모든 존재는 연결되어 있기 때문에 모든 것은 하나"라고 합니다. 그러므로 넓게 살펴보면 자신과 환경(다른 존재)은 하나라는 것을 알 수 있습니다. 지속적으로 발전 가능한 사회를 구축하기 위해서는 "모든 것은 연결되어 있고, 모든 것은 하나"라는 것을 인간이 깊게 인식해야(깨달아야) 합니다.

어떤 핑계를 대도 환경문제는 해결할 수 없습니다. 환경문제를 해결하기 위해서는 개개인의 행동이 중요하고, 인간과 환경에 대한 깊은 인식을 가지고 친환경 라이프 스타일로 변화시킬 필요가 있습니다. 라이프 스타일의 기본은 인간의 생활방식입니다. 환경(자연)에 대한 배려와 경외하는 마음을 가지는 생활방식이 중요하다고 생각합니다. 그리고 나 스스로 생활하면서 머리 한 부분에 항상 "만족함을 안다"는 문자가 쓰여 있는 액자를 걸어 두고 싶습니다.

참고문헌

■ 제1장~제5장 관련 참고도서
환경생태학, 생태학에 대하여 상세하게 알고자 하는 분을 위한 참고도서

1) 松本忠夫：「集團과 環境의 生物學」, 放送大學敎育振興會 (2003).
   지구상의 주요 생태계에 관하여 해설.
2) 中山大樹：「環境調査를 위한 微生物學」, 講談社 (1975).
   미생물학의 관점에서 환경문제 및 환경 조사에 대하여 기술.
3) 嚴佐庸：松本忠夫, 菊澤喜八郎, 日本生態學會編：「生態學事典」, 共立出版 (2003).
   생태학에 관한 용어의 의미와 내용을 폭넓게 기재.
4) 沼田眞 編：「生態學辭典」, 增補改訂版, 築地書館 (1999).
   생태학에 관한 용어의 의미를 폭넓게 기재.
5) 日本生態學會 編：「生態學入門」, 東京化學同人 (2004).
   생태학 전반에 걸쳐 기술.
6) E. P. 오담 著, 三島次郎 譯：「基礎生態學」, 培風館 (1991).
   생태계 생태학의 교과서적인 책.
7) E. P. 오담 著, 水野壽彦 譯：「오담 生態學」, 築地書館 (1967).
   생태계 생태학의 에센스가 쓰여진 책.
8) 瀨戶昌之：「生態系」, 有斐閣 (1992).
   생태계 및 농지생태계에 관한 내용이 기재.
9) R. H. 호이타카 著, 寶月欣二 譯：「호이타카 生態學槪說」第2版, 培風館 (1979).
   군집생태학에 관하여 전반적으로 상세하게 기재.
10) 和田英太郎：「地球生態學」, 岩波書店 (2002).
    지구 전체의 관점에서 생태계 전반에 관련되는 사항이 기재.
11) 上村賢治, 石垣逸朗, 隅田裕明, 竹島征二, 杉田治男, 廣田才之 著：「生態環境科學槪論」, 講談社 (2007).
    동식물의 상태를 환경과학이라는 관점에서 종합화를 시도한 책.
12) 栗原康：「有限의 生態學」, 岩波書店 (1975).
    마이크로코즘(미크로좀)에 관해서 쓰인 책으로 지구 생태계와 비커의 미생물 세계를 중합시켜 비교하면 깊은 이해를 하게 됨.
13) 宮脇昭：「植物과 人間」, 日本放送出版協會 (1970).
    식물생태학의 관점에서 환경문제 서술

14) 木村龍治 : 「變化하는 地球環境」, 放送大學教育振興會 (2004).
　　 지구환경에 관하여 물리화학적인 관점을 중심으로 서술.

15) 鹿園直建 : 「地球 시스템의 化學」, 東京大學出版會 (1997).
　　 지구화학 및 물질 순환에 관하여 상세히 서술.

16) 櫻井善雄 : 「水邊의 環境學」, 新日本出版社 (1991).
　　 하천 등 물가의 환경에 관하여 폭넓게 서술.

17) 櫻井善雄 : 「續水邊의 環境學」, 新日本出版社 (1994).
　　 하천 등 물가의 동식물을 중심으로 폭넓게 서술.

18) 南佳典, 沖津進 編 : 「베이식 마스터 生態學」, 옴社 (2007).
　　 생태학 전반에 걸쳐 서술.

19) 藤森隆郎 : 「森林生態學」, 全國林業改良普及協會 (2006).
　　 삼림생태학의 지식을 정리하고, 그 삼림관리기술에의 응용 등에 관하여 서술.

20) 鈴木邦雄 : 「매니지먼트의 生態學」, 共立出版 (2006).
　　 생태학 전반의 개념에 더하여 기업과 자연환경의 관련사항 등에 관하여 서술.

21) 沖野外輝夫 : 「河川의 生態學」, 共立出版 (2002).
　　 하천환경에 관련된 전반적인 내용을 서술.

22) 沖野外輝夫 : 「湖沼의 生態學」, 共立出版 (2002).
　　 호소 환경에 관련되는 전반적인 내용을 서술

23) 小泉博, 鞠子茂, 大黑俊哉 : 「草原·沙漠의 生態」, 共立出版 (2002).
　　 초원·사막의 생태계에 관하여 전반적으로 서술.

24) 菊澤喜八郎 : 「森林의 生態」, 共立出版 (1999).
　　 삼림의 생태계에 관하여 전반적으로 서술.

25) 森下郁子 : 「하천의 健康診斷」, 日本放送協會 (1997).
　　 하천 수질의 생물학적 조사 방법에 관하여 서술.

26) 津田松苗 : 「汚水生物學」, 北隆館 (1964).
　　 수질오염과 생물의 관계 및 생물에 의한 수질 정화방법에 관하여 서술.

27) 別冊 사이언스 「Science Illustrated6 바이오스피어」, 日本經濟新聞社 (1978).
　　 생태계를 비주얼로 표현한 도서.

■ 제6장 관련 참고도서

현재의 환경문제에 관심있는 분을 위한 참고도서

1) 環境省 編 : 「2007年版 環境·循環型社會白書」, 共生 (2007).
　　 최신 환경문제에 관한 정보를 얻게 됩니다. 일본 환경성 홈페이지에서도 열람할 수 있습니다.

2) 앨 고어 著, 枝廣淳子 譯 : 「불편한 眞實」, 랜덤하우스 講談社 (2007).
  노벨 평화상을 받은 앨 고어의 저서로서 지구온난화 문제를 비주얼로 표현.
3) 松尾友矩 : 「環境學」, 岩波書店 (2005).
  환경문제의 역사 및 전반에 걸쳐 서술.
4) 寶月欣二, 吉良龍夫, 岩城英夫 編 : 「環境의 科學」, 日本放送協會 (1972).
  일본에서 환경문제(공해문제)가 일어나기 시작한 1970년대의 책으로서, 당시의 환경문제에 관해서
  전반적으로 서술.
5) 中西準子 : 「環境 리스크學」, 日本評論社 (2004).
  환경 리스크란 무엇인가? 또한, 환경 리스크에 관한 일본에서의 연구 경위를 알게 됩니다.
6) 花井莊輔 : 「化學物質의 리스크 어세스먼트, 丸善 (2003).
  화학물질의 리스크를 정량적으로 평가하는 사고 수법 등에 관하여 서술.
7) 鈴本基之 : 「環境工學」, 日本放送大學敎育振興會 (2003).
  공업적 측면에서 보는 환경문제의 해결책에 관하여 구체적으로 서술.
8) 松本忠夫 編著 : 「生命環境科學 I」, 日本放送大學敎育振興會 (2005),
  생물 다양성에 관한 사항을 서술.
9) 鈴本基之, 原料幸彦 編 : 「人間活動의 環境影響」, 日本放送大學敎育振興會 (2005).
  인간의 활동에 의한 환경에의 영향에 관하여 전반적으로 서술.
10) Rosa Costa-Pau 著, 木村規子, 林知世, 近藤千賀子, 中村浩美, 炭田眞由美 譯 : 「地球環境 컬러
  일러스트百科」, 産調出版 (1997).
  인간의 활동이 환경에 미치는 영향을 비주얼로 표현.
11) 日本國立天文臺 編 : 「理科年表 環境編」 第2版, 丸善 (2006).
  환경에 관련되는 정보가 구체적으로 기재.
12) 茅陽一 監修, 옴社 編 : 「環境年表 2004/2005」, 옴社 (2003).
  환경에 관련되는 정보가 구체적으로 기재.
13) 橫山長之, 市川惇信 編 : 「環境用語辭典」, 옴社 (1997).
  환경용어의 풀이가 구체적으로 기재.

■ 제7장 관련 참고도서
환경영향평가의 기술적 내용에 관하여 상세히 알고자 하는 분을 위한 참고도서

1) 日本環境 어세스먼트 協會 編 : 「環境 어세스먼트 實務硏究 텍스트」 (自然環境), 日本環境 어세스먼
  트 協會 (2007).
  환경업무평가를 하는 사람들을 위한 실무 텍스트로서 동식물, 생태계 등의 환경영향평가의 기술적
  내용이 상세하게 기재됨.

2) 日本環境廳企劃調整局 篇 : 「自然環境의 어세스먼트 技術 (Ⅰ)」, 日本大藏省印刷局 (1999).
　　자연환경 등의 스코핑(scoping) 방법에 관하여 서술.
3) 日本環境廳企劃調整局 篇 : 「自然環境의 어세스먼트 技術 (Ⅱ)」, 日本大藏省印刷局 (2000).
　　자연환경 등의 조사나 예측방법에 관하여 서술.
4) 日本環境省企劃調整局 篇 : 「自然環境이 어세스먼트 技術 (Ⅲ)」, 日本財務省印刷局 (2001).
　　자연환경 등의 환경보전조치, 평가, 사후 조사에 관하여 서술.
5) 自然環境 어세스먼트 研究會 編著 : 「自然環境 어세스먼트 技術 매뉴얼」, 自然環境研究 센터 (1995).
　　동식물이나 생태계 등의 환경영향평가 방법에 관하여 상세히 기재.

■ 제8장 관련 참고도서
자연환경 보전기술에 관하여 상세하게 알고싶은 분을 위한 참고도서

1) 杉山惠一, 進士五十八 編 : 「自然環境復元의 技術」, 朝倉書店 (1992).
　　자연환경의 복원기술에 관해서 상세히 기재.
2) 杉山惠一 : 「비오토프의 形態學」, 朝倉書店 (1995).
　　자연환경의 복원기술에 관해서 상세히 기재.
3) 神奈川縣都市計劃部都市計劃課 : 「地球와 친한 都市 만들기」, 神奈川縣都市計劃部都市計劃課 (1995).
　　환경을 배려한 도시 만들기 사례집.
4) 神奈川縣 : 「自然과 친한 技術 100 事例」, 神奈川縣 (1996).
　　환경을 배려한 시설 정비 사례집.
5) 吉川勝秀 編著 : 「生態學的인 斜面·비탈面 工法」, 山海堂 (2006).
　　경사면·비탈면의 녹화에 관한 기술적 내용을 서술.
6) 廣木詔三 編 : 「마을 야산의 生態學」, 名吉屋大學出版會 (2002).
　　마을 야산의 성립, 특징 및 구체적인 사례에 관한 서술.
7) 井手久登, 龜山章 編 : 「綠地生態學」, 朝倉書店 (1993).
　　녹지설계나 동물의 생식환경의 설계에 관한 정보 서술.

■ 제9장 관련 참고도서
신에너지, 목질 바이오매스 에너지에 관해서 상세하게 알고자 하는 분을 위한 참고도서

1) NEDO : 「바이오매스 에너지 導入 가이드북」 第2版, NEDO (2005).
　　바이오매스 에너지 도입의 지침서로서, NEDO의 홈페이지에서 다운로드됨.
2) 藤井絢子 : 「유채꽃 이콜로지 革命」, 創森社 (2004).
　　유채꽃 프로젝트를 상세하게 서술.

3) 스위스–日本 에너지·이콜로지交流會 譯編 :「나무의 에너지 핸드북」, 岩手·木質 바이오매스硏究會 (2005).
　목질 바이오매스의 포인트가 항목마다 상세히 기재.
4) 全國林業改良普及協會 編 :「삼림의 바이오매스 에너지」, 全國林業改良普及協會 (2001).
　목질 바이오매스 활용의 전체 상황이 상세히 기재
5) 大場龍夫 :「森林 바이오매스 最前線」, 全國林業改良普及協會 (2005).
　목질 바이오매스 이용의 구체적 사례 등이 기재.

■ 제10장 관련 참고도서
환경학습, 시민활동에 대하여 상세하게 알고 싶은 분을 위한 참고도서

1) 캐서린 레네, 론 지아만, 마이켈 그로스 :「인터프로테이션 入門」, 小學館 (1994).
　인터프리테이션의 구체적인 방법에 대하여 쉽게 서술.
2) 環境學習研究會 編 :「주변의 環境조사」, 옴社 (1999).
　환경조사 방법에 관하여 비주얼로 서술.
3) 重松敏則 :「새로운 마을 야산」, 全國林業改良普及協會 (2005).
　마을 야산의 보전방법에 관하여 상세히 서술.

■ 제11장 관련 참고도서
환경관련 사업이나 자격 및 기술자 윤리에 흥미있는 분을 위한 참고도서

1) 靑山芳之, 石井一夫, 久保康弘, 矢田美惠子 :「캐리어업을 위한 環境/바이오關聯資格試驗 가이드」, 日刊工業新聞社 (2000).
　환경과 바이오에 관련된 자격에 관하여 서술(본서 필자도 분담 집필).
2) 日本技術士會環境部會 譯編 :「環境과 科學技術者의 論理」, 丸善 (2000).
　기술자의 환경윤리에 관해서 서술(본서 필자도 번역작업에 참가).
3) 杉本泰治, 高城重厚 :「技術者의 倫理入門」, 丸善 (2002).
　기술자 윤리에 관한 교과서적인 도서.
4) 吉村忠與志, 戶島貴代志 著, 谷垣昌敬 監修 :「技術者倫理入門」, 옴社 (2003).
　기술자 윤리와 관련된 사항을 서술.
5) A. P. 간, P. A. 베지린드, 古谷圭一 著 :「環境倫理」, 內田老鶴圃 (1993).
　기술자의 환경윤리에 관한 서술.
6) 日本技術士會 프로젝트 팀 技術圖書刊行會 編 :「技術士 핸드북」, 옴社 (2006).
　기술사에게 필요한 공통적인 기술이 구체적으로 기재(본서 필자도 분담 집필)

7) 自然環境復元協會 編：「環境再生醫」, 環境新聞社 (2005).

　환경재생의(環境再生醫) 자격을 위한 텍스트.

■ "종장" 관련 참고도서

이 책의 "종장" 내용에 흥미 있는 분을 위한 참고도서

1) J. E. 러브록 著, 星川淳 譯：「地球生命圈」, 工作舍 (1984).

　"가이어 가설"을 제창한 사람의 저술로서, 가이어 가설에 관하여 상세히 서술.

2) 마이클 다르보트 著, 川瀨勝譯：「投影된 宇宙」, 春秋社 (2005).

　우주는 홀로그램(Hologram)이라고 하는 "홀로그래픽 우주론"을 논리적으로 전개 서술.

3) 프로쵸프 카플러 著：「吉福伸逸, 田中三彦, 島田裕巳, 中山直子 譯：「타오(Tao) 自然學」, 工作舍 (1990).

　20세기 후반에 화제가 된 뉴사이언스의 바이블적인 책으로서 서양과학과 동양사상의 융합을 시도한 책.

4) 다데우스 골라스 著, 山川紘矢·亞希子 譯：「게으름뱅이의 이해법(理解法)」, 地湧社 (1988).

　처음 1페이지에 명확한 결론이 나와 있는 책으로서 이해하기까지 시간이 걸리지만 이해하고 나면 이 책의 탁월함을 재인식하게 되는 책.

5) 柳澤桂子：「살고 죽는 智慧」, 小學館 (2004).

　저명한 과학자가「반야심경」을 현대어로 번역한 책으로서 종교와 과학이 융합된 책.「반야심경」의 골자를 과학의 관점에서 기술한 책.

6) 鹽沼亮潤, 板橋興宗 著：「大峯千日回峰行–修驗道의 苦行」, 春秋社 (2007).

　1,300년 동안에 두번째, 대봉천일회봉행(大峯千日回峰行)이라는 난행 고행을 한 분의 책으로서, "모든 일에 감사한다"는 것의 중요함을 통감하게 하는 책.

7) 須藤靖：「물체의 크기」, 東京大學出版會 (2006).

　인간이 인식할 수 있는 미시적 세계와 거시적 세계를 계층적으로 설명한 책으로서 '보이지 않는 저 너머에는 무엇이 있는 것일까'를 통해 우주의 크기를 가늠하게 하는 책.

참고 웹사이트

■ 본서 전반에 관련된 웹사이트

1) 일본 환경성

http://www.env.go.jp/

환경문제나 환경행정 등 최신 정보가 입수됩니다. 환경문제를 조사한다면 처음으로 이 사이트에 찾아 감이 좋을 것 같습니다.

2) EIC넷

http://www.eic.or.jp/

환경용어 등 환경정보가 입수됩니다.

3) 환경 총합 데이터베이스

http://www.env.go.jp/sogodb/all.html

환경정보에 관한 데이터베이스 일람표가 실려 있습니다.

4) 환경정보 네비게이션

http://www.eic.or.jp/library/navi/

환경정보가 손쉽게 입수되는 사이트입니다.

5) 환경백서정보

http://www.env.go.jp/policy/hakusyo/index.html

최신 환경백서나 순환형 사회백서와 백 넘버가 열람됩니다.

6) 일본생태학회

http://www.esj.ne.jp/esj/

일본의 생태학 연구 동향을 알 수 있습니다.

■ 제1장 관련 웹사이트

1) 일본에서의 생물 다양성 관련 웹사이트 일람

http://protist.i.hosei.ac.jp/GBIF/DB_list/index.html

생물종에 관한 관련 사이트의 일람을 볼 수 있습니다.

2) 원생동물도감

http://protist.i.hosei.ac.jp/taxonomy/menu.html

원생동물의 사진 등을 볼 수 있습니다.

■ 제4장 관련 웹사이트

1) 물질환경이란?

http://home.hiroshima-u.ac.jp/er/ES_B.html

지구상의 물질 순환에 관한 정보가 얻어집니다.

■ 제6장 관련 웹사이트

1) 생물 다양성 정보 시스템

　http://www.biodic.go.jp/J-IBIS.html

　일본의 생물다양성이나 자연환경에 관한 여러 가지 정보를 얻을 수 있습니다.

■ 제7장 관련 웹사이트

1) 환경영향평가 지원 네트워크

　http://www.env.go.jp/policy/assess/

　환경영향평가에 관한 정보를 얻을 수 있습니다.

2) 환경 어세스먼트 학회

　http://www..jsia.net/

　환경영향평가에 관한 최신 정보를 얻을 수 있습니다.

3) 환경 GIS

　http://www-gis.nies.go.jp

　일본 전국의 대기환경, 수환경, 화학물질의 환경오염 상황을 GIS를 사용하여 제공하고 있습니다.

■ 제8장 관련 웹사이트

1) 다자연천(多自然川) 만들기

　http://www.mlit.go.jp/river/kankyou/tashizen/index.html

　다자연천 만들기 사례를 볼 수 있습니다.

2) 응용생태공학회

　http://www.ecesj.com/

　생태학과 토목공학의 환경영역을 다루어 "사람과 생물의 공존", "생물 다양성의 보전", "건전한 생태
　계의 지속"을 목표로 하고 있는 학회입니다.

3) 인터넷 자연연구소

　http://www.sizenken.biodic.go.jp/

　일본의 자연환경 현상과 자연환경 보전 시책에 관한 정보를 얻을 수 있습니다.

■ 제9장 관련 웹사이트

1) ENDO(신에너지 산업기술 총합개발기수)

　http://www.nedo.go.jp/

　신에너지 등의 조사보고서를 다운로드할 수 있습니다.

2) NEF(신에너지 재단)

　http://www.nef.or.jp/

　신에너지 등의 최신 정보가 입수됩니다.

3) 일본 목재총합정보 센터

http://www.jawic.or.jp/index.php

최신 목재에 관한 정보를 얻을 수 있습니다.

4) 유채꽃 프로젝트 네트워크

http://www.nanohana.gr.jp/index.php

유채꽃 프로젝트에 관한 정보를 얻을 수 있습니다.

■ 제10장 관련 웹사이트

1) 요코하마시(橫浜市) 환경창조국의 환경교육 사이트

http://www.city.yokohama.jp/me/kankyou/kyouiku/index.html

요코하마시의 환경 교육에 관한 정보를 얻을 수 있습니다.

2) 가와사키시(川崎市)의 환경교육·학습

http://www.city.kawasaki.jp/30/30kantyo/home/gakusyuu/top.hem

가와사키시의 환경교육에 관한 정보를 얻을 수 있습니다.

3) 이콜로지 투어(환경생태관광)

http://www.env.go.jp/nature/ecotourism/index.html

이콜로지 투어(환경생태관광)에 관한 정보를 얻을 수 있습니다.

4) 자연 애호 클럽

http://www.env.go.jp/nature/nats/

자연과 접촉할 수 있는 시설 등의 정보를 얻을 수 있습니다.

5) 환경교육·환경학습 데이터베이스

http://www.eeel.jp/ecolibrary_top.html

환경교육과 환경학습의 데이터베이스입니다.

■ 제11장 관련 웹사이트

1) 일본 환경 어세스먼트 협회

http://www.jeas.org/

환경 어세스먼트 기사의 정보를 얻을 수 있습니다.

2) 일본 기술사회 기술사 시험센터

http://www.engineer.or.jp/

기술사 시험의 정보를 얻을 수 있습니다.

3) 환경 카운슬러

http://www.env.go.jp/policy/counsel/

환경 카운슬러에 관한 정보를 얻을 수 있습니다.

4) 일본 생태계협회

http://www.ecosys.or.jp/eco-japan/

비오토프 관리사 등의 정보를 얻을 수 있습니다.

5) 일본삼림기술협회

http://www.jafta.or.jp/

임업기사 등의 정보를 얻을 수 있습니다.

6) 전국삼림 레크리에이션협회

http://www.shinrinreku.jp/top/index.html

삼림 인스트럭터 등의 정보를 얻을 수 있습니다.

7) 자연환경복원협회

http://www.narec.or.jp/

환경재생의 등의 정보를 얻을 수 있습니다.

8) 일본자연보호협회

http://www.nacsj.or.jp/

자연관찰지도원 등의 정보를 얻을 수 있습니다.

9) 일본 녹화센터

http://www.jpgreen.or.jp/

수목의(樹木醫) 등의 정보를 얻을 수 있습니다.

10) 자연환경연구센터

http://www.jwrc.or.jp/

생물분류 기능검정 등의 정보를 얻을 수 있습니다.

11) 일본 전국 건설연수센터

http://www.jctc.jp/

조원시공관리기사 등의 정보를 얻을 수 있습니다.

12) 일본가정원예 보급협회

http://www.kateiengei.or.jp/

클린 어드바이저 등의 정보를 얻을 수 있습니다.

■ "종장"에 관련되는 웹사이트

1) SDSS

http://skyserver.nao.ac.jp/edr/jp/

우주의 대규모 구조 등에 관한 최신 정보를 얻을 수 있습니다.

찾아보기

◈ 숫자 · 영문 ◈

2차 생산(二次生産)　　　　　　64

2차 생산량(二次生産量)　　　　64

2차 소비자(二次消費者)　　　　49

2차 천이(二次遷移)　　　　　105

2차 포식자(二次捕食者)　　　　50

α중부수성(中腐水性)　　　　102

β중부수성(中腐水性)　　　　102

DDT의 생물 농축(生物濃縮)　120

N/P비　　　　　　　　　　102

◈ ㄱ ◈

가이어 가설(假說)　　　　　236

강부수성(强腐水性)　　　　102

개발행위(開發行爲)　　　　131

개방계(開放系)　　　　　　55

개체(個體)　　　　　　　　18

개체군(個體群)　　　　　　18

경쟁(競爭)　　　　　　　　36

계(系)　　　　　　　　　　55

고립계(孤立系)　　　　　　55

공생(共生)　　　　　　　　37

광합성(光合成)　　　　　　60

교육과정에서의 환경교육　　201

군집(群集)　　　　　　　　18

균류계(菌類界)　　　　　　14

그린 어드바이저(green adviser)　225

극상(極相)　　　　　　　104

기생(寄生)　　　　　　　　39

기술사(技術士)　　　　　　220

기술사 윤리요강(技術士倫理要綱)　232

기술자의 윤리　　　　　　229

기술자의 환경윤리　　　　230

기후구분(氣候區分)　　　　98

◈ ㄴ ◈

내분비 교란물질(內分比攪亂物質)　122

농지생태계(農地生態系)　　112

늪(淵)　　　　　　　　　159

◈ ㄷ ◈

다공질 환경(多孔質環境)　　160

다세포 생물(多細胞生物)　　14

다양한 수변(水邊)　　　　158

다자연형(多自然型) 하천 만들기　163

단세포 생물(單細胞生物)　　14

당류(糖類)　　　　　　　　76

대상(代償)　　　　　　　143

대상사업(對象事業)　　　　132

도시(都市)　　　　　　　111

도시생태계(都市生態系)　　111

도시화(都市化)　　　　　　79

독립영양생물(獨立營養生物)　49

독성시험(毒性試驗)　　　　122

돌무더기　　　　　　　　162

동물계(動物界)　　　　　　14

동물의 이동범위(移動範圍)　167

동식물의 현지조사방법(現地調査方法)　147

동화효율(同化效率) 65

◆ ㄹ ◆
라이프 스타일(life style) 240
람베르트-비어(Lambert-Beer)의 법칙 101
레드 데이터북(red data book) 116
로지스틱(logistic) 곡선 41
로트카-볼테라의 포식식(捕食式) 44
리사이클 에너지(recycle energy) 179

◆ ㅁ ◆
마을 야산을 지키는 시민활동의 예 206
마이크로코즘(microcosm) 29
만족함을 안다 240
먹이사슬(食物連鎖) 19, 46, 64
모네라(monera) 14
모든 것은 연결되어 있고, 모든 것은 하나다 236
모든 존재는 하나 239
목질 바이오매스 에너지의 이용방법 191
목질 바이오매스 에너지의 특징 189
목질 바이오매스 이용 시스템 194
목질 바이오매스의 종류 189
목질 펠릿 스토브 192
목질(木質) 바이오매스(biomass) 179
물 75, 97
물의 순환(循環) 77
물질순환(物質循環) 75
물질 순환을 생각하는 관점 76

◆ ㅂ ◆
바이오매스(biomass) 181
바이오매스 에너지 이용기술의 체계 186
바이오매스 에너지(biomass energy) 179
바이오매스 이용기술의 개요 187

바이오매스 자원 185
바이오매스 자원의 분류 185
바이오스피어(biosphere) 17
바이오스피어(biosphere) II 29
바이옴(biome) 98
발생원 대책(發生源對策) 174
방법서(方法書) 133
배려(配慮) 240
법면녹화(法面綠化) 157
보상심도(補償深度) 101
보상점(補償点) 101
보존(保存) 155
보존공간(保存空間)의 형상 171
복원(復元) 155
부식연쇄(腐植連鎖) 50, 69
부영양화 현상(富榮養化現象) 107
분해자(分解者) 49
비사용적 가치(非使用的 價値) 117
비생물적 요소(非生物的 要素) 18, 55
비생물적 요인(非生物的 要因) 97
비생물적 환경(非生物的 環境) 2
비오토프(biotope) 계획(시공) 관리사 223
비탈길이 있는 배수로 169
빈부수성(貧腐水性) 102
빙하(氷河) 79
빛(光) 97
뿌리혹박테리아 85

◆ ㅅ ◆
사롱(蛇籠) 162
사석(捨石) 162
사업의 환경영향요인 138
사용적 가치(使用的 價値) 117
산업 자급자족의 지역사회(地域社會) 195

산업활동(産業活動)	113
삼림생태계(森林生態系)	22
삼림의 효용	188
삼림자원(森林資源)의 보전과 활용	195
삼림 지도원(森林 instructor)	223
상관(相觀)	98
상리공생(相利共生)	37
새로운 고용 창출	195
생물(生物)	13
생물간의 상호관계	35
생물권(生物圈)	17
생물농축(生物濃縮)	120
생물다양성(生物多樣性)	117
생물다양성(生物多樣性) 국가전략(國家戰略)	118
생물다양성의 감소	115
생물다양성의 관점	117
생물다양성조약(生物多樣性條約)	118
생물분류 기능검정(生物分類技能檢定)	224
생물의 다양성 확보 및 자연환경의 체계적 보전	134
생물적 요소(生物的 要素)	18, 55
생물적 환경(生物的 環境)	2
생물화학적 변환(生物化學的 變換)	185
생산(生産)	61
생산자(生産者)	49, 65
생산효율(生産效率)	65
생식연쇄	50, 69
생체고분자(生體高分子)	76
생태계(生態系)	55
생태계별 생산량(生態系別 生産量)	61
생태계(生態系)에 미치는 영향의 흐름	141
생태계(生態系)의 구분	21
생태계(生態系)의 기능에서 얻는 가치	117
생태계(生態系)의 다양성	117
생태계(生態系)의 조사 내용	138
생태계(生態系)의 천이	104
생태계(生態系) 전체를 본다	154
생태독성평가(生態毒性評價)	122
생태적(生態的) 피라미드	66
생태천이(生態遷移)	104
생태학(生態學)	1, 6
생활환경문제(生活環境問題)	3, 113
설빙열 이용(雪氷熱利用)	181
세이덴야마(井田山)	206
소비효율(消費效率)	65
수목의(樹木醫)	224
수변환경(水邊環境)의 복원과 창조	174
수생식물(水生植物)에 의한 수질정화(水質淨化)	175
수생식물(水生植物)에 의한 호안(護岸)	160
수역 생태계(水域生態系)	69
수역(水域)의 직접 정화(直接淨化)	174
수질(水質)	97
수질개선 대책(水質改善對策)	174
수환경(水環境)의 개선	172
순일차생산(純一次生産)	61
숲의 재생기술	156
스톡홀름 조약	121
습도(濕度)	97
시민 건강의 숲	206
시스템(system)	55
식물계(植物界)	14
신에너지	179
신에너지의 종류	179
신에너지의 특성	183

◈ ㅇ ◈

아미노산	76
아질산균(亞窒酸菌)	85

어도(魚道)   170
에너지의 흐름   55
에코 로드(ecology road)   167
에코 톤(ecology tone)   163
여러 형상의 하도(河道)   159
여울   159
연료전지(燃料電池)   181
열역학 제1법칙(熱力學第一法則)   58
열역학 제2법칙(熱力學第二法則)   58
열화학적 변환(熱化學的變換)   185
염기(鹽基)   76
염류(鹽類)   97
영양단계(榮養段階)   66
영양단계간 전환효율(榮養段階間轉換效率)   65
영양염류(榮養鹽類)   102
예측(豫測)·평가(評價)   131
예측방법(豫測方法)   142
오버브리지(overbridge)   161
온도(溫度)   97
온실효과(溫室效果) 가스   4
외래종(外來種)   115
우주(宇宙)   236
우주의 대규모 구조   237
원생생물계(原生生物系)   14
원핵생물(原核生物)   14
유기산(有機酸)   76
유전적 다양성(遺傳的多樣性)   117
유채꽃 프로젝트   187
유형구분도(類型區分圖)   137
육역 생태계(陸域生態系)   69
육지화(陸地化)   107
윤리(倫理)   229
이동(移動)·교통(交通)   113
이동경로(移動經路)   82

이동경로를 확보하는 기술   169
이동속도(移動速度)   83
이입종(移入種)   115
이콜로지(ecology)   7
이콜로지컬 풋프린트(ecological footprint :
    생태발자국)   43
이콜로지 투어(ecology tour : 생태관광)   205
이행대(移行帶)   163
인(燐)   75
인(燐)의 순환(循環)   89
인간과의 거리 확보   170
인간과 자연의 풍부한 접촉   134
인간의 생활방식   240
인공생태계(人工生態系)   29
인비료(燐肥料)   91
인자원(燐資源)   91
인터프리터(interpreter)   204
인터프리테이션(interpretation)   204
일상생활(日常生活)   113
일차 소비자(一次消費者)   49, 65
일차 천이(一次遷移)   105
일차 포식자(一次捕食者)   50
임업기사(林業技士)   223

◈ ㅈ ◈
자연관찰지도원(自然觀察指導員)   224
자연(自然) 에너지   179
자연으로부터 겸허히 배운다   153
자연을 공유한다   154
자연의 구조를 제대로 이해한다   153
자연환경문제(自然環境問題)   3, 113
자연환경 보전기술(自然環境保全技術)   130
자연환경 보전기술(自然環境保全技術)의 목적 154
자연환경 보전(自然環境保全)의 이념   153

재생가능(再生可能) 에너지 179
저감(低減) 143
제1종 사업(第一種事業) 132
제2종 사업(第二種事業) 132
제한요인(制限要因) 97
조원 시공 관리기사(造園施工管理技士) 224
존재량(存在量) 83
존재장소(存在場所) 83
종(種) 13
종(種)의 다양성 117
종(種)의 멸종 115
종속영양생물(從屬營養生物) 48
주목종(注目種)·군집의 추출 141
준비서(準備書) 133
지구온난화(地球溫暖化) 4
지구온난화(地球溫暖化)의 메커니즘 5
지구환경문제(地球環境問題) 3
지역환경특성(地域環境特性)을 중시한다 154
직접연소(直接燃燒) 185
직접연소발전(直接燃燒發電)·열이용(熱利用) 191
진핵생물(眞核生物) 14
질산균(窒酸菌) 85
질소(窒素) 75
질소고정균(窒素固定菌) 85
질소고정능력(窒素固定能力) 85
질소비료(窒素肥料) 87
질소의 순환 84

◈ ㅊ ◈
창조(創造) 155
천연가스 발전 181
초원생태계(草原生態系) 24
축적성 평가(蓄積性評價) 123
칩 보일러(chip boiler) 191

◈ ㅋ ◈
카본 뉴트럴(carbon neutral) 184
컬버트 박스(culvert box) 168
클린 에너지(clean energy) 자동차 181

◈ ㅌ ◈
탄소(炭素) 75
탄소의 순환(循環) 81
탈질균(脫窒菌) 85
탈질속도(脫窒速度) 86
태양방사(太陽放射) 에너지 58
태양상수(太陽常數) 58
태양 에너지 181
토양(土壤) 97
토지의 개변(改變) 112

◈ ㅍ ◈
편리공생(便利共生) 38
평가서(評價書) 133
평가(評價)의 기준 145
폐기물(廢棄物) 181
폐기물 문제(廢棄物問題) 3, 113
폐쇄계(閉鎖系) 55
포식(捕食) 40
포식관계(捕食關係) 40
풍력발전(風力發電) 181

◈ ㅎ ◈
하천개수(河川改修) 163
하천생태계(河川生態系) 25
하천수(河川水) 79
학교 비오토프(學校 biotope) 201
학교 비오토프의 작성순서 204
핫 스폿(hot spot) 115

해역 생태계(海域生態系)　　　　　　27
핵산(核酸)　　　　　　　　　　　　89
호소생태계(湖沼生態系)　　　　　　26
호소수(湖沼水)　　　　　　　　　　79
화석연료(化石燃料)　　　　　　　179
화심법(化審法)　　　　　　　　　119
화학물질문제(化學物質問題)　　3, 113
화학물질이 생태계에 미치는 영향　115
환경 복원·창조　　　　　　　　　219
환경 어세스먼트　　　　　　130, 131
환경 어세스먼트사　　　　　　　223
환경 카운슬러　　　　　　　　　222
환경 컨설턴트　　　　　　　　　219
환경(環境)　　　　　　　　　　　　1
환경교육(環境敎育)　　　　　　　199
환경문제(環境問題)　　　　　　　　3
환경문제 발생(環境問題發生)의 메커니즘　112
환경문제(環境問題)의 근본 원인　238
환경문제(環境問題)의 근본 해결책　240
환경보전대책(環境保全對策)　　　131
환경부하(環境負荷)　　　　　　　134
환경분야 업무(環境分野業務)　　　219
환경분야의 업무와 자격　　　　　130
환경생태학(環境生態學)　　　　　　1

환경영향요인과 환경요소의 관계 예　139
환경영향평가(環境影響評價)　　130, 131
환경영향평가법(環境影響評價法)　132
환경영향평가법(環境影響評價法) 절차의 흐름　133
환경영향평기제도(環境影響評價制度)의 역사 131
환경요소(環境要素)　　　　　　　134
환경요소의 변화와 생태계 유형의 관련성　140
환경윤리(環境倫理)　　　　　　　130
환경의 모니터링　　　　　　　　131
환경재생의(環境再生醫)　　　　　224
환경학습(環境學習)　　　　　199, 219
환경학습(環境學習)·시민활동(市民活動)　130
환경학습(環境學習)의 기본 방침　199
환경행정(環境行政)　　　　　　　219
환경형성작용(環境形成作用)　　　105
활동상황(活動狀況)　　　　　　　211
황(黃)　　　　　　　　　　　　　75
황산호흡(黃酸呼吸)　　　　　　　92
황산화균(黃酸化菌)　　　　　　　92
황산환원균(黃酸還元菌)　　　　　92
황의 순환　　　　　　　　　　　91
회피(回避)　　　　　　　　　　143
흐름과 압력　　　　　　　　　　97

환경생태학 기초와 응용

2011. 10. 11 초판 1쇄 인쇄
2011. 10. 18 초판 1쇄 발행

저자 | Yoshiyuki Aoyama
역자 | 김소라
감역 | 장준영
펴낸이 | 이종춘
기획 | 황철규
진행 | 이용화
교정·교열 | 노예주, 김지숙
편집 | 김인환
표지 | 한송이
제작 | 구본철
펴낸곳 | BM 성안당
주소 | 경기도 파주시 교하읍 문발리 출판문화정보산업단지 536-3
전화 | 031) 955-0511
팩스 | 031) 955-0510
등록 | 1973.2.1 제13-12호
출판사 홈페이지 | www.cyber.co.kr

ISBN | 978-89-315-0727-0 (13530)
정가 | 18,000원

검
인